Katrin Hauer

Der plötzliche Tod

Kulturwissenschaft

Band 23

LIT

Katrin Hauer

Der plötzliche Tod

Bergstürze in Salzburg und Plurs kulturhistorisch betrachtet

LIT

Umschlagbild:
Kupferstich Salzburg, Salzburg Museum Inv. Nr. 1143-49 bzw.
Germanisches Nationalmuseum Nürnberg, Inv. Nr. HB 3885, Kapsel 1370,
Detail: Felsmassen, die auf die Häuser der Gstättengasse einstürzen.

Gedruckt mit Unterstützung des Bundesministeriums
für Wissenschaft und Forschung in Wien
sowie der Stiftungs- und Förderungsgesellschaft
der Paris-Lodron-Universität Salzburg.

KULTUR
STADT : SALZBURG

Bibliografische Information der Deutschen Nationalbibliothek
Die Deutsche Nationalbibliothek verzeichnet diese Publikation in der Deutschen Nationalbibliografie; detaillierte bibliografische Daten sind im Internet über http://dnb.d-nb.de abrufbar.

ISBN 978-3-643-50039-7

Krotenthallergasse 10/8
A-1080 Wien
Tel. +43 (0) 1-409 56 61
Fax +43 (0) 1-409 56 97
e-Mail: wien@lit-verlag.at
http://www.lit-verlag.at

LIT VERLAG Dr. W. Hopf
Berlin 2009
Verlagskontakt:
Fresnostr. 2
D-48159 Münster
Tel. +49 (0) 2 51-620 32 22
Fax +49 (0) 2 51-922 60 99
e-Mail: lit@lit-verlag.de
http://www.lit-verlag.de

Auslieferung:
Deutschland: LIT Verlag Fresnostr. 2, D-48159 Münster
Tel. +49 (0) 2 51-620 32 22, Fax +49 (0) 2 51-922 60 99, e-Mail: vertrieb@lit-verlag.de

Österreich: Medienlogistik Pichler-ÖBZ GmbH & Co KG
IZ-NÖ, Süd, Straße 1, Objekt 34, A-2355 Wiener Neudorf
Tel. +43 (0) 22 36-63 53 52 90, Fax +43 (0) 22 36-63 53 52 43, e-Mail: mlo@medien-logistik.at

Schweiz: B + M Buch- und Medienvertriebs AG
Hochstr. 357, CH-8200 Schaffhausen
Tel. +41 (0) 52-643 54 85, Fax +41 (0) 52-643 54 35, e-Mail: order@buch-medien.ch

TO NIKI

&

TO MUM

Inhaltsverzeichnis

Vorwort

Der große Mönchsbergsturz vom 16. Juli 1669 zog mich bereits im Alter von neun Jahren magisch in seinen Bann: 220 Todesopfer, zahlreiche Verletzte, Zerstörung, Chaos – die Aufräumungsarbeiten dauerten ein Jahrzehnt; dies alles ist kaum vorstellbar – weder für Kinder noch für Erwachsene. Umso reizvoller ist es, diese Katastrophe, die sich im 17. Jahrhundert zugetragen hat, retrospektiv zu analysieren. Hierfür ist eine schrittweise Annäherung an die Vergangenheit erforderlich. Das Aufspüren relevanter Quellen und die Auseinandersetzung mit diesen spielen dabei die wohl entscheidendste Rolle, sind sie doch vergleichbar mit bunten Mosaiksteinchen, die – richtig zusammengefügt – ein farbenprächtiges Bild ergeben. Dass es gelang, ein Bild zu zeichnen, habe ich auch jenen zu verdanken, die mich im Verlauf der Arbeit unterstützten:

Danke

meiner Familie für ihre Liebe, ihre Zeit und ihr Verständnis.
Marianne Klemun (Universität Wien), Hanns Haas und Christian Rohr (beide Universität Salzburg) für kulturgeschichtliche Hinweise.
Renate Prochno (Universität Salzburg) für hilfreiche Anmerkungen zu den Interpretationen der bildlichen Darstellungen.
Otto Neumaier und Günther Kreuzbauer (beide Universität Salzburg) für wertvolle Unterstützung bei satztechnischen Fragen.
Philip Münch und Alexander Egger (Kanal- und Gewässeramt Salzburg) für Erklärungen rund um das Berufsbild der Salzburger Bergputzer.
Richard Kisling (LIT Verlag) für seine zuvorkommende und vorbildliche Betreuung.
Stephanie Braunsteiner für ein verständnisvolles Ohr im richtigen Moment sowie für das Korrekturlesen einzelner Kapitel.

Folgenden Archivarinnen und Archivaren danke ich für ihre Hilfe bei der Materialsuche:

Richard Apfelauer (Archiv der Universität Salzburg),
Wilma Buchinger (Österreichische Nationalbibliothek),
Barbara Dossi (Albertina),
Elisabeth Engelmann (Archiv der Erzdiözese Salzburg),
Christian Heuer (Germanisches Nationalmuseum Nürnberg),
Thomas Jahn (Bayerische Staatsbibliothek),

Monika Knofler (Kupferstichkabinett, Akademie d. bildenden Künste Wien),
Beatrix Koll (Sondersammlungen der Universität Salzburg),
Oliver Ofm (Archiv der Tiroler Franziskanerprovinz),
Helga Penz (Archiv St. Peter, Salzburg),
Gerhard Plasser (Bibliothek des Salzburg Museums),
Ivo Pomper (Bibliothek des Priesterseminars Salzburg),
Eva Rinnerthaler (Landesarchiv Salzburg),
Michael Roth (Kupferstichkabinett, Staatl. Museen zu Berlin),
Judith Schmidt (Archiv des Landeskonservatorats Salzburg),
Rainer Schoch (Germanisches Nationalmuseum Nürnberg),
Sabine Veits-Falk (Archiv der Stadt Salzburg),
Johannes Maria Weinknecht (Kupferstichkabinett Krabofzgi, Salzburg).

1. Einleitung

1.1. Zur Themenstellung

Das Hauptanliegen dieser Arbeit ist eine erstmalige kulturgeschichtliche Aufarbeitung von *Bergstürzen* in der Stadt Salzburg. Besonderes Augenmerk wird dem großen Mönchsbergsturz vom 16. Juli 1669 geschenkt. Dabei stellt sich die Frage nach dem kulturellen Gedächtnis. Die Tatsache, dass es in der Vergangenheit immer wieder Bergstürze in der Stadt Salzburg gegeben hat, ist selbst vielen Salzburgerinnen und Salzburgern nicht bekannt. Der große Mönchsbergsturz wurde in der „Heimatkunde der Stadt Salzburg", einem Lehrbuch, das Schülerinnen und Schüler früher in der dritten Klasse Volksschule erhielten, zwar erwähnt, doch war und ist dies kein Garant dafür, dass Bergstürze auch tatsächlich im Unterricht thematisiert wurden. Das Buch wurde mittlerweile eingespart; Ersatz gibt es (wohl auch in Zukunft) keinen. Wenngleich drei Gedächtnistafeln im öffentlichen Raum auf den großen Mönchsbergsturz verweisen, zählen Geschichten von Bergstürzen in der Stadt Salzburg kaum zur Erinnerung bzw. zur lokalen Identität der Salzburgerinnen und Salzburger; am 16. Juli erinnern sich nur die wenigsten an den Jahrestag des großen Mönchsbergsturzes. Über das Gedächtnis verfügte in früheren Zeiten der Landesherr, der Abt und später der Kaufmann. Heute sind es Historikerinnen und Historiker, die bisher nur marginal beachtete Aspekte der Stadtgeschichte in die Erinnerung der Zeitgenossinnen und Zeitgenossen rufen können. „Der plötzliche Tod. Frühneuzeitliche Bergstürze in den Städten Salzburg und Plurs kulturhistorisch betrachtet" möchte einen Beitrag dazu leisten.

Zunächst wird die Verwendung des Terminus „Bergsturz" erläutert, dann führt die Arbeit in die geologischen Grundlagen des Mönchs- und Kapuzinerbergs ein. Anschließend wird der Forschungsstand zu „Bergstürzen" erörtert, ehe Methoden und verwendete Quellen vorgestellt werden. In Kapitel 2 werden Bergstürze der Stadt Salzburg behandelt, die sich vor dem großen Mönchsbergsturz, d. h. in den Jahren 1493 bis 1666 zugetragen haben. Da sich Nachrichten über Gesteinsbewegungen des Kapuzinerbergs erst ab 1695 finden, konzentriert sich dieses Kapitel ausschließlich auf Bergstürze des Mönchsbergs, die sich früher ereignet haben. Kapitel 3 gewährt einen Einblick in Politik, Wirtschaft und Religion der Stadt Salzburg während des 17. Jahrhunderts. Kapitel 4 stellt eine retrospektive Analyse des großen Mönchsbergsturzes dar – diese erfolgt mit Hilfe eines neueren kulturgeschichtlichen Ansatzes, der naturwissenschaftliche wie kulturgeschichtliche Befunde berücksichtigt. Bei letzterem stellen die kulturhistorischen Kategorien Wahrnehmung, Deutung und Bewältigung die Gliederungsebenen dar. Da in einem anonymen Flugblatt auf den Bergsturz von Plurs (1618) verwiesen wurde, werden beide Bergstürze in Kapitel 5 miteinander verglichen. In einem Resümee werden die wichtigsten Forschungsergebnisse zusammengefasst. Der Anhang beinhaltet Transkriptionen und Übersetzungen der archivalischen Quellen, Artikel über die Salzburger Bergputzer sowie die Hangschutzverordnung.

1.2. Zum Terminus „Bergsturz“

Um Missverständnissen vorzubeugen, ist es wichtig anzumerken, dass der Terminus „Bergsturz“, wie Quellen eindeutig belegen, damals bei den Menschen in Gebrauch war und daher von mir übernommen wurde. Generell muss heute aber aus Sicht der Ingenieurgeologie, vereinfacht gesprochen, bei schnellen Massenbewegungen im Felsgestein zwischen Steinschlag, Block-, Fels- und Bergsturz differenziert werden.

Das Unterscheidungsmerkmal bildet die Steingröße:

Bewegungsart	**Steingröße**
Steinschlag	Steine bis 0,5 m^3
Blocksturz	0,5 bis 10 m^3
Felssturz	10 bis 1.000.000 m^3
Bergsturz	mehr als 1.000.000 m^3

Fels- und Bergstürze weisen zudem unterschiedliche Bewegungsmuster auf. Während sich bei einem Felssturz die Felsmasse rasch in eine Vielzahl von Einzelbewegungen auflöst, die mit einer maximalen Geschwindigkeit von 50 km/h zum Hangfuß stürzen und dort als Schuttkegel liegen bleiben, bilden bei einem Bergsturz die Schuttmasse und riesige Felsfragmente eine Einheit, die sich auf einer basalen Bewegungsebene rutschend mit hoher Geschwindigkeit (bis zu 400 km/h) zu Tal bewegen. Diese basale Bewegungsebene – die Ebene der größten Scherkräfte – kann sich während der Talfahrt in Bereiche geringeren Widerstandes verlagern, etwa in wassergesättigten Untergrund. Die Bewegung von Bergstürzen kann verglichen werden mit der der Bewegung von zähen Flüssigkeiten, die auch den Auslauf eines Bergsturzes in der Ebene erklären.

Im Ablagerungsgebiet formen Felsstürze einen Schuttfächer mit einem Hangneigungswinkel von 33° bis 40°, bei Bergstürzen ist dieser Winkel wesentlich geringer. Anhand der zerstörten Objekte und der Länge der Abrisskante kann davon ausgegangen werden, dass der Schuttkegel am 16. Juli 1669 wahrscheinlich einen Böschungswinkel von 42° formte; das Volumen des Schuttkegels betrug somit maximal 110.000 m^3.[1] Hierbei ist anzumerken, dass das Volumen in der Regel – bedingt durch die Auflockerung des Gesteins – ungefähr ein Drittel größer ist als das der ursprünglichen Felsmasse. Aus Sicht des 21. Jahrhunderts ist infolgedessen eindeutig feststellbar, dass es sich beim großen Mönchsbergsturz nicht um einen Berg-, sondern um einen Felssturz gehandelt hatte. Bei den übrigen, wesentlich geringeren Gesteinsbewegungen, die sich davor und danach zugetragen hatten, hatte es sich somit auch nicht um Bergstürze, sondern – je nach Steingröße – um Steinschläge, Block- oder Felsstürze gehandelt. Um jedoch Verwirrungen, die eine Vermischung der Termini „Felssturz" bzw. (bei Quellenzitaten) „Bergsturz" bewirken könnte, vorzubeugen, wähle ich einheitlich den bis ins 19. Jahrhundert gebräuchlichen Begriff „Bergsturz".

1.3. Geologische Grundlagen

> *„Salzburg ist aus zweierlei Steinarten aufgebaut, aus einer sehr schoenen und aus einer ganz abscheulichen. Die schoene ist der beruehmte Untersberger Marmor ... der garstige Stein aber ist die „Nagelflue", aus der die zunaechst die Stadt umzingelnden kleinen Berge bestehen."*[2]

In dem Zitat, das einem Reisebericht aus dem Jahr 1842 entnommen ist, werden die Gesteine Salzburgs in zwei Arten unterteilt: in den Untersberger Marmor und in die Salzburger Nagelfluh; letztere ist auch als Salzburger Konglomerat bekannt. Es werden also jene Steine hervorgehoben, die die Zeitgenossinnen und Zeitgenossen abgebaut und als Baumaterialien[3] verwendet hatten.

1 Mündliche Mitteilung von Christian Uhlir.

2 Johann Georg Kohl, Hundert Tage auf Reisen in den österreichischen Staaten. Fuenfter Theil (Reisen in Steiermark und im baierischen Hochlande), Dresden/Leipzig 1842, 230.

3 Vgl. zur Salzburger Nagelfluh Alois Kieslinger, Die nutzbaren Gesteine Salzburgs, Salzburg/Stuttgart 1964, 97, 102 und 105, zu Angaben zum Alter der Salzburger Nagelfluh vgl. auch Edith Ebers et al. (Hg.), Der pleistozäne Salzachvorlandgletscher, München 1966, 176-177 und Heinrich Prinzinger, Das Salzburger Conglomerat, in: Mitteilungen der

Die Aussage ist nach heutigem Wissensstand inkorrekt, denn wie in Unterkapitel 1.3.1. und 1.3.2. aufgezeigt wird, bestehen die Stadtberge nicht ausschließlich aus der Salzburger Nagelfluh, sondern auch aus kalkalpinem Gestein.

1.3.1. Der Mönchsberg

Der Mönchsberg, der nach den Mönchen des nahe gelegenen Klosters St. Peter benannt wurde, zieht sich auf einer Länge von 502 m vom Festungsberg in nördlicher Richtung entlang des linken Salzachufers bis nach Mülln.[4]

Abb. 1: Der Mönchsberg

Zur Entstehung des Mönchsbergs gibt es zwei Theorien: Del-Negro[5] und Kieslinger[6] gehen davon aus, dass beim Rückzug der Mindelgletscher das Salzburger Becken mit Schmelzwasser gefüllt war. Es wurde im Norden von Moränen aufgestaut, wodurch sich ein See bildete, dessen Seespiegel ca. 80 m über dem heutigen Talniveau lag. Diesen See nannte Penck den „Salzburger See"[7]. Der Salzburger See, der das gesamte Salzburger Becken füllte, verlandete später durch die Zufuhr von Schuttmassen aus den

Gesellschaft für Salzburger Landeskunde 45 (1905), 105-111.

4 Vgl. Wilhelm Donner, Beiträge zur Geologie der Stadt Salzburg (ungedr. naturw. Diss. Salzburg), Salzburg 1987, 88.

5 Vgl. Walter Del-Negro, Erläuterungen zur geologischen Karte der Umgebung der Stadt Salzburg 1:50.000. Mit 4 Abbildungen, Wien 1979, 31-32.

6 Vgl. Kieslinger, Die nutzbaren Gesteine Salzburgs, 97.

7 Vgl. Walter Del-Negro, Geologie von Salzburg, Innsbruck 1950, 57.

Schmelzwasserflüssen. Das Verlanden des Sees wurde durch eine „Eintiefung des Abflusses in die umliegenden Endmoränenwälle"[8] beschleunigt.[9] Del-Negro und Kieslinger, deren Vermutung Funde von Seeablagerungen stützen, die bei Bohrungen gemacht wurden, glauben, dass der Mönchsberg ein Teil einer so genannten Deltaschüttung in diesem Salzburger See sein könnte.[10]

Anders ist die Meinung von Van Husen[11]: Er betrachtet den Mönchsberg als Beispiel für eine Kamesbildung. Ein Kame ist ein kuppenförmiger kleiner Berg, der – nach der Eiszeit – am Gletscherrand und innerhalb zerfallender Inlandeismassen entstand. Beim Abschmelzen kam es zur Ausbildung von Hohlformen (Schmelzwasserseen) im Gletscher. Vermutlich aperte der Festungsberg aus dem Eis aus, während der übrige Bereich des Salzburger Beckens noch vom Gletscher bedeckt war. Gruber veranschaulicht diesen Vorgang mittels einer Graphik (Abb. 2), die er von Van Husen[12] übernahm, jedoch farblich bearbeitete.

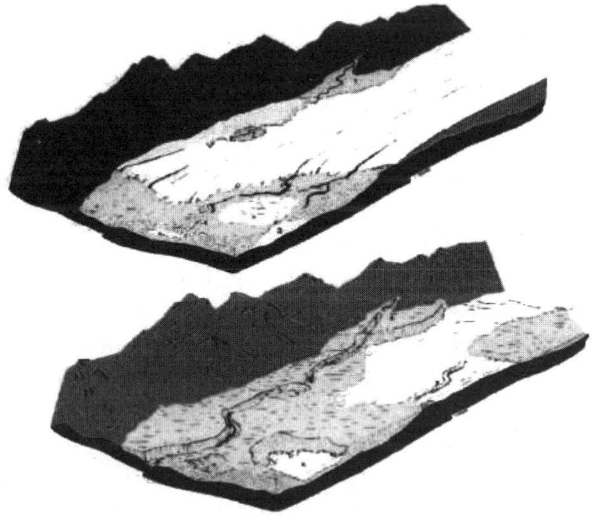

Abb. 2: Modell zur Entstehung eines Kames aus einer Hohlform innerhalb eines abschmelzenden Gletschers

8 Alexander Gruber, Granulometrische und morphometrische Untersuchungen an interglazialen Konglomeraten der Salzburger Stadtberge (ungedr. naturwiss. Diplarb. Salzburg), Salzburg 1999, 8.

9 Generell zu derartigen Abläufen vgl. auch Dirk van Husen, Die Ostalpen in den Eiszeiten, Wien 1987, 17-20.

10 Vgl. Del-Negro, Geologie von Salzburg, 56-57 bzw. Kieslinger, Die nutzbaren Gesteine Salzburgs, 99.

11 Dirk van Husen, Geologisch-Sedimentologische Aspekte im Quartär von Österreich, in: Mitteilungen der österreichischen geologischen Gesellschaft 1974/75 (1981), 197-230, hier 207.

12 Van Husen, Die Ostalpen, 21.

Im oberen Teil der Graphik wird verdeutlicht, wie eine Schmelzwanne entsteht. Sobald ein Teil des Untergrundes (z. B. des Festungsbergs) aus dem Eis ragt, wird der Schmelzvorgang durch eine witterungsbedingte partielle Erwärmung des Gesteins beschleunigt. Der untere Teil der Graphik zeigt, dass sich in diesen Seen Sedimente sammeln, die von Schmelzwasser führenden Flüssen angeschwemmt werden. Diese Sedimente bilden nach dem vollständigen Abschmelzen des Gletschers Eisrandterrassen oder Inselberge.

Das Salzburger Konglomerat, „das mit Masse durch Feinkorn- und Mittelkornlagen aufgebaut ist“[13], besteht aus schräg übereinander liegenden Bänken, zwischen denen sich Sandlagen befinden.[14] Meist handelt es sich hierbei um groben Sand, feiner Sand bildet die Ausnahme. Die Lagen sind unterschiedlich stark verkittet, die wenig verfestigten Lagen sind aufgrund der höheren Verwitterungsanfälligkeit leicht als Nischen in den natürlichen Felswänden zu erkennen.

Bohrungen, die das Konglomerat durchstießen, zeigten, dass das Gestein des Mönchsbergs nicht auf hartem Untergrund, sondern auf weicher Grundmoräne bzw. auf Gosauschichten (Sandstein und Mergel) liegt.[15] Im Bereich der vertikalen Felswände bildeten sich hangparallele Entspannungsklüfte, die häufig mit Lehm gefüllt sind. Sie dürften durch die Unterschneidung des Bergs durch die Salzach, während der Steinbrucharbeiten[16] oder durch natürliche Entspannungsvorgänge entstanden sein. Die Brüche bewirken, dass mitunter Wasser in das Gestein eindringt. Dadurch kommt es zu einem Auftrieb; der Reibungswiderstand wird reduziert, was zum Abbruch ganzer Felspartien führen kann. Die Nord-Ost-Flanke des Mönchsbergs besteht zu einem großen Teil aus vertikalen alten Steinbruchwänden. Die natürlichen ebenfalls meist vertikalen Felswände sind unregelmäßiger und haben häufig Erosionskehlen, die durch das Abwittern der wenig verfestigten Lagen entstanden sind.[17] An der Ostseite lassen sich ebenfalls Erosionskehlen entdecken. Die Seite Richtung Mülln und Riedenburg wurde aus Verteidigungsgründen skarpiert (vertikal abgearbeitet).

---

13 Gruber, Granulometrische und morphologische Untersuchungen, 53.

14 Vgl. Kieslinger, Die nutzbaren Gesteine Salzburgs, 97.

15 Vgl. Del-Negro, Geologie von Salzburg, 56 bzw. Del-Negro, Geologie der österreichischen Bundesländer in kurzgefassten Einzeldarstellungen. Salzburg/Wien [2]1970, 51.

16 Vgl. Donner, Geologie der Stadt Salzburg, 95: Steinbrüche gab es im Bereich des Neutortunnels, der Felsenreitschule und der Augustinergasse bis in die Mitte des 18. Jahrhunderts.

17 Vgl. Donner, Geologie der Stadt Salzburg, 88.

Am Mönchsberg herrschten zwei Arten von Massenbewegungen vor: Kleine Steinschläge, die durch oberflächliche Verwitterung ausgelöst wurden und Felsstürze bis zu ca. 100.000 m^3.

1.3.2. Der Kapuzinerberg

Der Kapuzinerberg, der bis 1599 Imberg, Inberg oder Nynberg genannt wurde[18], ist mit 636 m höher als der Mönchsberg. Er liegt mitten in der Altstadt, allerdings auf der rechten Salzachseite. Anders als der Mönchsberg besteht er nicht aus der Salzburger Nagelfluh, sondern aus grauem Hauptdolomit und grauem dolomitischen Dachsteinkalk.

Abb. 3: Der Kapuzinerberg

Die Nordflanke des Kapuzinerbergs wird heute von der Linzergasse und der Schallmooser Hauptstraße begrenzt. Sie besteht primär aus dünnbankigem Dolomitgestein, die Wände zeigen an ihrer Basis jedoch auch Spuren von Haselgebirge, welches nach Osberger[19] im Zuge der Deckenüberschiebung mitgetragen wurde. Das Dolomitgestein ist sehr brüchig, daher sind sehr viele, allerdings nur ganz kleine Massenbewegungen – wie kleine Steinschläge – die Folge. Als Schutz vor diesen Steinschlägen werden noch heute von den Bergputzern Fangnetze angebracht. Die Süd-Südwestflanke führt entlang der Salzach. Sie setzt sich aus dickbankigem, stabilem Dachsteinkalk und Dachsteindolomit zusammen. Die Schichten fallen Richtung Salzach ein, was

18 Vgl. Franz Martin, Salzburger Strassennamen. Verzeichnis der Strassen, Gassen, Plätze, Wege, Brücken, Tore und Parks mit Erklärungen ihrer Namen, Salzburg ^{5}2006, 156. Während der NS-Zeit hieß der Berg wieder Imberg.

19 Vgl. Rudolf Osberger, Der Flysch-Kalkalpenrand zwischen der Salzach und dem Fuschlsee, Wien 1952, 794.

wiederum zu schichtparallelen Ablösungen führt, die kleineren bis größeren Steinschlag mit sich bringen. Zudem gibt es Richtung Süd-Südwest eine große inaktive Felsgleitung, bei der sich ein Teil des Kapuzinerbergs in Richtung Salzach absetzt. Erkennbar ist dies am Nackental oberhalb der Felsrutschung, das sich gegen Ende des Kapuzinerklosters Richtung süd-südostwärts zieht.[20]

Die Osthänge des Kapuzinerbergs[21] setzen sich aus grauem, mitunter nur geringfügig geschichtetem Dolomit zusammen. Diese Osthänge sind teilweise mit einer Schicht von Schutt und glazialen Ablagerungen verdeckt. Die sanft geneigte Südostflanke besteht in den unteren Bereichen aus angelagerten Gosaumergeln, die oberen steileren Bereiche setzen sich aus gebanktem Dachsteindolomit zusammen.

Die Hauptursache für Massenbewegungen – zumeist langsame Felsgleitungen an der Südflanke des Kapuzinerbergs – bilden mit dem Einfallen der Schichten Richtung Südwesten die steilen Felsflanken (45-80°), die durch die Flussunterschneidung der Salzach entstanden sind. Dies ist darauf zurückzuführen, dass die Salzach einst entlang der heutigen Imbergstraße floss, sich am Fuß des Bergs entlang schlängelte und so den Hangfuß ausspülte. In weiterer Folge bildete sich eine Hohlkehle. Das Gestein, das über der Hohlkehle lagerte, brach weg und wurde von der Salzach fortgeschwemmt; jenes das darunter lag, blieb an seinem Platz.[22]

1.4. Forschungsstand

Abgesehen von heimatkundlichen Werken[23] erfolgte die wissenschaftliche Auseinandersetzung mit Bergstürzen lange Zeit primär

20 Mündliche Mitteilung von Christian Uhlir.

21 Kieslinger, Die nutzbaren Gesteine Salzburgs, 359: Am Ostfuß des Kapuzinerbergs wurde seinerzeit der Hauptdolomit zum Kalkbrennen abgebaut.

22 Mündliche Mitteilung von Christian Uhlir.

23 Zur Stadt Salzburg vgl. etwa Lorenz Hübner, Beschreibung der hochfürstlich-erzbischöflichen Haupt- und Residenzstadt Salzburg und deren Gegenden verbunden mit ihrer ältesten Geschichte, Bd. 1: Topographie, Salzburg 1792, 122-127; Franz Valentin Zillner, Geschichte der Stadt Salzburg, Bd. 1: Geschichtliche Stadtbeschreibung, Salzburg 1885, 194-195; Judas Thaddaeus Zauner, Chronik von Salzburg, Dritter Theil, Salzburg 1789, 226; Judas Thaddaeus Zauner (fortgesetzt von Corbinian Gaertner), Chronik von Salzburg, Achter Theil (Zweyter Theil), Salzburg 1816, 293, 411-415; Judas Thaddaeus Zauner (fortgesetzt von Corbinian Gaertner), Chronik von Salzburg, Eilften Bandes erster Theil von 1753-1782, Salzburg 1826, 233-234 und 582-583.

in den Naturwissenschaften und insbesondere in der Geologie. So gibt es im österreichischen Raum etliche Spezialstudien zu einzelnen Bergstürzen[24] bzw. das als Habilitation eingereichte Überblickswerk des Geologen Gerhard Abele „Bergstürze in den Alpen: ihre Verbreitung, Morphologie und Folgeerscheinungen"[25]; es erschien 1974 in Buchform. Abele merkt im Vorwort seines Werkes an, dass Bergstürze vor dem Erscheinen seines *opus magnum* primär in „regional beschränktem Rahmen und im Zusammenhang mit anderen geologischen und geomorphologischen Problemen"[26] in Form von Einzelarbeiten behandelt wurden. Dies hatte zur Folge, dass Beobachtungen von allgemeiner Bedeutung ebenso wie Gesetzmäßigkeiten nur marginal ausgemacht werden konnten bzw. mitunter auch gänzlich übersehen wurden. Den Ausgangspunkt seiner Studie bildet eine Untersuchung der Tiroler und Graubündner Bergstürze der Jahre 1961, 1962 und 1965. Diese führte er 1968,

24 Vgl. etwa als ungedruckte Diplomarbeiten: Daniela Auer, Geologisch-mineralogische Untersuchungen zum Bergsturz Schlossalm bei Bad Hofgastein, Graz 2005; Bernd Golas, Der Eibseebergsturz. Eine geomorphologische Studie, Innsbruck 1996; Erich Miller, Alpine Bergstürze im Vergleich unter Berücksichtigung der Fallstudie Bischofsmütze (Ostalpen), Salzburg 1998; Georg Neuhauser, Der Pletzachbergsturz bei Kramsach – Naturkatastrophe, unüberwindbares Hindernis oder Ausgangspunkt wirtschaftlichen Aufschwungs? Ein Versuch der Positionierung von physisch-geographischen Inhalten im Unterricht, Innsbruck 2006; zu Muren: Karin Bonvecchio, Nachkriegszeitliche Naturkatastrophen in Kärnten, Graz 1999, 71-94 bzw. als Dissertationen: Andreas Brandt, Die Bergstürze an der Villacher Alpe (Dobratsch), Kärnten, Österreich. Untersuchungen zur Ursache und Mechanik der Bergstürze, Hamburg 1981; Clemens-Michael von Hütschler, Bergstürze am Dobratsch/ Kärnten/Österreich. Eine tektonische und geomechanische Analyse, Hamburg 1981 bzw. weitere Literatur: Norbert Lichtenecker, Bergsturz und Bimssteingang von Köfels im Ötztal (Tirol), in: Geographischer Jahresbericht aus Österreich 14/15 (1929), 228-254; Christof Exner, Prähistorischer Bergsturz des Mauskarkogels bei Bad Hofgastein, in: Bad Gasteiner Badeblatt 12 (1952), 63-65; vgl. weiters auch: Johannes T. Weidinger, Der Bergsturz vom Toten Gebirge ins Almtal – Ablagerungen einer Massenbewegung ohne Herkunftsgebiet?, in: Johannes T. Weidinger (Hg.), Beiträge zur Geologie des Salzkammerguts. Begleitband zur Tagung Erde-Mensch-Kultur-Umwelt, 28.-31. August 2003 in Gmunden/ Österreich, Gmunden [2]2004, 395-404.

25 Gerhard Abele, Bergstürze in den Alpen: ihre Verbreitung, Morphologie und Folgeerscheinungen, München 1974.

26 Ebenda, 1. Als Ausnahmen führt Abele folgende Arbeiten an: Albert Heim, Bergsturz und Menschenleben, Zürich 1932 sowie Frédéric Montandon, Chronologie des grands éboulements alpins, du début de l'ère chrétienne à nos jours, in: Matériaux pour l'étude des calamités 32 (1933), 271-340.

1969 und 1970 fort. Zudem nahm er ergänzende Kartierungen in den Jahren 1972 und 1973 vor.[27]

Abeles Augenmerk liegt auf der „quantitativen Erfassung der Bergstürze und ihres Formenschatzes“[28], auf der Erschließung ihrer Begleit- und Folgeerscheinungen sowie auf der Erstellung einer Verbreitungskarte der kartierten Bergstürze in den Alpen.[29] Letztere ermögliche es, „die Abhängigkeiten dieser Massenbewegungen von Relief, Petrographie und Gebirgsbau herstellen zu können“.[30]

Erst in den letzten zehn Jahren wurden vermehrt kulturgeschichtliche Arbeiten publiziert, die anders als Untersuchungen mit naturwissenschaftlicher Ausrichtung ihr Augenmerk auf die Auswirkungen von Bergstürzen auf Menschen richten.[31] Als Beispiel sei hier Jacques Berlioz' Studie über den im Jahr 1248 nieder gegangenen Bergsturz des Mont Granier bei Chambéry in Savoyen angeführt. Berlioz untersuchte in seiner Arbeit nicht nur das Ereignis an sich, sondern versuchte zudem mit Hilfe von Quellen des 13. bis 17. Jahrhunderts den Umgang der Menschen mit dem Unglück nachzuzeichnen.[32] Heute nimmt der Kreis um den Schweizer Christian Pfister[33] eine Vorreiterrolle bei der Erforschung von Bergstürzen ein. Pfister und sein Team wählen

27 Vgl. Abele, Bergstürze, 1-3.

28 Ebenda, 1.

29 Vgl. ebenda.

30 Ebenda.

31 Diese Entwicklung zeigt sich nicht nur bei der Erforschung von Bergstürzen, sondern generell in der Herangehensweise an Naturkatastrophen und in weiterer Folge an deren Bearbeitung; Dieter Groh/Michael Kempe/Franz Mauelshagen führen dies auf die „Ausdifferenzierung von Natur- und Geisteswissenschaften sowie auf die Geschichte des Fachs“ zurück, vgl. Dieter Groh/Michael Kempe/Franz Mauelshagen, Einleitung. Naturkatastrophen – wahrgenommen, gedeutet, dargestellt, in: Dieter Groh/Michael Kempe/Franz Mauelshagen (Hg.), Naturkatastrophen. Beiträge zu ihrer Deutung, Wahrnehmung und Darstellung in Text und Bild von der Antike bis ins 20. Jahrhundert (Literatur und Anthropologie 13), Tübingen 2003, 11-33, hier 12-14.

32 Vgl. Jacques Berlioz, Catastrophes naturelles et calamités au Moyen Age (Micrologus' Library 1), Turnhout 1998, 57-139.

33 Vgl. etwa Christian Pfister/Hans-Rudolf Egli (Hg.), Historisch-Statistischer Atlas des Kantons Bern 1750-1995, Umwelt, Bevölkerung, Wirtschaft, Politik, Bern 1998 bzw. Christian Pfister, Wetternachhersage. 500 Jahre Klimavariationen und Naturkatastrophen, Bern 1999 bzw. Christian Pfister, Naturkatastrophen als nationale Mobilisierungsereignisse der Schweiz des 19. Jahrhunderts, in: Dieter Groh/Michael Kempe/Franz Mauelshagen (Hg.), Naturkatastrophen. Beiträge zu ihrer Deutung, Wahrnehmung und Darstellung in Text und Bild von der Antike bis ins 20. Jahrhundert (Literatur und Anthropologie 13), Tübingen 2003, 1-15.

für ihre Untersuchungen einen wirtschaftsgeschichtlichen Zugang; sie interessiert insbesondere der Solidaritätsaspekt, den Katastrophen nach sich zogen. Dank ihrer Forschungstätigkeit sind Bergstürze in der Schweiz sehr gut dokumentiert. Die Arbeiten konzentrieren sich auf größere Bergstürze wie jene von Plurs (1618)[34], von Goldau (1806)[35] und von Elm (1881)[36]. Angemerkt sei auch, dass die Quellenlage zu diesen Bergstürzen hervorragend ist; die Autorinnen und Autoren konnten in den genannten Studien sogar auf umfangreiches Bildmaterial zurückgreifen.

Doch schon zuvor, d. h. gegen Ende des 19. bzw. zu Beginn des 20. Jahrhunderts, wurden Bergstürze der Schweiz von dem Geologen Albert Heim beschrieben. Die Werke „Geologie der Schweiz"[37] sowie „Bergsturz und Menschenleben"[38] spiegeln den damaligen Forschungsstand wider.

Die Bergstürze in und um Salzburg wurden bisher primär auf traditionell geologische Gesichtspunkte hin untersucht.[39] Dies bedeutet, dass quantitative Daten vorliegen und es noch

---

34 Rosmarie Zeller, Wahrnehmung und Deutung von Naturkatastrophen in den Medien des 16. und 17. Jahrhunderts, in: Christian Pfister (Hg.), Am Tag danach. Zur Bewältigung von Naturkatastrophen in der Schweiz 1500–2000, Bern/Stuttgart/Wien 2002, 30-33; auch: Bruno Weber, Das Elementarereignis im Denkbild, in: Dieter Groh/Michael Kempe/Franz Mauelshagen (Hg.), Naturkatastrophen. Beiträge zu ihrer Deutung, Wahrnehmung und Darstellung in Text und Bild von der Antike bis ins 20. Jahrhundert (Literatur und Anthropologie 13), Tübingen 2003, 241-248.

35 Christian Pfister, Von Goldau nach Gondo, in: Christian Pfister/Stephanie Summermatter (Hg.), Katastrophen und ihre Bewältigung. Perspektiven und Positionen (Berliner Universitätsschriften, Bd. 49), Bern/Stuttgart/Wien 2004, 53-78; vgl. auch für einen kunsthistorisch-ikonographischen Zugang Weber, Elementarereignis, 248-258.

36 Hans-Peter Bläuer, Der Bergsturz von Elm am 11. September 1881. Ursache und gesellschaftliche Bewältigung einer menschgemachten Naturkatastrophe, in: Christian Pfister (Hg.), Am Tag danach. Zur Bewältigung von Naturkatastrophen in der Schweiz 1500-2000, Bern/Stuttgart/Wien 2002, 113-130, der Bergsturz von Elm wurde bereits zuvor von den Geologen Ernst Buss und Albert Heim untersucht: Ernst Buss/Albert Heim, Der Bergsturz von Elm den 11. September 1881, Zürich 1881, vgl. weiters August Rothpletz, Der Bergsturz von Elm, in: Zeitschrift der Deutschen Geologischen Gesellschaft 33 (1881), 540-564, ein Nachtrag zu diesem Beitrag erfolgte ein Jahr später: August Rothpletz, Nachtrag zu dem Aufsatz „Der Bergsturz von Elm", in: Zeitschrift der Deutschen Geologischen Gesellschaft 34 (1882), 430-432.

37 Albert Heim, Geologie der Schweiz, Band 2: Die Schweizer Alpen, Leipzig 1921.

38 Heim, Bergsturz und Menschenleben, 1932.

39 Vgl. Anm. 24.

eine Forschungsaufgabe ist, diese mit qualitativen Analysen zu bereichern, die es schließlich erlauben, Einblick in den Umgang mit und in die Bewältigung von diesen Naturereignissen zu erhalten.

Um ein besseres Verständnis für Katastrophen zu erlangen, erweist es sich als hilfreich diese in ihrer Vielschichtigkeit und in ihrem Zusammenspiel zu betrachten: Erdbeben gingen bisweilen Bergstürzen voran, die nieder gegangenen Steinmassen führten mitunter zu Überschwemmungen. Mangelnde hygienische Maßnahmen boten Krankheitserregern die Möglichkeit sich auszubreiten; dies konnte wiederum zu Epidemien führen.[40]

Es gibt unterschiedliche Möglichkeiten sich extremen Naturereignissen zu nähern: Der Neuseeländer Greg Bankoff[41] wählt bei seinen Studien einen kulturgeschichtlichen Ansatz, fokussierend auf dem Aspekt der „Vulnerabilität". Er versteht darunter die Verwundbarkeit einer Gesellschaft gegenüber hereinbrechenden Naturgewalten, die ihre Lebensgrundlage zu zerstören drohen bzw. drohten und so für sie zu einer Katastrophe werden bzw. wurden. Bankoffs Vorgangsweise, die auch in Europa aufgegriffen wurde, ermöglicht eine ausdifferenziertere (retrospektive) Analyse von (historischen) Naturereignissen als herkömmliche Analysen.

Ein weiterer kulturgeschichtlicher Ansatz, der von dem Historiker Christian Rohr geprägt wurde, konzentriert sich auf die Aspekte „Wahrnehmung, Deutung und Bewältigung"[42], wobei es wichtig ist anzumerken, dass mittels einer Quelleninterpretation nur Bruchstücke über die Wahrnehmung, Deutung und Bewältigung eines Ereignisses gewonnen und die genannten Aspekte daher nie in ihrer Vollständigkeit erfasst werden können. Weiters gilt es sich die religiöse, politische wie soziale Situation, in der sich

40 Vgl. Zum Dobratschbergsturz von 1348 Dieter Neumann, Lage und Ausdehnung des Dobratschbergsturzes von 1348, in: Neues aus Alt-Villach 25 (1988), 69-78 und Christa Hammerl, Das Erdbeben vom 25. Jänner 1348 – Rekonstruktion des Naturereignisses, in: Neues aus Alt-Villach 31 (1994), 55-94. Heim, Bergsturz und Menschenleben, 178, führt bei Erdbeben, die Bergstürze ausgelöst haben, das Erdbeben in Kalabrien 1783 und das Erdbeben in Kalifornien 1906 an.

41 Vgl. etwa Greg Bankoff, Cultures of Distaster. Society and natural hazard in the Philippines. London 2003 bzw. Greg Bankoff, Coming to Terms with Nature: State and Environment in Maritime Southeast Asia, in: Environmental History Review 19, 3 (1999), 17-37.

42 Christian Rohr, Extreme Naturereignisse im Ostalpenraum. Naturerfahrung im Spätmittelalter und am Beginn der Frühen Neuzeit (Umwelthistorische Forschungen 4) Köln/Weimar/Wien 2007. Zur Antike siehe Holger Sonnabend, Naturkatastrophen in der Antike. Wahrnehmung, Deutung, Management, Stuttgart/Weimar 1999.

das Unglück ereignete, vor Augen zu führen; sie ist prägend für das Agieren der Menschen. Nur wenn eine Annäherung und Auseinandersetzung mit der Zeit, in der das Naturereignis eintrat, erfolgt, kann eine seriöse und zugleich adäquate Interpretation der Quellen gewährleistet werden.

Einen weiteren wichtigen Zugang bilden religiös motivierte Deutungsweisen. Konnten sich Menschen ein Naturereignis nicht rational erklären, trachteten sie danach, das Geschehene mittels „symbolhaften Erklärungsversuchen“[43] für sich begreifbar zu machen. Denn extreme Naturereignisse werden bereits in der Bibel erwähnt: in der Offenbarung des Johannes[44], in den Zehn Plagen im Buch Exodus[45] oder in der Sintflut im Buch Genesis[46], um nur einige Beispiele zu nennen.

Zusammenfassend lässt sich sagen, dass sich ältere Studien einer „pragmatischeren“ Zugangsweise bedienen, d. h. die Autorinnen und Autoren das Ereignis an sich zu rekonstruieren versuchten, aber nicht oder nur peripher die Auswirkungen des Unglücks analysierten. Neuere Arbeiten streben hingegen eine „ganzheitlichere“ Analyse der Ereignisse an. Sie konzentrieren sich auf Aspekte wie „Verwundbarkeit“ oder „Wahrnehmung, Deutung und Bewältigung“ und ermöglichen so ein besseres Verständnis der jeweiligen Naturkatastrophe.

1.5. Methodik

Die Auseinandersetzung mit Bergstürzen des Spätmittelalters bis zum großen Mönchsbergsturz von 1669 erfolgt aus einer neueren kulturgeschichtlichen Perspektive. Die neuere Kulturgeschichte sieht es als ihre Aufgabe, verschiedene Ansätze nicht nur zu thematisieren, sondern diese auch miteinander zu kombinieren.[47] Ziel ist es, unter Einbeziehung unterschiedlicher Quellentypen divergente Sichtweisen auf das extreme Naturereignis zu diskutieren und dieses so in differenzierter Weise retrospektiv zu analysieren. Dies ist bei einer rein sozialgeschichtlichen

43 Hammerl, Das Erdbeben vom 25. Jänner 1348, 60.

44 Offenbarung 6,12-17.

45 Exodus 2,7-11 bzw. vgl. dazu Ps 78,43ff. und 105,27ff.

46 Genesis 7,1-8,22, vgl. dazu das Gilgamesch-Epos, dieses handelt auch von einer alles zerstörenden Flut, die aufgrund des sündenvollen Lebenswandels der Menschen eintrat, doch fehlt hier der versöhnliche Schluss.

47 Vgl. Achim Landwehr/Stefanie Stockhorst, Einführung in die Europäische Kulturgeschichte, Paderborn/München/Wien/Zürich 2004, 91.

Darstellung[48] bloß bedingt möglich, da die Ausmaße eines Unglücks nur zum Teil von Fakten wie Unglücksjahr, -ort und den Opferzahlen wiedergegeben werden können. Auch eine rein naturwissenschaftliche Betrachtung, die sich auf das Klima und auf Witterungsbedingungen konzentriert, scheint wenig ergiebig, da sie den Umgang der Betroffenen mit dem Unglück meist außer Acht lässt. Um das Geschehene ansatzweise in seiner Gesamtheit zu begreifen, gilt es daher umweltgeschichtliche, geologische, sozialwissenschaftliche, historisch-anthropologische, ikonographische und – wenngleich auch nur marginal – geschlechtergeschichtliche Zugänge zu bündeln.

Die Arbeit verschreibt sich der Umweltgeschichte, d. h. jener Forschungsrichtung, die sich vornehmlich mit der Beziehung von Mensch und Umwelt in einem historischen Kontext auseinandersetzt. Sie beleuchtet im konkreten Fall den Umgang der Menschen mit Bergstürzen vom Spätmittelalter bis zum 18. Jahrhundert. Um die unterschiedliche Quellenlage zu Gesteinsbewegungen des Mönchs- und Kapuzinerbergs verstehen zu können, ist es einerseits notwendig, sich mit geologischen Grundlagen der Stadtberge vertraut zu machen, andererseits auch stadtgeschichtliche und sozialwissenschaftliche Aspekte zu berücksichtigen. Um auch auf die Stadtentwicklung einzugehen werden Salzburger Stadtpläne ausgewertet; außerdem wird die Stadt Salzburg zur Zeit des 17. Jahrhunderts beleuchtet.

Da es sich um ein Kapitel der Stadtgeschichte handelt, das bis jetzt erst ungenügend aufgearbeitet wurde, wird in erster Linie mit Originalquellen gearbeitet. Diese werden der vergleichenden Quellenkritik unterzogen. Die Gstättengasse zählte zum Sprengel der Salzburger-Dompfarre, deshalb werden deren Sterbebücher in der Zeitspanne von 1659 bis 1679 ausgewertet. So wird die Anzahl der Verstorbenen zehn Jahre vor der Katastrophe, im Jahr 1669, und zehn Jahre danach ermittelt. Durch diese demographische Auswertung kann die in erzählenden Quellen erwähnte Angabe von 220 Todesopfern überprüft werden; dabei werden auch einige Betroffene namentlich identifiziert. Zudem kann so analysiert werden, wie die Zeitgenossinnen und Zeitgenossen das Unglück wahrgenommen, gedeutet und bewältigt haben. Hinsichtlich der Deutungsweise des extremen Naturereignisses werden sowohl theologische als auch

48 Vgl. etwa Josef Nussbaumer, Die Gewalt der Natur. Eine Chronik der Naturkatastrophen von 1500 bis heute, Grünbach 1996. Der Wirtschaftshistoriker Josef Nussbaumer versucht hier weltweit alle extremen Naturereignisse und Seuchen des 16. bis 20. Jahrhunderts, die mehr als 100 Todesopfer forderten, aufzulisten ohne jedoch Primärquellen zu diesen auszuwerten. Diese Vorgangsweise erscheint fraglich, wenn man die riesigen Angaben der Opferzahlen betrachtet.

zeitgenössisch-naturwissenschaftliche Erklärungsmuster analysiert. Die ikonographische Zugangsweise erlaubt es die bildlichen Darstellungen differenzierter auszuwerten.

Bei erzählenden Quellen ist es erforderlich mittels einer vergleichenden Quellenkritik die Richtigkeit der Angaben hinsichtlich des Unglückszeitpunktes, der Opferzahl und der Zerstörung von Gebäuden zu überprüfen; mitunter kam es darin nämlich – ob bewusst[49] oder unbewusst sei dahingestellt – zu unterschiedlichen Aussagen.

Um Aufschluss darüber zu erhalten, erscheint es mitunter sinnvoll, zuzüglich zur vergleichenden Quellenkritik die Nachrichten mittels einer Intentionsanalyse nach dem Schema des Psychologen Friedemann Schulz von Thun[50] zu betrachten. Er entwickelte gemeinsam mit seinen Kollegen Bernd Fittkau und Inghard Langer das „Kommunikationsquadrat", das die vier Seiten einer Nachricht veranschaulicht (siehe Abbildung 4).

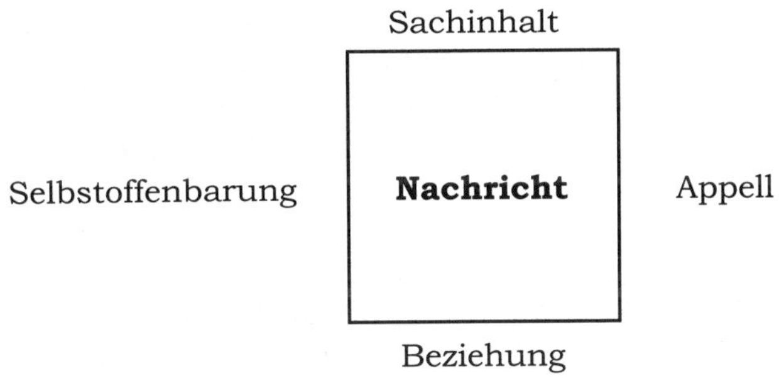

Abb. 4: Die vier Seiten einer Nachricht

49 Ein Grund hierfür könnte das Erwecken von Mitgefühl sowie ein daraus resultierender Verlauf von Hilfsaktionen sein, vgl. zum Dobratschbergsturz Alfred Till, Das große Naturereignis von 1348 und die Bergstürze des Dobratsch, in: Mitteilungen der k. k. Geographischen Gesellschaft in Wien 50 (1907), 534-645, hier 550-551 bzw. Wilhelm Neumann, Das Erdbeben und der Dobratschbergsturz von 1348 – Fehldeutungen und Plagiate, in: Bausteine zur Geschichte Kärntens. Spätlese. Festgabe für Wilhelm Neumann zum 90. Geburtstag (Das Kärntner Landesarchiv 33), Klagenfurt 2005, 333-343, hier 337-343. In etlichen Quellen wird berichtet, dass durch diesen Bergsturz zahlreiche Dörfer verschüttet worden waren. Till gelang es als Erstem aufzuzeigen, dass diese Aussagen bei kritischer Quellenkritik nicht haltbar sind und es sich hierbei um eine maßlose Übertreibung handelt.

50 Friedemann Schulz von Thun, Miteinander Reden, Band 1: Störungen und Klärungen. Allgemeine Psychologie der Kommunikation, Reinbeck bei Hamburg [43]2006.

Der Sachinhalt einer Nachricht kann subjektiver wie sachlicher Natur sein. Der Beziehungsaspekt gibt nicht nur über die Beziehung von SenderIn und EmpfängerIn Auskunft, sondern ebenso über deren hierarchisches Verhältnis. In der Selbstoffenbarungsseite kommt die Persönlichkeit zum Ausdruck und der Appell informiert über das eigentliche Ziel der Nachricht – er verrät, was der Sender bzw. die Senderin mit ihr bewirken möchte.[51]

Wie bereits ersichtlich, stellt die Kontextualisierung und Interpretation von Quellen einen wichtigen Aspekt bei der Rekonstruktion von extremen Naturereignissen dar. Es gilt jedoch zu bedenken, dass mitunter zu wenige Parallelquellen erhalten sind, um eine adäquate Kontextualisierung durchzuführen. Ausgehend von Clifford Geertz[52] erschien es reizvoll, die Bedeutungsstrukturen von Wahrnehmung, Deutung und Bewältigung des großen Mönchsbergsturzes herauszuarbeiten, doch kann dies aufgrund der dünnen Quellenlage nur sehr eingeschränkt gelingen. Gerade Ansätze, die für die Geschichte des 19. und 20. Jahrhunderts entwickelt wurden, bedürfen meist einer dichten Quellenlage. Diese ist bei extremen Naturereignissen der Frühen Neuzeit häufig nicht in dem erforderlichen Ausmaß gegeben. Lange Zeit wurden Quellen unreflektiert übernommen, wie folgende Aussage Johann Gabriel Seidls zeigt, die in der Einleitung seines Artikels „Ein Tourist des siebenzehnten Jahrhunderts über Oesterreich" zu finden ist:

> *„...Gewissenhafte Geschichtsschreiber, gleichzeitige Urkunden und Berichte, schriftliche und bildliche Monumente sind die einzigen Orakel, die uns auf die Frage: „Wie sah es da, wo wir jetzt leben, früher aus?" eine genügende Antwort geben können. Ueber die Vergangenheit kann nur die Vergangenheit uns selbst belehren. Daß aber eine solche Belehrung ebenso interessant, als nützlich sei, wird gewiß Niemand verkennen, der nicht, im gröbsten Materialismus befangen, zum starrsten Egoisten sich verhärtet hat. Ein klarer Einblick in die Vergangenheit berichtiget unser Urtheil über die Gegenwart und schärft unser Auge für die Anschauung des Werdenden; er bewahrt uns vor Eitelkeit und Selbstüberschätzung; er beruhiget unsere Furcht vor bedrohlichen, er mäßiget unseren Jubel über blendende Erscheinungen; er macht uns aufmerksam auf das Ewige im*

51 Vgl. Schulz von Thun, Miteinander Reden, Band 1, 13-14.

52 Clifford Geertz, Dichte Beschreibung. Beiträge zum Verstehen kultureller Systeme, Frankfurt am Main 1987, 15. Geertz steht für eine kulturgeschichtliche Herangehensweise, die die Rolle kultureller und schichtspezifischer Werte und der daraus bezogenen Bedeutungsstrukturen als zentral erachtet.

Vergänglichen, auf das Nichtige im scheinbar Großen, er sänftiget unsere Leidenschaften, nähret unsere Hoffnungen, läutert unsere Ab- und Zuneigungen, ja er mildert sogar den Schrecken des Todes, indem er uns mit Menschen und Ereignissen, die längst vorübergegangen sind, in so innige, lebendige Berührung bringt, daß wir, fast vergessend des Begriffes von Tod und Vernichtung, mit und unter ihnen zu leben glauben und Trost in dem Bewußtseyn finden, daß auch wir nach 100 und 1000 Jahren eben so wieder in die Lebensphäre künftiger Geschlechter werden mit einbezogen werden. Es ist daher, wenn auch eben kein verdienstliches, doch gewiß kein unziemliches Bemühen, einzelne Beiträge zu solchen Reproductionen der Vergangenheit zu liefern ...“
(Johann Gabriel Seidl)[53]

Der französische Arzt Karl Patin unternahm im 17. Jahrhundert eine ausgedehnte Europareise, die ihn auch nach Österreich führte. Seine Eindrücke hielt er in Form von vier Reiseberichten fest; sie wurden im Buch „Quatre relations historiques“ veröffentlicht. Seidl entdeckte dieses Werk mehr als ein Jahrhundert später; in seinem Aufsatz, der im österreichischen Universalkalender des Jahres 1848 abgedruckt wurde, beschrieb er Patins Aufenthalt in Österreich. Seidl geht davon aus, dass Quellen die einzigen „Orakel“ sind, die uns Auskunft über die Vergangenheit geben können. Zweifellos erweisen sich schriftliche Quellen bei der Suche nach Hinweisen zur Wahrnehmung, Deutung und Bewältigung von Naturkatastrophen mitunter als hilfreich, doch gilt es zu berücksichtigen, dass Erleben und Niederschreiben nicht zeitgleich passieren. Dies bedeutet, dass das Geschehene, bevor oder während es schriftlich festgehalten wurde, zumindest in Ansätzen reflektiert worden ist. Mittels Auslassungen, Ausschmückungen, Kommentaren und bildlichen Quellen kreieren Autorinnen und Autoren so ein jeweils subjektives und zugleich in der Gesamtheit heterogenes Bild des Unglücks. Diese Diskontinuitäten sind gerade für Vertreterinnen und Vertreter der neueren Kulturgeschichte von besonderem Interesse – da ihnen bewusst ist, dass eine Reproduktion der Vergangenheit nicht möglich ist, setzen sie sich für eine Vermischung von kollektiven und individuellen Wahrnehmungs-, Deutungs- und Bewältigungsmustern ein.

---

53 Johann Gabriel Seidl, Ein Tourist des siebenzehnten Jahrhunderts über Oesterreich, in: Austria. Oesterreichischer Universal Kalender für das Schaltjahr 1848. Mit einer lithographirten Tafel, sechs Musikbeilagen und Holzschnitten, Wien 1848, 107-131, hier 107.

1.5.1. Zur Wahrnehmung

Die Historikerin Silvia Serena Tschopp definiert „Wahrnehmung“ als den sich „kognitiven, affektiven und ethischen Dispositionen verdankenden Modus menschlicher Perzeption“[54], wobei sie anmerkt, dass „eine isolierte Betrachtung der Kategorie Wahrnehmung ein letztlich unmögliches Unterfangen darstellt“[55]. Tschopp formulierte vier Postulate, die die Erforschung des Wahrnehmungsaspektes erleichtern sollen:

> In ihrem ersten Postulat merkt sie an, dass „Texte und Bilder nicht nur historische Wahrnehmungen repräsentieren, sondern daß sie auch historische Wahrnehmungen generieren“[56]. Eine Auseinandersetzung mit der Quelle allein ist daher nicht ausreichend, vielmehr gilt es auch etwas über die Bedeutung und Rezeption der Quelle in ihrer Entstehungszeit herauszufinden.
>
> Das zweite Postulat fordert eine Analyse schriftlicher und bildlicher Quellen „im Bewusstsein ihres medialen Charakters“[57]. Dies bedeutet, dass eine Annäherung und Auseinandersetzung mit den zur Analyse herangezogenen Quellengattungen vor der Interpretation der zu betrachtenden Quellen zu erfolgen hat.
>
> Im dritten Postulat führt Tschopp an, dass einzelne soziale Gruppen nie isoliert von einander betrachtet werden sollen, da zwischen sozialen Gefügen stets ein „komplexer und dynamischer Austausch von Wissen und Wahrnehmungen“[58] besteht. Für die Rekonstruktion historischer Wahrnehmung erscheint es daher nötig, Perzeptionsmuster einzelner Bevölkerungsgruppen sowohl „im Kontext ihrer jeweiligen sozialen und kulturellen Konventionen“[59] als auch in ihrem Zusammenspiel zu erforschen.

---

54 Silvia Serena Tschopp, Das Unsichtbare begreifen. Die Rekonstruktion historischer Wahrnehmungsmodi als methodische Herausforderung der Kulturgeschichte, in: Historische Zeitschrift 280, 1 (2005), 38-81, hier 45. Unter „menschlicher Perzeption“ versteht Tschopp „einen aktiven und bewussten Akt der Wissenskonstitution und Wirklichkeitsdeutung“.

55 Ebenda.

56 Ebenda, 78.

57 Ebenda.

58 Ebenda, 79.

59 Ebenda.

> Im vierten Postulat plädiert Tschopp für eine Verbindung von kollektiven und individuellen Wahrnehmungen, da nur so „umfassende Einsicht in historische Perzeptionsmuster“[60] gewonnen und in weiterer Folge ein möglichst „rundes“ Bild des Geschehenen nachgezeichnet werden kann.

Wir folgen Tschopps methodischen Hinweisen. Zunächst erfolgt die Beschäftigung mit den in dieser Arbeit verwendeten Quellengattungen und Quellen und deren Bedeutung zur Zeit des großen Mönchsbergsturzes sowie eine Auseinandersetzung mit der Stadt Salzburg im 17. Jahrhundert (siehe Kapitel 3). So ist es möglich, einen Überblick über die hierarchischen Strukturen innerhalb der Bevölkerung zu gewinnen und Einblicke in die Bedeutung der christlichen Glaubenslehre zu nehmen. In weiterer Folge wird die Thematisierung des Unglücks innerhalb der einzelnen Schriftstücke im Kontext des späten 17. Jahrhunderts retrospektiv analysiert. Hierbei sind auch die Fragen nach dem *Wer?*, *Wo?*, *Wie?*, *Warum?* und *Für wen?* ein Thema; so wird versucht zu ergründen, *wer* die Quellen herstellte und *wo* diese angefertigt sowie ggf. publiziert wurden. Die Frage nach dem *Wie* konzentriert sich auf die Art der Beschreibung des Unglücks; es muss darauf geachtet werden, worauf die Verfasserinnen und Verfasser von Schriftstücken in ihren Ausführungen ihr Augenmerk legten, d. h. welche Aspekte der Katastrophe nur marginal geschildert wurden oder gar gänzlich unerwähnt blieben, *warum*, d. h. mit welcher Intention, sie ihr Werk erstellten und an *wen* sich dieses richtete.

Wenngleich Sturmfluten und nicht Bergstürze das Forschungsgebiet des Historikers Manfred Jakubowski-Tiessen[61] sind, ist

60 Ebenda, 80.

61 Manfred Jakubowski-Tiessen, Sturmflut 1717. Die Bewältigung einer Naturkatastrophe in der Frühen Neuzeit (Ancien Régime. Aufklärung und Revolution 24), München 1992; Manfred Jakubowski-Tiessen, Hunger, Armut und Ruin – Folgen der Sturmflut von 1717, in: Thomas Steensen (Hg.), Deichbau und Sturmfluten in den Frieslanden. Beiträge vom 2. Historiker-Treffen des Nordfriisk Instituut (Nordfriisk Instituut 108), Braist/Bredstedt 1992, 73-82; Manfred Jakubowski-Tiessen, Die großen „Mandränken“: Sturmfluten in Nordfriesland, in: Thomas Steensen (Hg.), Das große Nordfriesland-Buch, Hamburg 2000, 122-133; Manfred Jakubowski-Tiessen, „Harte Exempel göttlicher Strafgerichte“. Kirche und Religion in Katastrophenzeiten: Die Weihnachtsflut von 1717, in: Niedersächsisches Jahrbuch für Landesgeschichte, 73 (2001), 119-132; Manfred Jakubowski- Tiessen, Gotteszorn und Meereswüten. Deutungen von Sturmfluten vom 16. bis 19. Jahrhundert, in: Dieter Groh/Michael Kempe/Franz Mauelshagen (Hg.), Naturkatastrophen. Beiträge zu ihrer Deutung, Wahrnehmung und Darstellung in Text und Bild von der Antike

seine Art an die jeweilige Naturkatastrophe heranzugehen in modifizierter Weise auch für die Untersuchung der Wahrnehmung von Bergstürzen anwendbar. Jakubowski-Tiessen gliedert seine Studie „Sturmflut 1717. Die Bewältigung einer Naturkatastrophe in der Frühen Neuzeit“ in Großkapitel zu Rettungsmaßnahmen, zu Bestandsaufnahmen und zu Auswirkungen. Im Hinblick auf den Aspekt der Wahrnehmung des großen Mönchsbergsturzes unterteile ich Kapitel 4.2. – in Anlehnung an Jakubowski-Tiessen – in die Unterkapitel „Bestandsaufnahme“ und „Auswirkungen“. Das Unterkapitel „Bestandsaufnahme“ konzentriert sich auf den Verlust von Häusern und Menschen. Ich gehe davon aus, dass die Schäden, die ein Unglücksfall hervorruft, die Wahrnehmungsweise des Ereignisses und in weiterer Folge auch dessen Rezeption beeinflussen. Diese Methodik erlaubt es nun, den Aspekt der Wahrnehmung noch differenzierter zu betrachten. So wird in einem ersten Schritt eine Bestandsaufnahme gemacht. Dies bedeutet: Schäden und Verluste werden erfasst, ehe in einem zweiten Schritt auf die Auswirkungen des Unglücks eingegangen wird. Letztere beziehen sich auf schriftliche und bildliche Darstellungen, so etwa auf Ansuchen und Bittschriften. Die Auswirkungen stehen in unmittelbaren Zusammenhang mit den zuvor herausgearbeiteten Schäden und Verlusten. Die Verkettung der unterschiedlichen Komponenten wird dadurch gezielt beleuchtet. Zudem bietet dieses Kapitel einen Exkurs in die Geschichte der Kartographie Salzburgs; die Druckstöcke der ältesten Landkarte Salzburgs, der so genannten „Setznagelkarte“, befanden sich vermutlich im Haus des Buchdruckers Katzenberger und wurden wohl durch den großen Mönchsbergsturz zerstört.

1.5.2. Zur Deutung

Die Deutung eines Naturereignisses kann als Vorstufe seines Bewältigungsprozesses betrachtet werden, diente sie doch dazu, den Grund des Unglücks für die Menschen begreifbar zu machen. Handelte es sich um ein wiederkehrendes Ereignis, konnten die Menschen zumeist natürliche Erklärungen finden. Zudem wurde auf Erfahrungswissen, das sich die Menschen bereits im Umgang mit der Natur angeeignet hatten, zurückgegriffen.

bis ins 20. Jahrhundert (Literatur und Anthropologie 13), Tübingen 2003, 101-118; Manfred Jakubowski-Tiessen, „Erschreckliche und unerhörte Wasserflut“. Wahrnehmung und Deutung der Flutkatastrophe von 1634, in: Manfred Jakubowski-Tiessen/Hartmut Lehmann (Hg.), Religion in Katastrophenzeiten, Göttingen 2003, 179-200.

Wenn es sich jedoch um ein singuläres Großereignis handelte und den Zeitgenossinnen und Zeitgenossen eine schlüssige, auf Naturerfahrung beruhende Antwort fehlte, versuchten sie den Unglücksfall in der Regel symbolisch-theologisch[62] zu begründen. Sie griffen hierbei meist auf Erklärungsmuster von Religion und Magie zurück. Diese wiesen in vielen Fällen eine moralisierende Komponente auf. So wurden extreme Naturereignisse häufig als Gottes Allmacht, als ein Zeichen Gottes zur Umkehr, als Gerechtigkeit Gottes im Übel, als seine Strafe, als Werk des Teufels oder als Prodigien, d. h. als Vorzeichen für ein größeres Unglück, gedeutet.

Hierbei ist zu bedenken, dass die Menschen in der Frühen Neuzeit mit der Bibel sehr vertraut waren – deckten sich ihre Erlebnisse mit extremen Naturereignissen mit den Geschichten der Bibel, war es nahe liegend, dass sie diese als Wink Gottes auslegten. So gingen sie davon aus, dass Gott den Menschen durch Katastrophen seine Macht zeigen, sie zu einem soliden und insbesondere christlichen Lebenswandel ermuntern oder ihnen seine Gnade erweisen wollte, indem er sie aus dem irdischen Jammertal zu sich holte. Gleichsam vermuteten sie, dass er jene strafte, die seine Gebote missachteten. Mitunter wurde nicht Gott, sondern der Teufel als Urheber oder Mitverursacher der Katastrophen betrachtet; der Teufel wurde nämlich als „Vater der Sünden"[63] angesehen. In den Augen der Betroffenen bewirkte er die Sünden, die jedoch die Menschen begingen und die daher von Gott bestraft wurden. Häufig wurden die Deutungsmuster miteinander kombiniert. Dies bedeutet, dass die Betroffenen einen Vorfall als Fingerzeig Gottes betrachteten, zugleich aber auch nach den natürlichen Ursachen eines Unglücks suchten. Wie in Kapitel 4.3. gezeigt wird, wurde diese Form der Deutungsweise zum Teil auch beim großen Mönchsbergsturz angewandt.

1.5.3. Zur Bewältigung

Fanden Zeitgenossinnen und Zeitgenossen eine für sie plausible Erklärung des Unglücks, konnten sie gezielter dessen Bewältigung in Angriff nehmen. Den Begriff „Bewältigung" gilt es in seiner umfassenden Konnotation zu erfassen. Er bedeutet eine bewusste Auseinandersetzung mit dem Ereignis und dessen Auswirkungen, um es verkraften, erfolgreich verarbeiten oder meistern zu können.

---

62 Vgl. Rohr, Extreme Naturereignisse im Ostalpenraum, 62.
63 Jakubowski-Tiessen, Sturmflut 1717, 94.

Ein wichtiger Aspekt hierbei ist die zeitgenössische Dokumentation des Desasters. Diese erfolgte materiell und kognitiv. Das Ereignis wurde belegt, beurkundet und bewiesen. Maßnahmen waren das bewusste Berichten über das Unglück, das Abbilden desselben, das Anbringen von Gedenktafeln ebenso wie das Setzen von Vorsorgemaßnahmen.

Zudem galt es materielle Schäden zu beheben. Dies konnte mittels lokaler wie auswärtiger Hilfe geschehen. Zur unmittelbaren lokalen Hilfeleistung zählte die Beteiligung an Aufräumungsarbeiten, der Wiederaufbau von zerstörten Gebäuden, ebenso wie der kurzfristige Erlass von Steuern und anderen Abgaben; auswärtige Hilfe umfasste in der Regel Geldspenden und Hilfstransporte.

Ein extremes Naturereignis, das in der Regel mit Verlusterlebnissen einherging, musste auch auf mentaler Ebene bewältigt werden. So war es wichtig, die Opfer zu bergen – um anschließend die Verletzten versorgen und die Toten bestatten zu können. Um weiteres Unheil abzuwenden, Dank zu sagen oder um zusätzliche Hilfe zu erbitten, wurden Messen gestiftet und Prozessionen abgehalten.

Zu bedenken ist, dass sich der Akt der Bewältigung auf die momentane Gegenwart bezog, die Zukunft aber mit involvierte. Durch die intensive Auseinandersetzung mit der Katastrophe wurde diese memoriert. Unter „Memoria" verstehe ich daher eine langfristige Bewältigungsstrategie auf mentaler Ebene. Die Basis des Memorierens bildet die schriftliche oder bildliche Form der Erinnerung; sie sorgt dafür, dass das Ereignis nicht in Vergessenheit gerät. Unterschiedliche Bewältigungsmöglichkeiten – wie das Anbringen von Fresken, Gedenktafeln und Inschriften – erlauben vielmehr, dass es Teil des öffentlichen Raumes wird. Naturkatastrophen wurden häufig wie ein politisches Ereignis – ein Krieg – dokumentiert. Das schriftlich oder bildlich Festgehaltene lässt einen Einblick in unterschiedliche Umgangsweisen mit der Katastrophe zu: Hinweise auf Warnungen vor Gefahren, die Versicherung einer gewaltigen und waltenden Natur, die Vorführung von politischen Ordnungshandlungen als Reaktion auf die Zerstörung (Wiederaufbau von Straßen, Häusern und Kirchen) und die Glaubensversicherung werden thematisiert.

1.6. Quellen(lage)

1.6.1. Zur Siedlungsgeschichte der Stadt Salzburg in der Frühen Neuzeit

Im Hinblick auf die Quellenlage gilt es zwischen Informationen zu Bergstürzen des Mönchs- und Kapuzinerbergs zu differenzieren. Wie bereits in Kapitel 1.4. erwähnt, sind Angaben über Bergstürze des Mönchsbergs insbesondere in der heimatkundlichen Literatur[64] vorhanden, doch beschränken sie sich meist auf die Nennung des Unglücksjahres, den Platz des Geschehens und die entstandenen Schäden. Der erste Hinweis bezieht sich auf das Jahr 1493.[65] Nachrichten zu Bergstürzen des Kapuzinerbergs sind vergleichsweise rar.[66] Sie finden sich erst ab 1695[67] und umfassen meist nur das Jahr und die Stelle, an der sich das Ereignis zugetragen hat. Pezolt geht in seinem Aufsatz „Ueber Bergunglücke, Bergskarpierung und die „Bergputzer" in der Stadt Salzburg" zunächst auf die geologische Beschaffenheit des Kapuzinerbergs ein, ehe er sich den Gesteinsbewegungen widmet. Er schreibt, dass der

> *„...vielfach zerklüftete Uebergangs=Kalkstein*[68] *des Felsens von geringer Festigkeit*[69] *und* [daher, Erg. K.H.] *der Zerstörung*

---

64 Vgl. etwa Lorenz Hübner, Beschreibung der hochfürstlich-erzbischöflichen Haupt- und Residenzstadt Salzburg, Bd. 1: Topographie, Salzburg 1792, 122-127; Franz Valentin Zillner, Geschichte der Stadt Salzburg, Bd. 1: Geschichtliche Stadtbeschreibung, Salzburg 1885, 194-195; Judas Thaddaeus Zauner, Chronik von Salzburg, Dritter Theil, Salzburg 1789, 226; Judas Thaddaeus Zauner (fortges. v. Corbinian Gaertner), Chronik von Salzburg, Achter Theil (Zweyter Theil), Salzburg 1816, 293, 411-415; Judas Thaddaeus Zauner (fortges. v. Corbinian Gaertner), Chronik von Salzburg, Eilften Bandes erster Theil von 1753-1782, Salzburg 1826, 233-234, weiters Ludwig Pezolt, Ueber Bergunglücke, Bergskarpierung und die „Bergputzer" in der Stadt Salzburg, in: Mitteilungen der Gesellschaft für Salzburger Landeskunde 34 (1894), 21-30, hier insbesondere 22-23 und 25.

65 Vgl. Judas Thaddaeus Zauner, Chronik von Salzburg, Dritter Theil, Salzburg 1789, 226, Pezolt, Ueber Bergunglücke, 22 bzw. vgl. auch Johann Elias Edlen von Geyer, 21. 7. 1776, (Salzburg, Salzburger Landesarchiv, Landschaftsakten Rubr. XIV, 12.)

66 Zauner (fortges. v. Gaertner), Chronik von Salzburg, Eilften Bandes erster Theil von 1753-1782, Salzburg 1826, 582-583 bzw. Pezolt, Ueber Bergunglücke, 27.

67 Vgl. Pezolt, Ueber Bergunglücke, 27.

68 Dolomit. [Anm. bei Pezolt]

69 Äußerung des Bergrats Schroll, 17. September 1802 (Salzburg, Salzburger Landesarchiv, Landschaftsakten Rubr. XIV, 13), vgl. Pezolt, Ueber Bergunglücke, 27.

> *vielmehr ausgesetzt ist als das an der Luft sich verhärtende Conglomerat des Mönchsberges und Felsabbrüche, wenn auch nicht in so großem Maßstabe* [verglichen mit dem Mönchsberg, Anm. K.H.] *nichts Seltenes sind. …*"[70]

Pezolt erklärt schließlich, dass es „ermüden würde, diese Ereignisse hier sämmtlich aufzuzählen".[71]

Anhand eines Vergleichs von Ansichten der Stadt Salzburg aus dem 16. bis 19. Jahrhundert lässt sich erahnen, dass Bergstürze des Kapuzinerbergs ursprünglich von untergeordneter Bedeutung für die Zeitgenossinnen und Zeitgenossen gewesen sein dürften (siehe Abb. 5). Den Ausgangspunkt der Bilderreise stellt ein Baualterplan dar, der Salzburg im Jahr 1587 rekonstruiert; den Abschluss bildet eine Karte der Mozartstadt aus dem Jahr 1830.

Abb. 5: Salzburg im Jahr 1587 sowie im Ausschnitt Steingasse im Jahr 1612[72]

70 Pezolt, Ueber Bergunglücke, 27.

71 Ebenda.

72 Historischer Atlas der Stadt Salzburg (Schriftenreihe des Archivs der Stadt Salzburg 4), Salzburg 1999, Blatt I, 5: Die Entwicklung der Stadt Salzburg. Wolf Dietrich von Raitenau – Wegbereiter der barocken Stadt Salzburg, die beiden Pläne basieren auf der Schwarz-Weiß-Vorlage aus der Dissertation von Georg W. Seunig (1981). Diese Vorlage wurde für die Wolf Dietrich gewidmete Landesausstellung 1987 nach den Vorgaben des Verfassers

Die Planzeichnung zeigt einen Ausschnitt der Stadt Salzburg im Jahr 1587; zu dieser Zeit wurde der Kapuzinerberg noch Imberg genannt. Die Bebauung, insbesondere in Richtung äußerer Stein, war im Vergleich zur Gstöttn[73], der heutigen Gstättengasse, noch nicht flächendeckend erfolgt. Es fällt auf, dass zwischen Kapuzinerberg und Häusern sowie zwischen Häusern und Salzach jeweils eine bewaldete Fläche war. Diese dürfte als Schutz vor herabfallenden Steinen gedient haben.

Anders gestaltet sich die Situation in der Gstättengasse, die bereits am Ende des 16. Jahrhunderts dicht besiedelt war. Die Häuser der Gstättengasse wurden praktisch direkt an den Berg gebaut. Zwischen der Gstättengasse und dem Mönchsberg findet sich im Plan nur eine sehr schmale Grünfläche. Dieser unbebaute Bereich dürfte den Häusern und den darin lebenden Personen nur wenig Schutz vor herabfallenden Steinen geboten haben. Dies lässt vermuten, dass die Bewohnerinnen und Bewohner der Gstättengasse mitunter durch Gesteinsbewegungen Schaden erlitten.

Der obere Ausschnitt der Abbildung 5 zeigt die Steingasse im Jahr 1612. Zu dieser Zeit war der frühere Imberg bereits nach den Kapuzinern, die noch heute ein Kloster auf diesem Stadtberg besitzen, benannt worden.[74] Ein Vergleich der Steingasse in den Jahren 1587 und 1612 deutet auf keine bedeutenden baulichen Veränderungen hin. Man kann also davon ausgehen, dass

von Margarete Pilz in Farbe ausgeführt. Für die vorliegende Fassung wurden diese Pläne – dem aktuellen Forschungsstand entsprechend – von Peter F. Kramml, Gerhard Plasser und Wilfried Schaber aktualisiert und von Friedrich Pürstinger graphisch überarbeitet. Bei der Rekonstruktion des Stadtgrundrisses zog der Verfasser insbesondere Katasterpläne als Grundlage, Chroniken und Häuserchroniken als Quellen, weiters Bauphasenkarten, Baualterpläne, Ausgrabungsergebnisse, frühere Rekonstruktionen und alte Ansichten heran. Bereiche, die nicht mit letzter Sicherheit rekonstruiert werden konnten, sind schematisch dargestellt.

73 Die amtliche Bezeichnung „Gstättengasse“ wurde erst 1874 verfügt. Sie weist auf das durch Uferschutzbauten befestigte „Gestade“ hin. Vgl. Georg Stadler, Gstättengasse 1 – die „Schleifmill in der Gstöttn“, in: Bastei, Blätter des Stadtvereines Salzburg für Erhaltung und Pflege von Bauten, Kultur und Gesellschaft 37, 7-8 (1988), 7-8, hier 7.

74 Vgl. Georg W. Seunig, Historischer Atlas der Stadt Salzburg, Die Entwicklung der Stadt Salzburg, Blatt I, 5: Wolf Dietrich von Raitenau. Unter Wolf Dietrich wurden neue Orden in Salzburg angesiedelt: Die Kapuziner wurden 1596 neu nach Salzburg berufen. Für sie ließ Wolf Dietrich zwischen 1596 und 1599 das Trompeterschlösschen zu einem Kloster mit einer eigenen neuen Klosterkirche ausbauen. Diese wurde 1602 geweiht. Eine Schenkung des riesigen Klostergartens erfolgte fünf Jahre später (1607).

die Steingasse zumindest zu Beginn des 17. Jahrhunderts in Richtung Äußerer Stein noch dünn besiedelt war.

Diese Gegebenheiten führten wohl dazu, dass die Bewohnerinnen und Bewohner der Steingasse auch im 17. Jahrhundert von Schäden durch Gesteinsbewegungen des Kapuzinerbergs weitestgehend verschont blieben.

Es kann davon ausgegangen werden, dass beide Gassen gegen Ende des 18. Jahrhunderts bereits dicht besiedelt waren. Dies lässt darauf schließen, dass Gesteinsbewegungen der Stadtberge die Anrainerinnen und Anrainer mitunter in Mitleidenschaft zogen. Auch die Nachrichtenlage deutet darauf hin: Im Jahr 1695 findet sich der erste Hinweis auf Abbrüche von Gesteinspartien am Kapuzinerberg. Die Südseite desselben, d. h. der Bereich beim Bürglstein, wurde im Laufe des 18. Jahrhunderts dichter besiedelt. Erst ab dieser Zeit finden sich Hinweise auf Gesteinsbewegungen, die sich dort zutrugen.[75] Die Bergstürze waren für die Zeitgenossinnen und Zeitgenossen erst ab dem Zeitpunkt von Bedeutung, als sie eine Bedrohung für sie darstellten. So entwickelten sie, wie in Kapitel 4 noch erläutert wird, Schutzmaßnahmen, um plötzlichen Steinablösungen vorzubeugen. Dazu zählen die Bergputzer: Sie klopfen die Stadtberge seit 1778 jedes Jahr auf loses Gestein hin ab und helfen so, Unglücke zu verhindern.[76]

Abb. 6: Ausschnitt aus der Gstättengasse (schraffiert) aus „Kastral Plan Gemeinde Stadt Salzburg in Oesterreich ob der Enns, Salzburger Kreis, Bezirk Magistrat Salzburg 1830“.[77]

75 Pezolt, Ueber Bergunglücke, 27.

76 Vgl. ebenda, 28.

77 Historischer Atlas der Stadt Salzburg Blatt I, 10: Die Entwicklung der Stadt Salzburg. Salzburg als Kreisstadt im Vormärz.

Abbildung 6 zeigt die dicht besiedelte Gstättengasse sowie die Markus-Kirche zur Zeit des 19. Jahrhunderts. Da die Bergputzer die Berge jährlich auf loses Gestein hin untersuchten, dürfte es, wie die Abnahme an Nachrichten zu Bergstürzen vermuten lässt, zu einer Reduktion von gefährlichen Gesteinsbewegungen gekommen sein.

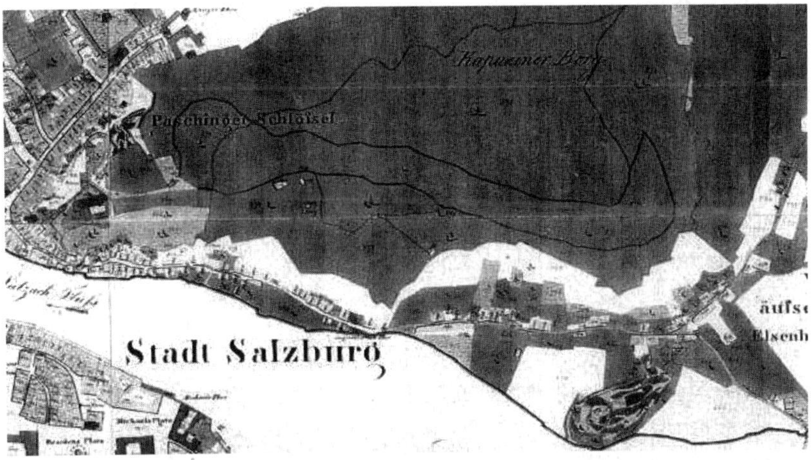

Abb. 7: Ausschnitt der Steingasse (schraffiert) aus „Kastral Plan der Gemeinde Stadt Salzburg in Oesterreich ob der Enns. Salzburger Kreis. Bezirk Magistrat Salzburg 1830“.[78]

Abbildung 6 und 7 zeigen, dass im 19. Jahrhundert die Grünfläche zwischen dem Kapuzinerberg und den an diesen angrenzenden Häusern beinahe gänzlich verschwunden war. Die Tatsache, dass die Nachrichtenlage zu Bergstürzen am Kapuzinerberg keinen Aufschwung erfährt, lässt darauf schließen, dass die Arbeit der Bergputzer Unglücke zu verhindern wusste.

1.6.2. Zur Quellenlage in Archiven

Die Suche nach Hinweisen zu Bergstürzen in der Stadt Salzburg, die über das Unglücksjahr, den Ort des Geschehens und über Informationen zu entstandenen Schäden hinausgehen, gestaltete sich als äußerst herausfordernd und zeitintensiv.

Gründliche Recherchen in Archiven und Bibliotheken in Salzburg waren unumgänglich, da dieses Kapitel der Stadtgeschichte bis jetzt erst ungenügend aufgearbeitet worden war.

78 Ebenda.

So wurden die Archive der Stadt, des Landes, der Erzdiözese, des Landeskonservatorats, der Universität, St. Peter sowie die Bibliothek des Salzburg Museums und des Priesterhauses ebenso wie die Sondersammlungen der Universität konsultiert. Abgesehen von der Bibliothek des Salzburg Museums, die nicht nur Zeitungsartikel sondern vor allem auch Flugblätter und Graphiken zu Bergstürzen in Salzburg beherbergt, wurden von den übrigen zuvor genannten Anlaufstellen ausschließlich schriftliche Quellen bezogen. Die wichtigsten werden im nachfolgenden Kapitel kurz vorgestellt.

Zusätzlich zu den Recherchen in Salzburg wurden schriftliche Anfragen an Museen außerhalb der Stadt gerichtet. Diese sind insofern von Bedeutung, da sich relevante Quellen zur Stadtgeschichte nicht zwingend in Salzburg befinden müssen, sondern durchaus Bestandteile größerer Sammlungen sein können. Daher wurden das Archiv der Tiroler Franziskanerprovinz, die Österreichische Nationalbibliothek, die Graphische Sammlung der Albertina in Wien, das Kupferstichkabinett der Akademie der bildenden Künste Wien, die Bayerische Staatsbibliothek (Abteilung Bestandsaufbau und Erschließung sowie Abteilung für Handschriften und Seltene Drucke), das Kupferstichkabinett der Staatlichen Museen zu Berlin und ebenso die Graphische Sammlung des Germanischen Nationalmuseums Nürnberg kontaktiert.

Es ist wichtig zu bedenken, dass nicht alle Materialien aufbewahrt, manche sogar beschlagnahmt und wiederum andere in Kriegen zerstört wurden. So erklärte Pater Oliver vom Archiv der Tiroler Franziskanerprovinz, dass Erzbischof Colloredo die alte Chronik des Franziskanerklosters beschlagnahmt hatte und diese seither nicht mehr auffindbar ist. Auch weitere Akten, die für dieses Themenfeld von Interesse sein könnten, hätten sich weder im Provinzarchiv Schwaz noch im Hausarchiv in Salzburg erhalten. Dazu zählen Predigten. Doch auch literarische Quellen über Bergstürze in Salzburg, wie beispielsweise Gedichte, dürfte es, abgesehen von einem Nachruf für die Opfer des Unglücks vom großen Mönchsbergsturz, nicht geben. Vermutlich liegt dies daran, dass Gesteinsbewegungen zum Alltagsleben der Bevölkerung zählten und eine diesbezügliche Verarbeitung des Geschehenen den Menschen nicht notwendig erschien.

In der Österreichische Nationalbibliothek, der Graphischen Sammlung der Albertina, dem Kupferstichkabinett der Akademie der bildenden Künste Wien, der Bayerischen Staatsbibliothek sowie im Kupferstichkabinett der Staatlichen Museen zu Berlin ließ sich ebenso nichts zu diesem Themengebiet finden, deshalb wird in dieser Arbeit vornehmlich auf Archivalien die in der Stadt Salzburg aufbewahrt werden zurückgegriffen. Die einzige Ausnahme bilden Graphiken des Germanischen Nationalmuseums Nürnberg. Hier konnten ein Flugblatt und ein Kupferstich, die sich auch im Salzburg Museum befinden, sowie ein weiterer Kupferstiche, der Bestandteil der Sondersammlungen der Universität Salzburg ist, ausgehoben werden.

1.6.3. Zu den wichtigsten schriftlichen und bildlichen Quellen

Ziel dieses Unterkapitels ist es im Sinne Tschopps die genutzten Quellengattungen differenzierend zu beschreiben und inhaltlich fruchtbar zu machen. Zum Bergsturz von 1669 existieren sowohl schriftliche als auch bildliche Quellen, wobei schriftliche Quellen die umfassendere Grundlage der vorliegenden Arbeit bilden. Neben handschriftlichen Berichten wie Chroniken sind dies vor allem Sterbe- und Rechnungsbücher, ein Tagebuch, Totenroteln, das Stadtratsprotokoll von 1669, Zeitungsartikel über die Arbeit der Bergputzer sowie Flugblätter.

Seit dem Frühmittelalter wurden Annalen in Klöstern geführt. Sie berichten über getätigte Geschäfte der Klöster, Priesterweihen, Todesfälle von Glaubensbrüdern ebenso wie über politische und außergewöhnliche Ereignisse. In Chroniken und Historien wurde das Genre der Annalen wiederbelebt, dies bedeutet, dass ihr Aufbau ähnlich, die Vermerke jedoch in der Regel deutlich länger sind, was wiederum für eine neuere kulturgeschichtliche Auswertung mit Schwerpunkt auf den Aspekten Wahrnehmung, Deutung und Bewältigung von Vorteil ist. Wichtig ist anzumerken, dass Chroniken, anders als Historien, nicht nur über das Ereignis an sich berichten, sondern vor allem auch über Geistliche, die dem Unglück zum Opfer fielen oder es überlebten. So wird beispielsweise der weitere Werdegang der überlebenden Alumnen angeführt. Auch Vorsorgemaßnahmen nach dem großen Mönchsbergsturz werden geschildert. Der Chro-nist des Klosters St. Peter, Bernhard Viechter, vermerkte, dass der Abt des Klosters nach dem großen Mönchsbergsturz einen Sachverständigen rief, um den Berg zu untersuchen. Dieser fand oberhalb des Eremitoriums einen Felsen, der abzustürzen und Grabstätten sowie benachbarte Gebäude zu zerstören drohte. Um dies zu verhindern, veranlasste der Abt im Monat August eine Abräumung der gefährlichen Stellen des Mönchsbergs.[79]

Als weitere wichtige Quelle erwies sich das Tagebuch des Amand Pachler, einem Abt von St. Peter, das nun im Archiv St. Peter

79 Vgl. Salzburg, Archiv St. Peter, HS. A. 145 fol. 331v.

aufbewahrt wird. Hierbei handelt es sich um ein zweibändiges Werk; der erste Band (Signatur HS. A. 53) umfasst die Jahre 1657 bis 1664, der zweite (Signatur HS. A. 54) behandelt die Jahre 1665 bis 1672.

Amand Pachler wurde am 29. September 1624 geboren und einen Tag später auf den Namen Hieronymus getauft. Sein Vater, Wolfgang Pachler, arbeitete zunächst als Bader, später war er als Zöllner in Hallein tätig. Im Alter von 12 Jahren, am 7. Juni 1636, trat Pachler den Sängerknaben von St. Peter bei. Dadurch bekam er die Möglichkeit der Ausbildung an einer Lateinschule. Dies setzte jedoch nicht zwingend das Einschlagen einer kirchlichen Laufbahn voraus, so besuchte Pachler die unteren Gymnasialklassen als Weltlicher. Er trat erst 1641 in das Kloster ein und wurde am 19. Mai desselben Jahres eingekleidet.[80]

In seinem Tagebuch berichtet Amand Pachler über wichtige ökonomische und rechtliche Amtsgeschäfte, die er als Abt und somit als Grundherr führte; zudem erzählt er von seinen Reisen. Er schildert Witterungsverhältnisse und schreibt über den Kirchenbau sowie über Merk- und Denkwürdigkeiten, die sich ereigneten, zu letzteren zählt der große Mönchsbergsturz von 1669. Pachlers Tagebuch ist für diese Arbeit nicht aufgrund seiner Angaben zum großen Mönchsbergsturz von großer Bedeutung, denn diese decken sich mit jenen der Chroniken – es sind die Nachrichten über Witterungsverhältnisse, die diese Quelle so besonders machen, denn Wettertagebücher, d. h. Aufzeichnungen über das Wetter, die regelmäßig geführt wurden, liegen in Salzburg erst für das 18. Jahrhundert vor.[81] Dies bedeutet, dass es schwierig ist, Hinweise über das Wetter vor dieser Zeit zu finden.

Im Archiv St. Peter finden sich weiters die Totenroteln der Patres Bernhard Kimpfler und Amand Probst (HS. A. 555, rot. 144) sowie die Totenrotel von Pater Wolfgang Rudolph (HS. A. 555, rot. 148). Totenroteln sind vergleichbar mit heutigen Parten; sie sind verbunden mit der Institution der Gebetsverbrüderung, d. h. Klöster schlossen sich zusammen, um für die Verstorbenen des jeweils anderen Konvents zu beten.

---

80 Vgl. P. Pirmin Lindner, Professbuch der Benediktiner-Abtei St. Peter in Salzburg (1419-1856), Salzburg 1906, 46.

81 Fritz Klemm, Die Entwicklung der meteorologischen Beobachtungen in Österreich einschließlich Böhmen und Mähren bis zum Jahr 1700 (Annalen der Meteorologie, N. F. 21), Offenbach am Main 1983. Bei Klemm sind keinerlei schriftliche Quellen mit regelmäßigen meteorologischen Beobachtungen für den Salzburger Raum angeführt. Ob es dennoch auch aus dem Salzburger Bereich Wettertagebücher gegeben hat (abgesehen von ausführlicheren Berichten über Witterungsverhältnissen in Chroniken) ist nach dem derzeitigen Forschungsstand nicht abzuschätzen.

Neben erzählenden Quellen wurde in dieser Arbeit auch auf wirtschaftsgeschichtlich relevante Aufzeichnungen zurückgegriffen, hierzu zählen Rechnungsbücher ebenso wie das Stadtratsprotokoll von 1669. Während Rechnungsbücher insbesondere für den Nachweis der Arbeit von Steinbrechern von Belang sind, gibt das Stadtratsprotokoll von 1669, das gleichsam als „Gedächtnis der Stadt Salzburg“[82] fungierte, u. a. Auskunft über Forderungen die von Seiten der Bürger an die Obrigkeit gerichtet wurden. Die Problematik, die sich hierbei stellt, ist, dass man zwar anhand der Appelle einen Bezug zum großen Mönchsbergsturz vermuten, diesen aber kaum nachweisen kann.

Um Hinweise über die Auswirkungen des großen Mönchsbergsturzes hinsichtlich des demographischen Aspekts zu erhalten, wurden Sterbebücher der Salzburger Dompfarre für die Jahre 1659 bis 1679 ausgewertet. Die Summenwerte der Toten dieser Jahre werden mittels einer Graphik im vierten Kapitel veranschaulicht.

Flugblätter gelten als die älteste Erscheinungsform der Zeitung. Sie können als leicht verständliche, vorwiegend einblättrige illustrierte Nachrichten, die meist an ein anonymes Publikum gerichtet sind, beschrieben werden.[83] Dies ist auch der Grund, weshalb sie zu schriftlichen wie bildlichen Quellen gezählt werden. Diese häufig ähnlich aufgebauten Schriftstücke, berichten über das Unglück. Sie wurden über große Entfernungen hinweg verbreitet, mitunter an öffentlichen Plätzen angeschlagen und erreichten so eine breite Audienz. Sie waren meist mit einem Appell verknüpft. Dieser konnte von einer Berichtigung der Angaben des Unglücks von Seiten der Obrigkeit[84] bis hin zu einem Aufruf zu einem gottgefälligen Lebenswandel[85] reichen, um mögliches Unheil abzuwenden. Bei der Quellenauswertung ist zu berücksichtigen, dass Text- wie Bildaussagen häufig überzeichnet sind und daher Parallelquellen unbedingt herangezogen werden sollten.

---

82 Scheutz und Weigl führen an, dass die „Kompetenzen des Verwaltungskörpers“ protokolliert wurden, um „Evidenz für spätere Zeiten“ zu schaffen, vgl. Martin Scheutz/Herwig Weigl, Ratsprotokolle österreichischer Städte, in: Josef Pauser et al., Quellenkunde der Habsburgermonarchie. Ein exemplarisches Handbuch, Wien/München 2004, 590-610, hier 590.

83 Vgl. Joachim Kirchner (Hg.), Lexikon des Buchwesens, Stuttgart 1952, 252.

84 Vgl. Franz Martin, Eine Zeitung über den großen Bergsturz von 1669, in: Mitteilungen der Gesellschaft für Salzburger Landeskunde 62 (1922), 27-32, hier 28-32, Transkription der Relation siehe im Anhang.

85 Vgl. Anonymes Flugblatt, Bibliothek des Salzburg Museums, Inv. Nr. 63/52 sowie Germanisches Nationalmuseum Nürnberg Inv. Nr. HB 19815, Kapsel 1370, Transkription des Flugblattes siehe im Anhang.

Abb. 8: Kupferstich Salzburg, Salzburg Museum Inv. Nr. 1143-49 bzw. Germanisches Nationalmuseum Nürnberg, Inv. Nr. HB 3885, Kapsel 1370, Detail: Felsmassen, die auf die Häuser der Gstättengasse einstürzen.

Hier ist der Punkt, an dem die Kulturwissenschaft ansetzen muss. Ein objektives, wahres Bild des extremen Naturereignisses wird sich nie finden lassen, aber in der Differenz zu einer neutraleren Sicht liegt die Diskursivität, der es sich zu widmen gilt.

Zu weiteren bildlichen Quellen zählen insbesondere Stadtansichten. Von besonderer Bedeutung ist ein im Jahr 1644 von Matthäus Merian angefertigter Kupferstich, der, wie in Kapitel 4.2.2. erläutert und veranschaulicht wird, ganz offensichtlich späteren Darstellungen als Vorlage diente.

2. Über Bergstürze in der Stadt Salzburg vor dem großen Mönchsbergsturz von 1669

„Eine besondere Merkwürdigkeit, die jedem Besucher unserer schönen Stadt sofort in die Augen fällt, sind die unmittelbar an die Felsen des Mönchs- und Kapuzinerberges angebauten Häuserzeilen."[86]

„Ein ängstliches Gemüth mag sich wohl darüber wundern, wie es möglich sei, daß die Bewohner dieser, wie die Schwalbennester an der Felswand lebenden Häuser ruhig unter dem drohenden Gestein zu schlafen vermögen."[87]

Abb. 9: Salzburg von Mülln aus gesehen um 1460[88]

Wenngleich es sich bei diesem Holzschnitt (Abb. 9) – einem der ältesten Bilder der Stadt Salzburg – um keine exakte Vedute handelt, so zeigt er doch wie die Stadt Salzburg von ihren Stadtbergen umrahmt wird. Der Mönchsberg prägt die linke und der Kapuzinerberg die rechte Salzachseite. Manche der Gebäude, beispielsweise der Dom, sind dem Original nachempfunden, andere, darunter fällt der Rathausturm, sind frei gezeichnet. Die Betrachtenden erhalten einen Einblick in die „Hierarchie der Bauwerke"[89]: das Bild wird vom Trompeterschlößl[90], dem Dom

86 Pezolt, Ueber Bergunglücke, 21.

87 Ebenda.

88 Historischer Atlas der Stadt Salzburg, Blatt I, 3: Die Entwicklung der Stadt Salzburg. Das mittelalterliche Salzburg.

89 Ebenda.

90 Das Trompeterschlößl wich 1594 dem Bau des Kapuzinerklosters, wobei die Nordmauer des Trompeterschlößls dabei zur Klosternordmauer wurde, vgl. Georg Stadler, Mönchs- und Kapuzinerberg – ein kulturgeschichtlicher Rückblick, Salzburg 1983, 81.

und den übrigen Kirchen sowie den Stadtmauern dominiert. Wohnhäuser scheinen hingegen von untergeordneter Bedeutung zu sein. Sie sind nicht identifizierbar, doch ist das „Gesamtbild der Stadt“[91], zuverlässig. Der Holzschnitt wurde von Michael Wolgemut um 1460 angefertigt. Es ist davon auszugehen, dass der Künstler über keine Ortskenntnisse der Stadt verfügte und sich bei seiner Arbeit an Salzburger Ansichten orientierte.

Quellen belegen, dass es am Mönchs- wie Kapuzinerberg häufig zu Steinschlägen kam.[92] Die Bevölkerung wusste über die Gefahr der Steinbewegungen Bescheid, zählte diese Naturereignisse jedoch aufgrund ihres regelmäßigen Auftretens zu ihrem Alltag.

Wie in Kapitel 1.3. bereits erwähnt, besteht der Mönchsberg aus der Salzburger Nagelfluh, während der Kapuzinerberg aus Dolomit und Dachsteinkalk aufgebaut ist. Konglomeratgestein verhärtet an der Luft, das sehr brüchige Dolomitgestein ist im Vergleich dazu zerstörungsanfälliger.[93] Häufiger Steinschlag ist die Folge.

Es ist nahe liegend, dass die Gesteinsbewegungen nur zum Teil und insbesondere dann vermerkt wurden, wenn sie Todesopfer forderten oder größere materielle Schäden entstanden. Pezolt bringt dies zum Ausdruck, indem er in Bezug auf den Kapuzinerberg anmerkt, „dass es ermüden würde, diese Ereignisse in ihrer Gesamtheit aufzuzählen“.[94] Diese Aussage lässt sich wohl auch auf die Gesteinsbewegungen des Mönchsbergs transferieren.

Das Anliegen dieses Kapitels ist es, Nachrichten über die überlieferten Felsabstürze vom ausgehenden Spätmittelalter bis zum großen Mönchsbergsturz vom 16. Juli 1669 zusammenzustellen. Wie bereits in Kapitel 1.6. erwähnt wird, finden sich Nachrichten über Bergstürze des Kapuzinerbergs erst für die Zeit ab 1695, d. h. nach dem großen Mönchsbergsturz; daher konzentriert sich dieses Kapitel ausschließlich auf Bergstürze des Mönchsbergs die sich bis zum 16. Juli 1669 zugetragen haben.

Im Jahr 1493 stürzte am Vorabend zu St. Simon und Judä, d. h. am 27. Oktober, ein Stein nächst dem Bürgerspital auf ein Haus in der Gstötten und forderte vier Todesopfer.[95] Wirft man einen Blick in die Haunschmit-Akte zur Gstättengasse, lässt sich

---

91 Historischer Atlas der Stadt Salzburg, Blatt I, 3: Die Entwicklung der Stadt Salzburg. Das mittelalterliche Salzburg.

92 Vgl. mit Anm. 95, 100-102 und 105.

93 Pezolt, Ueber Bergunglücke, 27.

94 Vgl. Zauner, Chronik von Salzburg, Dritter Theil, 226 bzw. Pezolt, Ueber Bergunglücke, 27.

95 Vgl. Zauner, Chronik von Salzburg, Dritter Theil, 226; Pezolt, Ueber Bergunglücke, 22 bzw. auch Regierungs-Archiv, von Geyer, 21. 7. 1776, (Salzburg Landesarchiv, Landschaftsakten Rubr. XIV, 12).

Abb. 10: Mönchsberg (linke Bildhälfte) und Gstättengasse (Stadtansicht aus der Mitte des 17. Jahrhunderts, Detail)[96]

feststellen, dass es sich hierbei um das Hutmacher-Sammer-Haus, die Gstättengasse 5,[97] handelte. Angemerkt sei auch, dass das Hutmacher-Sammer-Haus später durch keine weiteren Felsbrüche mehr in Mitleidenschaft gezogen wurde.

Für das 16. Jahrhundert existiert nur ein Eintrag, der einen Bezug zu Berg- und Felsstürzen aufweist. Dieser findet sich in der Städtischen Kammeramtsrechnung von 1574 und berichtet über die Vorsorgemaßnahmen eines Bergputzers, was darauf schließen lässt, dass die Bevölkerung um Sicherheit bestrebt war.

96 Historischer Atlas der Stadt Salzburg, Blatt I, 6: Die Entwicklung der Stadt Salzburg. Zwei monumentale Stadtansichten aus der Mitte des 17. Jahrhunderts (A. Salzburg vom Mönchsberg gegen Norden): Dieses Ölgemälde eines unbekannten Malers (das vielleicht von Daniel Miller angefertigt wurde), entstand wahrscheinlich zwischen 1635 und 1657; es befindet sich in der Erzabtei St. Peter in Salzburg.

97 AStS, Altstadt, Konskr.-Nr. 269 (Gstättengasse 5).

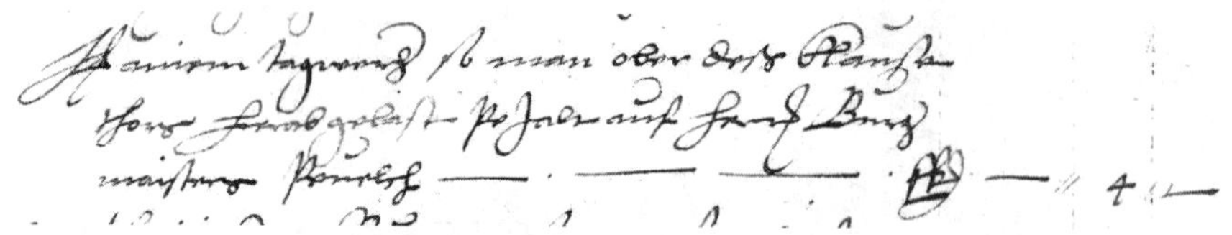

Abb. 11: Eintrag in der Kammeramtsrechnung von 1574[98]

Der Eintrag lautet:

> *„It(em) ainem tagwerk(er) so man ober deß Klausenthors herabgelassen pezalt auf herren burg(er)maisters pevelch fß d - 4 -."*

Der nächste Vermerk über einen Steinschlag liegt erst wieder für das Jahr 1614 vor. Ein Felsstück soll das Schlosser-Heyberger-Haus, die Gstättengasse 27,[99] zerstört und einige Todesopfer gefordert haben. Während Zauner von drei Toten ausgeht, spricht Pezolt von acht.[100]

Zauner führt in der Beschreibung des großen Mönchsbergsturzes, im achten Teil seiner Chronik von Salzburg, auch frühere Gesteinsbewegungen an. So erwähnt er, dass am 4. April 1665, das Schlosserhaus um halb ein Uhr nachts erneut zerstört wurde und der Steinmetz, seine Frau, ein Kind sowie ein Soldat und dessen zwei Kinder ums Leben kamen.[101] Zudem erklärt er in demselben Band, dass sich genau ein Jahr später, d. h. am 4. April 1666, um ein Uhr nachts, an derselben Stelle ein Bergsturz ereignet habe, der ebenfalls sechs Menschenleben auslöschte. Pezolt nennt für das Jahr 1665 keine Bergstürze in der Stadt Salzburg, führt jedoch an, dass das Schlosser-Heyberger-Haus ebenso wie das benachbarte Krämerhaus 1666 zerstört wurden, und dabei sechs Menschen getötet und zwei verletzt worden seien.[102]

Im Sterbebuch der Dompfarre Salzburg wurden für den 4. April 1665 zwei Todesfälle vermerkt.[103] So kann davon ausgegangen werden, dass sich der Bergsturz nicht sowohl 1665 als auch 1666, sondern „nur" im Jahr 1666 zugetragen hatte. Im Sterbebuch der Dompfarre Salzburg wird am 4. April 1666, wie Abbildung 12 zeigt, auch auf den Bergsturz eingegangen.[104]

---

98 AStS, Kammeramtsrechnungen 1574, fol. 15r.

99 AStS, Altstadt, Konskr.-Nr. 280 (Gstättengasse 27).

100 Vgl. Zauner (fortges. v. Gaertner), Chronik von Salzburg, Achter Theil (Zweyter Theil), 412 und Pezolt, Ueber Bergunglücke, 22.

101 Vgl. Zauner, Chronik von Salzburg, 412.

102 Vgl. Pezolt, Ueber Bergunglücke, 22.

103 AES, Salzburg Dompfarre, Sterbebuch 1, 469.

104 Damit ergibt sich ein ähnlicher Befund wie bei zahlreichen Erdbeben, die sich im Jahresabstand genau an dem selbem Tag ereignet haben, sich

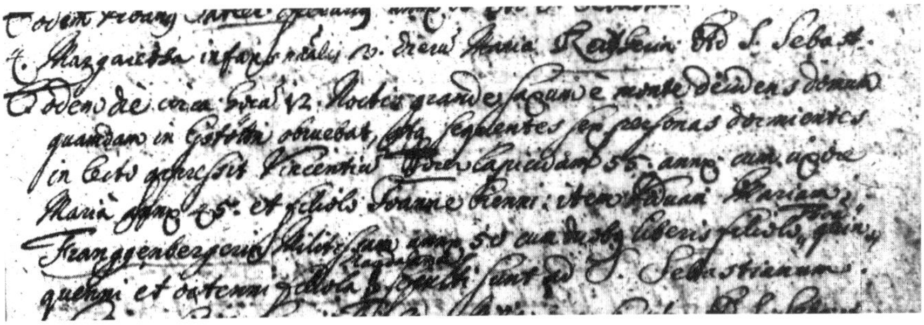

Abb. 12: Eintrag im Sterbebuch der Dompfarre Salzburg

So hatte sich am 4. April um zwölf Uhr nachts ein großer Felsbrocken vom Berg gelöst, das Haus in der Gstöttn verschüttet und folgende sechs Menschen im Schlaf erdrückt: den 55-jährigen Steinmetz Vincentius Thorer mit seiner 45-jährigen Gattin Maria und ihrem zweijährigen Sohn Joannes, ebenso die 50-jährige Witwe Maria Frenggenberger, eine Soldatengattin mit ihren zwei Kindern, dem fünfjährigen Sohn Thomas und der achtjährigen Tochter Magdalena. Sie wurden am St. Sebastian-Friedhof begraben.[105] Pezolt wie Zauner geben als nächsten Bergsturz den großen Mönchsbergsturz vom 16. Juli 1669 an; er wird in Kapitel 4 retrospektiv analysiert.

aber bei genauerer Quellenkritik als ‚fake quakes' entpuppen. Vgl. dazu etwa Monika Gisler, Historical Seismology in Switzerland. Reflections and Insights, in: Michael Kempe/Christian Rohr (Hg.), Coping with the Unexpected. Natural Disasters and Their Perception (Environment and History, Special Issue 9, 2), Strond/Isle of Harris 2003, 215-237, hier 218-219; Rohr, Extreme Naturereignisse, 22 und Donat Fäh et al., Earthquake Catalog of Switzerland (ECOS) and the related macroseismic database, in: Eclogae geol. Helv. 96 (2003), 219-236, hier 219, 220, 225 und 227.

105 AES, Salzburg Dompfarre, Sterbebuch 1, 483. *Eodem die circa hora 12. noctis grande saxum e monte decidens domum quamdam in Gstöttn obruebat, atq(ue) sequentes sex personas dormientes in lecto oppressit Vincentium Thorer lapicidam 55. anno(rum) cum uxore Maria anno(rum) 45. et filiolo Joanne pienni item viduam Mariam Franggenbergerin militissam anno(rum) 50 cum duobus liberis filiolo Tho(m)a quinquenni et octenni filiola Magdalena sepulti sunt ad S. Sebastianum.*

3. Die Stadt Salzburg im 17. Jahrhundert

Das Erzbistum Salzburg bildete im 17. Jahrhundert gleichermaßen eine Residenz- wie Handelsstadt, der der Erzbischof vorstand.[106] Er regierte somit als kirchliches und als weltliches Oberhaupt. Die Grundlage für den absolutistischen Regierungsstil des Erzbischofs formten so genannte große und kleine Regalien. Zu den großen Regalien zählte die Gesetzgebung, die Gerichtsbarkeit, die unumschränkte Polizeigewalt, das Kriegsrecht, die Vertretung im Ausland durch Gesandte, eine eigene Münze und das Recht auf den Abschluss von Verträgen. Die kleinen Regalien, wie das Recht auf Gewässernutzung sowie das Forst- und Mautregal, begründeten sich aus dem Grundbesitz des Landesfürsten.[107] In seiner Funktion als Landesherr wurde der Erzbischof vom Domkapitel, das sich aus 24 Domherren zusammensetzte und vom Landtag, der aus den drei Ständen – Prälaten[108], Rittern[109] sowie Abgesandten der Städte und Märkte für das Bürgertum[110] – bestand, bei der Amtsführung unterstützt. Gesamtlandtage wurden ausschließlich in Krisenzeiten und dann stets vom Landmarschall auf Befehl des Landesherrn einberufen; dort kamen die gewählten Vertreter der Stände zusammen, um über alle weiteren Vorgehensweisen zu beraten. Zudem gab es zwei Ausschüsse; der kleinere setzte sich aus

106 Vgl. Gerhard Ammerer, Urbane Alltagskultur der Lodron-Zeit. Überlegungen und Quellen, in: Peter Keller et al. (Hg.), Erzbischof Paris Lodron (1619-1653). Staatsmann zwischen Krieg und Frieden (Mitteilungen der Gesellschaft für Salzburger Landeskunde, Ergänzungsband 20), Salzburg 2003, 88-94, hier 88.

107 Vgl. Friederike Zaisberger, Geschichte Salzburgs, Wien 1998, 116.

108 Den Prälatenstand, dem der Dompropst, der Domdechant für das Domkapitel, die Äbte von St. Peter und Michaelbeuern, der Propst von Höglwörth und seit 1620 ebenso eine Frau – die Äbtissin von Nonnberg – angehörten, leitete der Bischof vom Chiemsee, vgl. Adolf Hahnl, Die benediktinischen Klöster, in: Keller et al. (Hg.), Erzbischof Paris Lodron, 56-60, hier 56 bzw. Zaisberger, Geschichte Salzburgs, 119-120.

109 Der jeweilige Landmarschall stand den Mitgliedern der Ritterschaft, deren Anzahl nicht festgelegt war, vor, vgl. Zaisberger, Geschichte Salzburgs, 120.

110 Während Salzburg und Hallein ständige Mitglieder des Landtags waren, konnten Laufen, Mühldorf, Radstadt, und Tittmoning alternierend einen Bevollmächtigten entsenden. Die 23 Märkte – Abtenau, Golling, Hofgastein, Hopfgarten im Brixental, Kuchl, Lofer, Mauterndorf, Mittersill, Neumarkt, Saalfelden, Seekirchen, St. Johann, St. Michael, Straßwalchen, St. Veit, Tamsweg, Taxenbach, Teisendorf, Waging, Wagrain, Werfen, Windisch Matrei und Zell im Pinzgau – konnten hingegen nur einen Vertreter zum Landtag schicken. Dieser wurde im Drei-Jahres-Rhythmus gewählt, Vgl. ebenda.

zwei Prälaten, zwei Bürgern und vier Rittern zusammen. Diese behandelten jeden Monat aktuelle Themen. Die 16 Vertreter des größeren Ausschusses trafen sich jährlich im Frühjahr, um über die Umsetzung von Vorschlägen und Ideen des kleineren Ausschusses zu entscheiden.[111]

In Verwaltungsangelegenheiten konnte der Landesfürst von seinen beiden Vizedomen vertreten werden, wobei der Vizedom von Salzburg für das Land nördlich der Tauern und der Vizedom von Friesach für das Land südlich der Tauern zuständig war. Ihnen unterstanden die Pflegrichter. Sie waren für die hohe und niedere Gerichtsbarkeit, die Steuereinhebung und das Militär verantwortlich.[112]

Das wirtschaftliche Leben wurde in erster Linie durch Anfragen des erzbischöflichen Hofs, der Zentralbehörden des Erzstifts, des Domkapitels und der Orden geprägt, wobei „der Charakter der Residenzstadt vor allem auch in der beruflichen Zusammensetzung der Bevölkerung seinen Niederschlag fand“[113]. Egal ob Bauern[114], Dienstboten, Maurer, Kutscher oder Zimmermädchen – in der Mitte des 17. Jahrhunderts stand die Hälfte der Bevölkerung auch wirtschaftlich mit dem erzbischöflichen Hof in Kontakt.[115]

Zudem spielten Orden eine wichtige Rolle im Salzburg des 17. Jahrhunderts. Sie waren Orte, in denen das Wort Gottes gepflegt wurde; ihre Mitglieder engagierten sich aber auch im Bildungsbereich. So stiftete die bayerische Benediktinerkongregation auf Initiative von Paris Lodron im Jahr 1622 die Salzburger Universität „Alma Mater Paridiana“. Diese setzte sich aus einer Theologischen, Juridischen und Philosophischen Fakultät zusammen. Die Universität war Stätte der Wissensvermittlung, in der die Landesfürsten ihre künftigen Mitarbeiter ausbilden ließen.[116] Die Ausbildung von Priestern zählte zu den Aufgaben des Erz-

---

111 Vgl. ebenda.

112 Vgl. ebenda, 127.

113 Kramml, Die Stadt Salzburg, 24.

114 Bauern wie Maier konnte der Erzbischof mit einem Grundstück belehnen, Maier mussten im Gegensatz zu Bauern der Herrschaft den täglichen Lebensmittelbedarf liefern, vgl. Zaisberger, Geschichte Salzburgs, 142.

115 Vgl. Franz Mathis, Zur Bevölkerungsstruktur österreichischer Städte im 17. Jahrhundert (Sozial- und Wirtschaftshistorische Studien 11), Wien 1977, 183.

116 Vgl. Peter Putzer, Die Gründung der Universität. Paris Archiepiscopus Salisburgensis Fundator, in: Keller et al. (Hg.), Erzbischof Paris Lodron, 33-39, hier 35-37 und Peter Putzer, Die Alma Mater Benedictina als Barockphänomen. Zur Geschichte der Salzburger Benediktineruniversität, in: Christian Rohr (Hg.), Barocker Geist und Raum. Die Salzburger Benediktineruniversität. Beiträge des Internationalen Symposions in Salzburg, 3. bis 5. Oktober 2001, Salzburg 2003, 31-44, hier 37.

bischofs, sie erfolgte nicht in der Universität, sondern in eigenen Priesterseminaren.[117]

Die Klöster St. Peter[118] und Michaelbeuern[119] sowie Nonnberg[120] wurden und werden bis heute nach den Regeln des Hl. Benedikt geleitet.[121] Zu Beginn des 17. Jahrhunderts wurde das Augustiner-Eremitenkloster in Mülln[122] errichtet. Die Augustiner-Eremiten bildeten einen eigenen Bettelorden. Dieser wurde 1256 gegründet und stand in keinem Zusammenhang mit den Augustiner-Chorherren.[123] Zudem war das Kloster Mülln von Bedeutung, da es seit 1682 „den einzigen in Salzburg befindlichen Sitz eines Provinzoberen eines Bettelordens"[124] bildete. Die Augustiner-

---

117 Vgl. Christian Greinz, Die fürsterzbischöfliche Kurie und das Stadtdekanat zu Salzburg. Ein Beitrag zur historisch-statistischen Beschreibung der Erzdiözese Salzburg, Salzburg 1929, 157. Im Zuge des Konzils von Trient erging die Forderung auch in Salzburg eine Ausbildungsstätte für Priester zu errichten. So wurde um 1580 ein Priesterseminar in Salzburg gegründet, das zunächst im Seckauerhof, der sich in der Kaigasse befand, einquartiert wurde, vgl. Zillner, Geschichte der Stadt Salzburg, Bd. 1: Geschichtliche Stadtbeschreibung, Salzburg 1885, 305-306 und nach einigen Zwischenstationen wurde es 1624 in die Gstättengasse verlegt, vgl. dazu auch Ignaz Rieder, Das Fürsterzbischöfliche Priesterseminar zu Salzburg, Wien 1893, 8-12.

118 1927 wurde St. Peter zur Erzabtei erhoben.

119 Die Benediktinerabtei Michaelbeuern entstand vermutlich im 8. Jahrhundert, im 12. Jahrhundert wurde sie formell dem päpstlichen Schutz unterstellt, wo durch sie erstes exemtes Kloster der Salzburger Diözese wurde. Das Benediktinerkloster erlangte insbesondere durch seine Schreibschule, Klosterschule sowie seine Bibliothek (die jedoch im 14. Jahrhundert im Zuge eines Brandes vernichtet wurde) große Bedeutung, vgl. Peter F. Kramml, Michaelbeuern, in: Adolf Haslinger/ Peter Mittermayr (Hg.), Salzburger Kulturlexikon, Salzburg/Wien/ Frankfurt am Main 2001, 295-296, hier 295.

120 Die Benediktinerinnen-Abtei Nonnberg wurde 712/15 als Damenstift gegründet; die Klosterkirche wurde zu Ehren der hl. Maria von Rupert geweiht. Im 13. Jahrhundert setzte Konrad I. die konsequente Befolgung der Benediktinerinnenregel durch, wodurch das Kloster eine neue Blütezeit erlebte. Das Kloster Nonnberg ist für seine reichen Kunstsammlungen (Plastik, Malerei) sowie für seine mittelalterlichen Handschriften bekannt, vgl. Lore Telsnig/Peter F. Kramml, Nonnberg, in: Haslinger/Mittermayr (Hg.), Salzburger Kulturlexikon, 325-326.

121 Vgl. Hahnl, Die benediktinischen Klöster, 56-59.

122 Funde belegen, dass der Stadtteil Mülln um das 8. Jahrhundert entstand; seit dem 14. Jahrhundert wurde die Vorstadt Mülln von den Stadtmauern umschlossen. Ihr Zentrum bildete die Marienkapelle am Nordhang des Mönchsbergs, vgl. Salzburg Mülln (Christliche Kunststätten Österreichs 80), Salzburg [2]1978, 3.

123 Vgl. Johann Sallaberger, Die Augustiner-Eremiten im Erzstift Salzburg im 17. Jahrhundert (Studia Augustiniana Historica 5), Rom 1977, V.

124 Ebenda.

Eremiten waren vor allem wirtschaftlich aktiv, so errichteten sie 1621/22 eine Brauerei und erwarben mit den daraus erzielten Erlösen 1642 ein Gasthaus.

Die Franziskaner, deren Kloster 1583 auf Initiative des späteren Erzbischofs Georg von Kuenburg eingerichtet wurde, waren insbesondere in der Seelsorge tätig. Der Franziskaner-Orden wird, anders als der Benediktiner-Orden, zentralistisch geführt. Dies bedeutet, dass mehrere Niederlassungen zu einer Provinz gezählt werden. Salzburg gehörte, neben den Häusern im heutigen Freistaat Bayern, Südwestdeutschland und Elsass, zur Straßburger Provinz.[125]

Den letzten Salzburger Orden bilden die Kapuziner, die Erzbischof Wolf Dietrich 1596 nach Salzburg berief. Er übergab ihnen die Stadtburg am Imberg und ließ an dieser Stelle ein Kloster und eine Kirche für sie erbauen. Beides wurde 1602 fertig gestellt. Der Berg wurde in weiterer Folge nach den Mönchen benannt.

Der Salzburger Adelige Freiherr Rudolf von Grimming stiftete 1631, vor seinem Eintritt in den Kapuzinerorden, das Loreto-Kloster der Kapuziner-Terziarinnen mit einer dazugehörigen Kirche.[126] Im Frühjahr 1633 wurde der Baugrund in St. Sebastian ausgewählt, 1636 konnte der Bau beendet werden. Das Loreto-Kloster ist durch das Loreto-Kindl[127], einer Statuette des Jesuskindes, die der Kapuziner-Pater Johannes Chrysostomus Schenk von Oberbüren im Jahr 1643 dem Kloster übergab, bekannt.[128]

Die Stadt Salzburg wurde in der zweiten Hälfte des 17. Jahrhunderts nicht nur von ihren Klöstern und Kirchen geprägt. Neben dem Stadtkern gab es auch Vororte, die außerhalb der Stadtmauer oder Stadttore lagen. Die Stadtmauer bot den Einwohnerinnen und Einwohner Salzburgs Schutz vor Eindringlingen; bereits ab 1231 war es Pflicht der Bürgerinnen und Bürger Befestigungsanlagen zu bauen und diese im Kriegsfall zu verteidigen.[129] 1621 wurde begonnen, die Befestigungsanlagen

125 Vgl. Johann Sallaberger, Die nichtbenediktinischen Klöster, in: Keller et al. (Hg.), Erzbischof Paris Lodron, 61-67, hier 62.

126 Vgl. Heinz Dopsch/Robert Hoffmann, Geschichte der Stadt Salzburg, Salzburg/München 1996, 320 bzw. Sallaberger, Die nichtbenediktinischen Klöster, 63.

127 Das Loreto-Kindl ist seit 1650 zur öffentlichen Verehrung aufgestellt.

128 Vgl. Sallaberger, Die nichtbenediktinischen Klöster, 64.

129 Vgl. Zaisberger, Geschichte Salzburgs, 123 bzw. Guido Friedl, Öffentliche und sonstige Einrichtungen. Die Entwicklung der Befestigungsanlage, in: Historischer Atlas der Stadt Salzburg, Blatt IV, 4: Im 13. Jahrhundert war die Stadtmauer wesentlich kleiner, doch schon im 14. und beginnenden 15. Jahrhundert vergrößerte sich das Stadtgebiet. Mitte

unter dem Architekten und Hofbaumeister Santino Solari vollständig zu erneuern. Er entwarf einen Viertelbogen in der Form eines Polygons, „aus dem vier ganze und eine halbe Bastion hervorsprangen“[130] (vgl. Abb. 13 und 14).

Abb. 13: Ansicht der Stadt Salzburg von Norden, Kupferstich 1643, Ausschnitt mit dem Bastionsbogen der Rechtsstadt. Die vor den Bastionen angeordneten Hornwerke wurden noch im 17. Jahrhundert eingeebnet

Desweiteren wurden Stadttore und Türme errichtet. Letztere wurden als Wächterhäuschen verwendet. Die Stadt wurde zudem durch Erdwälle, Wassergräben, Schanzen und Sperrmauern geschützt. Die Festung wurde 1644 durch die Hasengrabenbastion und durch Wehrbauten erweitert. Zudem wurden zwischen der Stadt und der Festung Sperrbögen, Mauern und Gräben errichtet.

des 15. Jahrhunderts kam es unter Erzbischof Burkhard von Weißpriach zu einer neuerlichen Stadterweiterung und dem Bau einer neuen Stadtmauer. Diese wurde zwischen 1465 und 1480 errichtet. Zudem wurden die „Bürgerwehr“ und weitere Anlagen auf dem Mönchsberg errichtet, „die zweifellos mit der Festung in Verbindung standen“ und dazu dienten den befestigten Stadtbereich abzusichern. Das Novum der zweiten Stadtmauer war ein überdachter hölzerner Wehrgang „mit einer nach außen gerichteten Holzwand samt Luken. In diesem Zustand verblieben die Befestigungen – von geringen Veränderungen abgesehen – bis zum Anfang des 17. Jahrhunderts, als der Stadt Salzburg durch den Dreißigjährigen Krieg höchste Gefahr drohte. Seit dem Bau der zweiten Stadtmauer hatte sich das Kriegswesen durch die allgemeine Verbreitung schwerer Geschütze entscheidend verändert. Mittelalterliche Stadtmauern waren dem Beschuß durch Geschütze dieser Art auf Dauer nicht gewachsen. Man ging im Befestigungsbau daher seit dem 16. Jh. dazu über, den Verteidigungsbereich von Städten und Festungen als breite Ringzonen mit Wassergräben, Wällen und Vorfeldern auszubilden. Durch die sternförmige Anordnung vorspringender Bastionen und verschieden aus gebildeter Schanzen zu beiden Seiten der Wassergräben war es möglich, anrückende Feinde schon früh zu stellen. Von den Bastionen aus konnten sämtliche Bereiche des Vorfeldes mit Kanonen bestrichen werden. Die hohen Erdwälle absorbierten umgekehrt die Wucht der von außen abgefeuerten Geschützkugeln wesentlich besser als freistehende Mauern.“

130 Friedl, Öffentliche und sonstige Einrichtungen, Blatt IV, 4.

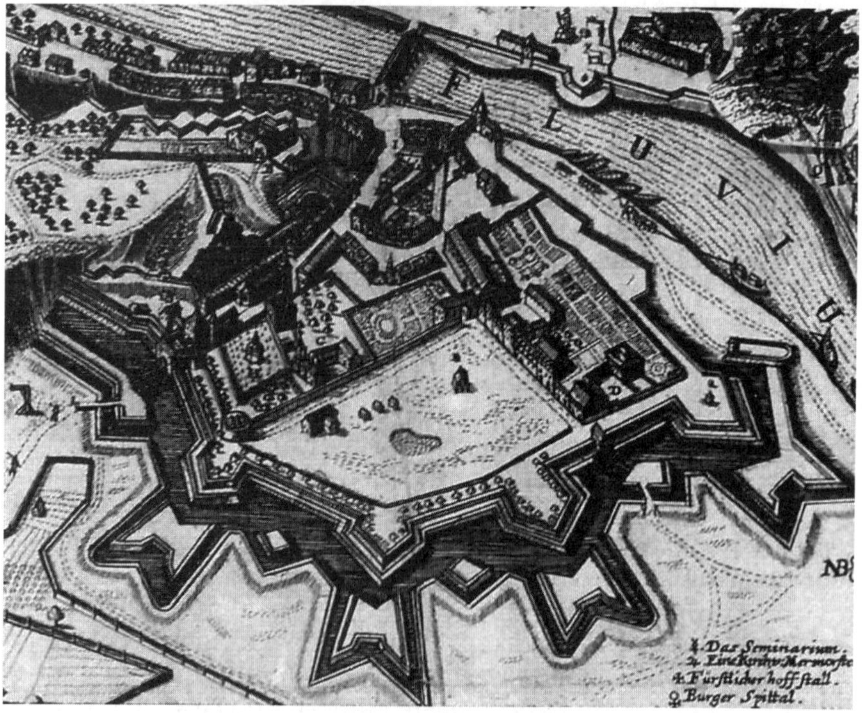

Abb. 14: Kupferstich Salzburg, Salzburg Museum Detailansicht Befestigungsanlage der Stadt Salzburg[131]

Wie bereits erwähnt, lagen Vororte außerhalb der schützenden Befestigungsanlage der Stadt. Die Steingasse bildete einen Vorort, da sie außerhalb der Steintore lag.[132] Dies bedeutete, dass ihre Häuser von geringerem Wert waren[133], wobei zwischen „innerem und äußerem Stein“ differenziert werden muss. Der Innere Stein war Wohnort vieler Weißgerber, zudem lebten hier Gürtler[134], Kupferschmiede und Leinenweber, letztere wurden auch Parchan-

131 Bibliothek des Salzburg Museums, Inv. Nr. 63/52, Detail.

132 Vgl. Zillner, Geschichte der Stadt Salzburg, Bd. 1: Geschichtliche Stadtbeschreibung, Salzburg 1885, 101.

133 Vgl. Stadler, Gstättengasse 1, 7.

134 Die Bezeichnung „Gürtler“ lässt sich auf den „Gürtel“ zurückführen. Gürtler arbeiteten allerdings nicht in erster Linie mit Leder und Stoffen sondern mit Metallen. Ihre Arbeit reichte von der Erstellung von Schnallen und Schließen bis zur Anfertigung von Zaumzeugen sowie von Beschlägen für Patronentaschen, Uniformen, Wagen und Zimmertüren. Desweiteren versahen sie Altäre und Altarbilder mit Blechverkleidungen, zudem fertigten sie „kleineren Hausrat“ – wie Besteck – und Schmuck an, vgl. Mechthild Wiswe, Gürtler und Gelbgiesser, in: Reinhold Reith (Hg.), Lexikon des alten Handwerks. Vom Spätmittelalter bis ins 20. Jahrhundert, München 1990, 110-113, hier 110.

ter genannt. Der Äußere Stein, der außerhalb des äußeren Steintores lag, wurde Bürglstein genannt. Er war Sitz niederer Hofdienstleute, aber ebenso eines Gärtners, eines Kunsthändlers und eines Lebzelters[135]. Auch die Gstättengasse bildete die Heimat vieler Handwerker, hier hatten sich insbesondere Hutmacher und Maurer angesiedelt.

135 Lebzelter stellten Honiggebäck her, sie schlossen sich mitunter mit Bäckern zusammen. Die Beliebtheit ihrer Erzeugnisse ist nicht nur auf deren guten Geschmack sondern auch auf deren unterschiedliche Motive – die Formen, genannt Model, wurden mitunter bei eigenen Formschneidern in Auftrag gegeben – zurückzuführen, vgl. Albert Bartelmeß, Leb- und Wachszelter, in: Reith (Hg.), Lexikon des alten Handwerks, 144-147, hier 145.

4. Der große Mönchsbergsturz

4.1. Rekonstruktion des großen Mönchsbergsturzes

Um den großen Mönchsbergsturz retrospektiv rekonstruieren zu können, erscheint es notwendig, naturwissenschaftliche und kulturgeschichtliche Erkenntnisse zu berücksichtigen; deshalb gliedert sich dieses Kapitel in naturwissenschaftliche und in kulturgeschichtliche Befunde.

4.1.1. Naturwissenschaftliche Befunde

In der Ingenieurgeologie wird seit dem 20. Jahrhundert zwischen vorbereitenden und auslösenden Faktoren eines Fels- oder Bergsturzes unterschieden. Albert Heim bezeichnete die vorbereitenden Kräfte als „Ursache“, die auslösenden nannte er „Auslösung“.[136]

Die vorbereitenden Faktoren bilden gleichsam die Ursache, die schließlich zu dem Auslöser des Fels- oder Bergsturzes führt. Das Zusammenspiel von „Ursache“ und „Auslösung“ beschrieb Heim wie folgt:

> „Die Ursache ist oft eine durch lange Zeit angehäufte Wirkung der gleichen kleineren Ursachen, welche zuletzt als Auslösung eingreifen können. Erreichen sie noch keinen Absturz, so sind sie noch verfrüht und gehören in den grossen [sic!] Sammelkasten der Ursache. Hat die Ursache den Bergsturz schon ausgereift, so besorgt ein ursächliches Moment die Auslösung. Ursache ist lange gehäufte Veranlassung, Auslösung ist ein letzter Ausläufer der Ursache.“[137]

Die vorbereitenden und auslösenden Kräfte werden wiederum in naturbedingte und anthropogene Faktoren unterteilt.

Während Brüche im Gestein, Hangunterschneidungen, Hohlraumbauten, Steinbruchtätigkeiten und die Schichtung des Gesteins in Richtung der Hangneigung vorbereitende Faktoren für Fels- und Bergstürze bilden, gelten Starkniederschläge und Erdbeben als auslösende Faktoren. Zu diesen zählen auch langsame Kriechbewegungen im Fels, die zu einem plötzlichen Übergang von einem stabilen zu einem labilen Gleichgewicht

136 Vgl. Heim, Bergsturz und Menschenleben, 175.
137 Ebenda, 175-176.

führen. Dieser Vorgang ist vergleichbar mit dem unvermittelten Umfallen eines Buches in einer Bücherwand.

Aus Sicht des 21. Jahrhunderts gilt es im Hinblick auf naturbedingte vorbereitende Faktoren, wie schon in Kapitel 1.3. erläutert, zu bedenken, dass der Mönchsberg nicht auf festem Untergrund sondern auf Grundmoränen-Material und weichen Sedimenten der Gosauablagerungen steht. Dadurch kommt es zu einer seitlichen Zergleitung und der Bildung von wandparallelen Klüften.[138] Die Kluftbildung wurde auch durch die Hangunterschneidung der Salzach (Ufererosion) gefördert. Der Flusslauf der Salzach zog sich im Postglazial entlang der Mönchsbergfelswände; dies wird durch alte Flussarme in diesem Bereich belegt.[139]

Durch die oben genannten Ursachen öffneten sich vertikale Spalten in den Nagelfluhbänken, die wasserdurchgängig wurden[140], d. h. dass Wasser durch die Brüche in das Gestein eindrang. Dies hat zur Folge, dass starke Niederschläge, die es nachweislich im Sommer 1669 gab[141], aller Wahrscheinlichkeit

138 Vgl. Walter Del Negro, Erläuterungen zur geologischen Karte der Umgebung der Stadt Salzburg 1:50.000. Mit 4 Abbildungen, Wien 1979, 32.

139 Ihre Tonfüllungen verwendeten bereits die Römer für die Herstellung von Keramiken.

140 Vgl. Heim, Bergsturz und Menschenleben, 71 und 176 über den Bergsturz von Goldau. Der Rossberg ist ähnlich aufgebaut wie der Mönchsberg: „am Rossberg wechseln Ton, Mergel und wenig Sandsteinschichten mit weit durchgehenden, mächtigen, festen, sehr regelmässigen [sic!] ebenen Nagelfluhbänken ab“.

141 Im Sommer des Jahres 1669 dürfte es in ganz Österreich und in den benachbarten Ländern warm und reich an Gewittern gewesen sein, vgl. Zauner (fortges. v. Gaertner), Chronik von Salzburg, Achter Theil (Zweyter Theil), 415 bzw. Salzburg, Archiv St. Peter HS. A. 54, 89: 20. *Junij in Festo Corporis Christi* [= Fronleichnam] *ist zu Schwaz in Tyrol durch einen wolkhen bruch der see am negsten berg außgebrochen, ein solche plaikhen und stain risen mit sich herab gezogen, daß vil häuser und menschen, welche zu der nachmittag procesßion zu sammen khummen, nidergerissen und uberschittet; der persohnen sain uber 100. gebliben* bzw. Salzburg, Archiv St. Peter HS. A. 54, 91: *Umb dise zeit ist ein erschrekhliche hiz allenthalben gewesen, daß es die gräßereii ganz verbrent, auch etlich mall in der frue ein giftiges tau geworffen, darauß ein erschrekliche best am vich, sonderbar an schweinen entstanden, in Bay(e)rn, Schwaben, Esterreih und andern orthen; alhie hats wenig schad(en) gethan, es sein auch die härschen und wült häuffig umbgefallen. Es hat uberall erschrekhliche wetter abgeben, geschnäuet, und schaden gethan, abersonder umb Lauffen, Bayern, umb Lampach und Wels allen habern, waizen, und gersten, auch die füaterey, alles in boden verschlagen den 22. Julii, wie es auch unsern underthanen im Echinger ambt grosse schäden zugefiegt. In Schwaben hat es auch die pferd ergriffen, und inficirt, daß man daß traid schier nit auß dem feld hat*

nach ein auslösendes Ereignis für den Mönchsbergsturz gewesen sein dürften.

In den Bereich der anthropogenen Faktoren fallen Hohlraumbauten, die die Bewohnerinnen und Bewohner der Gstättengasse in den Fels schlugen, um so ihren Wohnraum zu vergrößern. Zudem wurde der Mönchsberg als Materialdepot von Bausteinen betrachtet; an mehreren Stellen waren Steinbrüche angelegt worden. Dies hatte zur Folge, dass der Hangfuß abgebaut wurde und es zur Destabilisierung der darüber liegenden Felsschichten kam, was wiederum die gleiche Wirkung wie die Hangunterschneidung durch die Flusserosion hatte.[142]

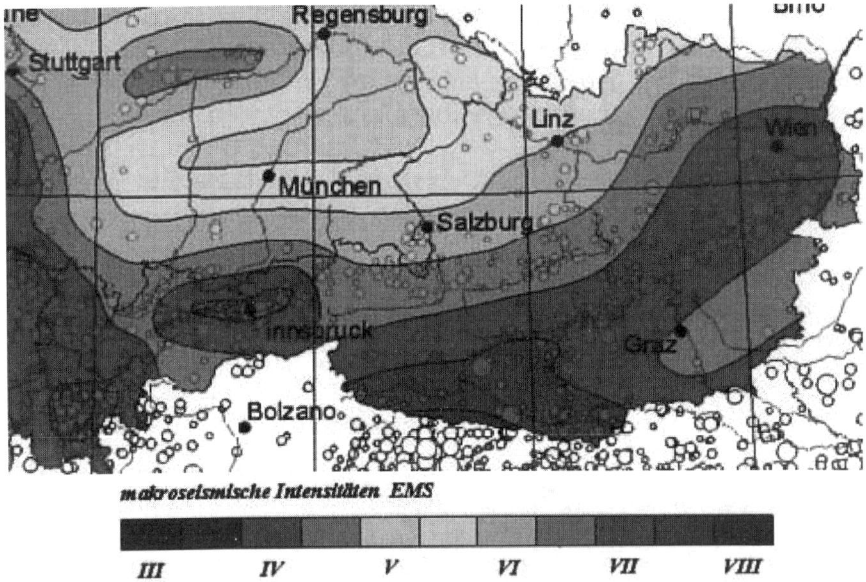

Abb. 15: Karte zur makroseismischen Aktivität in Österreich auf der Basis historisch dokumentierter Erdbeben seit dem Mittelalter nach der 12-teiligen EMS-Skala („1“ bedeutet „nicht fühlbar“ und „12“ bedeutet „vollständig verwüstend“), Detail

Die auslösenden Faktoren lassen sich mittels der ausgehobenen Quellen nicht bestimmen. Wenngleich in den umliegenden Gebieten keine weiteren Bergstürze im Juli stattgefunden haben, bestünde die Möglichkeit, dass ein Erdbeben als entscheidender Auslöser des Mönchsbergsturzes fungierte. Abbildung 15 zeigt auf, dass Erdbeben in einer Stärke von 8-9 auf der EMS-98-

bringen mögen, noch widerumen anbauen. Sogar die wilde thürn in wäldern sein umbgefallen, daß nit bald erhert worden. Deus avertat peiora.

142 Mündliche Mitteilung von Christian Uhlir.

Skala[143] im Wienerwald, dem südöstlichen Niederösterreich, dem Semmering wie dem Wechsel, dem Mürz- und Murtal und in großen Teilen Kärntens belegt sind. Auf der Karte ist zudem deutlich ersichtlich, dass ein weiteres Erdbebenhäufungsgebiet im Großraum Innsbruck liegt. Dort sind für die 1660er und vor allem für die 1670er Jahre zahlreiche Erdbeben registriert.[144]

Der Tiroler Archivar Josef Schorn legte eine handschriftliche Kartei zu extremen Naturereignissen an, die er teilweise publizierte. In seinem 1902 erschienenen Artikel „Die Erdbeben in Tirol und Vorarlberg" findet sich der Hinweis auf ein Erdbeben mit Epizentrum Tirol, das sich am 17. Juli 1670 zwischen zwei und drei Uhr, d. h. praktisch zeitgleich nur 366 Tage später als der große Mönchsbergsturz ereignet haben soll.[145] Es stellt sich die Frage, ob die Datierung korrekt vorgenommen wurde, doch ist dies mangels Quellenangaben und weiteren Quellen wohl nicht mehr nachprüfbar. Tatsache ist, dass in Salzburg manche Tiroler Erdstöße wahrgenommen wurden und dass das genannte Erdbeben, sofern es sich doch 1669 zugetragen hat, zusammen mit dem regenreichen Sommer, als – um es mit Heims Terminus zu sagen – „Auslösung" des großen Mönchsbergsturzes gedient haben könnte.

143 Die EMS-98-Skala (European Macroseismic Scale 1998) wurde auf Basis der MSK-Skala (Medvedev-Sponheimer-Kárnik-Skala), die die Auswirkungen von Erdbeben anhand der (überlieferten) Schäden bemisst, entwickelt. Zur EMS-98-Skala vgl. im Detail Gottfried Grünthal (Hg.), European Macroseismic Scale 1998 (EMS-98) (Cahiers du Centre Européen de Géodynamique et de Séismologie 15), Helfent-Betrange 1998.

144 Vgl. Josef Schorn, Die Erdbeben in Tirol und Vorarlberg, in: Zeitschrift des Ferdinandeums für Tirol und Vorarlberg, 3. Folge 46 (1902), 97-282, hier 136-153.

145 Vgl. ebenda, 139, „*...Anno 1670 den 17. July ist alhier zu Insprugg, Hall und ganzer disser gögend morgens zwischen 2 und 3 uhr ein solch gross- und erschröcklicher erdbidnus gewesen, das alhier und zu Hall, allwo der pfarrthurn eingefallen, und haben die nach erdbiden, so aber nit so gross alss der erste gewesen, bis in die 2 jahr sich spiren lassen, und sollen bis yber 200 gezölt worden sein; in wehrend dieser erdbiden seint die sonn- und feyertegliche ämbter und prödigen meist beim 7 capellen* [Anm. Schorn: die Siebensternkapelle befand sich am Saggen nahe Sill], *unter denen aufgeschlagenen Gezelten, auch vor der Jesuwiter kürch und alsdan auf den renplaz unter gezelten, will man sich in kürchen so lang weegen der gewehrten erdbiden zu sein nit gethrauet, gehalten worden, ...*"

4.1.2. Kulturgeschichtliche Befunde

Da sich der Regens des Priesterseminars, Pater Ludovicus Engl, im Juli längere Zeit in Wien aufhielt, vertrat ihn Pater Bernardus Kimpfler vom Kloster Michaelbeuern. Kimpflers Mitbruder Amandus Prob(o)st kam um die Monatsmitte ebenfalls nach Salzburg, um dort die Seelsorge zu übernehmen.[146] Am 15. Juli lud Kimpfler seinen Freund ins Priesterseminar ein; nach einem gemeinsamen Mahl begaben sich die beiden Patres zur Ruhe.[147] Diese währte nicht lange, denn in den frühen Morgenstunden des 16. Juli, wohl zwischen der zweiten und der dritten Stunde, bewegte sich die Erde und unter „höllischem Getöse"[148] stürzte eine Felswand des Mönchsbergs auf die eng an ihn gebauten Gebäude der Gstättengasse (vgl. Abb. 16 auf Seite 64).

Die meisten Menschen wurden im Schlaf von dem Unglück überrascht – nur wenigen gelang die Flucht.[149] Der Lärm weckte die Nachbarschaft, viele eilten den verzweifelten Opfern zu Hilfe.[150]Auch Beichtväter liefen zu dem Unglücksort, um den Sterbenden und den Verletzten in diesen schweren Stunden beizustehen.[151] Plötzlich löste sich, wie ebenfalls in Abbildung 16 ersichtlich, ein weiterer Teil des Berges. Eine ungefähr 2.000 Zentner schwere Steinlast[152] stürzte auf die Gstättengasse nieder und begrub nun auch die Rettenden.

Erst im Lauf der nächsten Tage war es möglich, das Ausmaß der Katastrophe vollständig zu erfassen – die Markus-Kirche,

146 Vgl. Salzburg, Archiv St. Peter, HS. A. 555, rot. 144.

147 Vgl. AES, Priesterhaus Catalogus Ordinandorum 1669-1736 der Alumnen im Priesterseminar I. 10/81.

148 Anton König, Jubiläum des Grauens ... (Zum Gedenken an den großen Bergsturz vom Mönchsberg vor 300 Jahren) 16. Juli 1669-16. Juli 1969, in: Amtsblatt der Landeshauptstadt Salzburg, 16. 7. 1969, 2-5, hier 3.

149 Vgl. Anonymes Flugblatt, Salzburg, Bibliothek des Salzburg Museums, Inv. Nr. 809/49.

150 Vgl. Anonymes Flugblatt, Salzburg, Bibliothek des Salzburg Museums, Inv. Nr. 63/52 sowie Germanisches Nationalmuseum Nürnberg, Inv. Nr. HB 19815, Kapsel 1370.

151 Ebenda.

152 Vgl. AES, Priesterhaus Catalogus Ordinandorum 1669-1736 der Alumnen im Priesterseminar I. 10/81 (Transkription und Übersetzung siehe im Anhang); Anonymes Flugblatt, Salzburg, Bibliothek des Salzburg Museums, Inv. Nr. 63/52 sowie Germanisches Nationalmuseum Nürnberg, Inv. Nr. HB 19815, Kapsel 1370 (Transkription siehe im Anhang); Anonymes Flugblatt, Salzburg, Bibliothek des Salzburg Museums, Inv. Nr. 809/49 (Transkription siehe im Anhang); Joseph Mezger, Historia Salisburgensis. Hoc est: Vitae Episcorum Et Archiepiscorum Salisburgensium, [Salzburg] 1692, 893 (Transkription siehe im Anhang); Pezolt, Ueber Bergunglücke, 22 und Martin, Eine Zeitung über den großen Bergsturz, 28.

Abb. 16: Rekonstruktion des großen Mönchsbergsturzes

das Kirchlein zu „Unserer Lieben Frau am Bergl“ – mit Ausnahme des Marienbildnisses, das unverletzt am Altar gefunden wurde[153] – das Priesterseminar und an die 13 Häuser der Gstättengasse waren zerstört worden.[154] Zudem war die *„gantze Ringmauer ziemlich weit in die Saltza hinausgeworffen worden“*[155] und die Wasserleitungen in die Vorstadt Mülln unterbrochen worden.[156] Es gab über 220 Tote zu beklagen[157]; *„alle verloren ihr Leben ohne Unterschied des Geschlechts, des Alters, der Lebensumstände und der Verdienste“*[158]. Die Bergung der Opfer gestaltete sich als

153 Vgl. Anonymes Flugblatt, Salzburg, Bibliothek des Salzburg Museums, Inv. Nr. 809/49. Das Marienbildnis befindet sich heute in der Pfarrkirche in Plainfeld.

154 Vgl. Salzburg, Diözesane Priesterhausbibliothek, HS alte Signatur B: Nomina, cognomina, patria, aetas Tyronum suscipiendorum in Alumnatu archiepiscopali 1672 (Transkription und Übersetzung der Handschrift siehe im Anhang); AES, Priesterhaus Catalogus Ordinandorum 1669-1736 der Alumnen im Priesterseminar I. 10/81. Hinsichtlich der Anzahl der zerstörten Häuser liegen unterschiedliche Aussagen vor, doch kann heute nicht mehr mit Sicherheit nachgewiesen werden, ob 13 oder 14 Häuser zerstört worden waren und ob in dieser Zahl die kirchlichen Gebäude enthalten sind.

155 Anonymes Flugblatt, Salzburg, Bibliothek des Salzburg Museums, Inv. Nr. 809/49.

156 Vgl. Zillner, Geschichte der Stadt Salzburg, Zeitgeschichte, 533.

157 Vgl. Mezger, Historia Salisburgensis, 893.

158 Archiv St. Peter, HS. A 555, rot. 144.

Abb.: 17: Mönchsberg vom Kapuzinerberg aus betrachtet, Mitte des 17. Jahrhunderts[159]

schwierig, hinzu kam die Furcht vor weiteren Nachstürzen: Gesteinsbrocken waren aus der Mitte des Berges heraus gebrochen, nun schwebte ein noch verbliebenes Felsstück bedrohlich über der Gstättengasse. Auf Befehl des Erzbischofs mussten die Bewohnerinnen und Bewohner ihre Wohnungen zu ihrem eigenen Schutz vorübergehend verlassen.[160] Insgesamt dauerten die Aufräumungsarbeiten ein Jahrzehnt[161], trotzdem stellte es wohl ein unmögliches Unterfangen dar, alle Toten zu bergen[162]. Die Gstättengasse zählte zum Sprengel der Salzburger-Dompfarre. Tabellen 1 und 2 veranschaulichen die Sterbefälle dieser Pfarre in der Zeitspanne von 1659 bis 1679. Der zeitliche Rahmen von zwanzig Jahren ist bewusst gewählt; er dient dazu, die Anzahl der Verstorbenen zehn Jahre vor der Katastrophe, im Unglücksjahr 1669 sowie zehn Jahre nach der Katastrophe festzustellen.

159 Historischer Atlas der Stadt Salzburg, Blatt I, 6: Die Entwicklung der Stadt Salzburg. Zwei monumentale Stadtansichten aus der Mitte des 17. Jahrhunderts (B. Detail, Salzburg vom Kapuzinerberg gegen Süden; A. Detail, Salzburg vom Mönchsberg gegen Norden vgl. Abb. 10) Beide Ölgemälde wurden von einem unbekannten Maler (möglicherweise von Daniel Miller) wahrscheinlich zwischen 1635 und 1657 angefertigt. Sie befinden sich in der Erzabtei St. Peter in Salzburg.

160 Vgl. Anonymes Flugblatt, Salzburg, Bibliothek des Salzburg Museums, Inv. Nr. 63/52 sowie Germanisches Nationalmuseum Nürnberg, Inv. Nr. HB 19815, Kapsel 1370.

161 Vgl. König, Jubiläum des Grauens, 3.

162 Genaueres zu Menschenverlusten siehe auch in Kapitel 4.2.1.

	1659	1660	1661	1662	1663	1664	1665	1666	1667	1668	**1669**
Januar	19	24	22	26*	28	21	51	29	36	28	32
Februar	24	32	31	38	38	34	43	21	34	20	43
März	42*	46	28	36	31	38	45	38	33	37	55
April	31*	36	36	38	28	41	46	46	40	34	44
Mai	38*	32	29	47	31	26	32	53	42	41	38
Juni	26	38	17	45	25	24	25	26	31	23	38
Juli	26	30	19	26	23	24	24	38	32	24	**254***
August	29	31	25	19	26	21	20	64	23	31	59
September	29	46	21	27	29	47	27	42	26	36	31
Oktober	27	32	20	33	29	37	27	30	26	25	31
November	24	36	17	29	16	36	18	26	21	33	27
Dezember	22	31	24	38	18	49	30	23	31	38	22
Summe	**337**	**414**	**289**	**402**	**322**	**398**	**388**	**436**	**375**	**370**	**674**

Tab. 1: Sterbefälle der Salzburger-Dompfarre in den Jahren 1659 bis zum Unglücksjahr 1669[163]. Mitunter wurden Summenwerte angeführt. „*“ bezeichnet Additionsfehler im Original. Damals lebten in Salzburg etwa 12.000 Menschen.[164]

	1670	1671	1672	1673	1674	1675	1676	1677	1678	1679
Januar	33	26	24	35	38	34	48	59	45	31
Februar	20	28	43	35	48	38	53*	54	49	36
März	40*	43	36	40	45	30	76	64	49	56
April	32	38	33	46	39	44	57	46	65	40
Mai	35*	36	35	41	36	41	56	40	53	43
Juni	31	33	32	31	32	45	61	45	37	29
Juli	24	15	30	44	39*	44	64	36	34	44
August	28	25	37	45	37	34	74	43	36	32
September	46*	25	22	34	26	33	85	42*	24	34
Oktober	23	23	28	21	23	44	69	35	33	35
November	22	27	35	31	34	60	64	40	28	35
Dezember	24	30	33	49	29	70	59	37	28	36
Summe	**358***	**349**	**388**	**452***	**426***	**517**	**766***	**541***	**481**	**451**

Tab. 2: Sterbefälle der Salzburger-Dompfarre in den Jahren 1670 bis 1679[165]. „*“ bezeichnet Additionsfehler im Original.

Mitunter wurden Summenwerte der Verstorbenen in den Sterbebüchern angegeben, diese beinhalten zum Teil Additionsfehler. Ein Beispiel: Die Summe der Verstorbenen

163 AES, Sterbebuch 1 und 2 der Salzburger-Dompfarre, Microfiches.

164 Dopsch/Hoffmann führen als Einwohnerzahl Salzburgs für das Jahr 1665 10.113 und für das Jahr 1692 13.000 Menschen an, Dopsch/ Hoffmann: Geschichte der Stadt Salzburg, 642.

165 Ebenda.

im März 1659 beläuft sich auf zweiundvierzig, im Sterbebuch werden hingegen dreiundvierzig Todesopfer angeführt.[166] Anhand der Summenwerte lässt sich feststellen, dass die Anzahl der Sterbefälle zwischen 1659 und 1668 in der Regel niedriger war als in den Jahren 1669 bis 1679.

In der Zeit von November 1675 bis März 1677 gab es ungewöhnlich viele Tote zu beklagen. Der Grund hierfür ist nicht eindeutig feststellbar – in den Überblicksdarstellungen zur Geschichte Salzburgs von Dopsch/Spatzenegger und Dopsch/Hoffmann finden sich keinerlei diesbezügliche Hinweise, auch bei Hübner, Zillner und Zauner gibt es keine dementsprechenden Vermerke – so können lediglich mögliche Ursachen, die zu der hohen Sterblichkeit führten, genannt werden. Wenngleich allein das Jahr 1675 als Seuchenjahr in die Geschichte Salzburgs eingegangen ist[167], deutet doch die Zeitspanne von 17 Monaten auf eine Epidemie hin. Auch die Tatsache, dass zwischen 1675 und 1678 die vierte Sauberkeitsordnung erlassen wurde[168], unterstützt diese Hypothese. Bereits ein Jahr nach der Einstellung der Sauberkeitsordnung, 1679, wütete wieder eine Seuche in Salzburg.[169]

Die Tabellen 3 und 4 zeigen auf, dass im Jahr 1676 mit 766 Toten deutlich mehr Menschen (92 Personen) als im Katastrophenjahr 1669 verstarben. Möglicherweise lässt sich die hohe Sterblichkeit zwischen November 1675 und März 1677 auch auf extreme klimatische Bedingungen zurückführen. Im Diarium des Abtes Beda Seeauer finden sich Nachrichten zu Witterungsverhältnissen, die darauf hinweisen, dass es im Jänner äußerst kalt gewesen sein dürfte.[170]

---

166 Die korrekten und die irrtümlichen Summenwerte werden in Katrin Hauer, *...plötzlich viel Häuser zerschmettert, zerknirschet und tieff in die Erde geschlagen.* Zur Wahrnehmung, Deutung und Bewältigung von Bergstürzen in der Stadt Salzburg vom Spätmittelalter bis zum großen Mönchsbergsturz vom 16. Juli 1669 (ungedr. phil. Diplarb. Salzburg), Salzburg 2007, 54 angeführt.

167 Vgl. Zillner, Geschichte der Stadt Salzburg, Bd. 2: Zeitgeschichte, 355.

168 Ebenda.

169 Ebenda.

170 Archiv St. Peter, Salzburg, HS. A. 67, 146: *in festo S. Sebastiani fuit asperrimu(m) frigens, et Dies omniu(m) frigidissima* [Am Festtag des hl. Sebastian war es bitterst kalt und es war der allerkälteste Tag.] bzw. Ebenda, 147: *Frigus asperu(m) et quasi intolerabile iam pro plures dies durat, non sine multis secuturis incomodis, et magnis impensis, quas in fluvio Albula sentiet Monasterium nostru(m).* [Eine bittere und gleichsam unerträgliche Kälte dauert schon mehrere Tage an, nicht ohne dass sich viele Unannehmlichkeiten und große Aufwendungen ergeben, welche unser Kloster durch den Fluss Albula erfährt.]

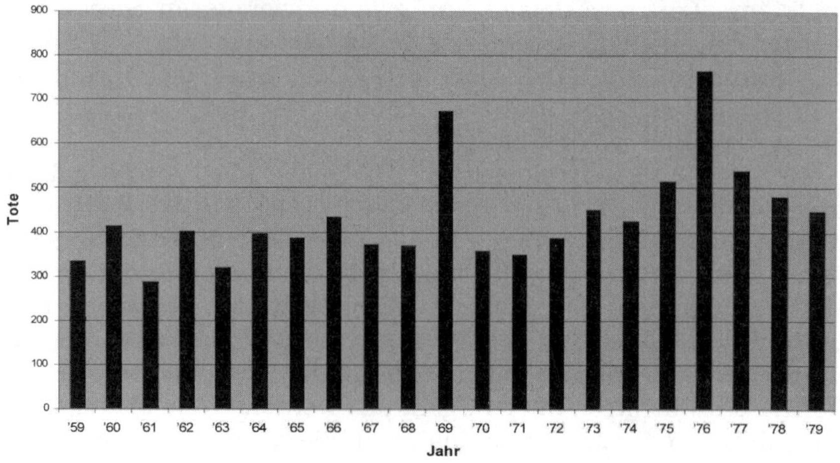

Tab. 3: Darstellung der Summenwerte der Sterbefälle der Salzburger-Dompfarre in den Jahren 1659 bis 1679[171]

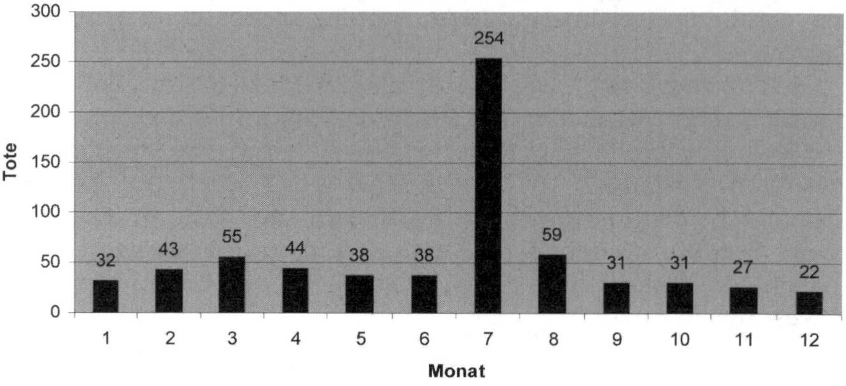

Tab. 4: Darstellung der Summenwerte der Sterbefälle der Salzburger-Dompfarre im Jahr 1669[172]

Die übrigen Vermerke besagen, dass es am 14. April 1676 regnete[173], am 19. April jedoch wieder „brennend heiß" gewesen sein soll[174]; am 13. Juni machte Hagelschlag den Menschen zu schaffen[175] und am 19. November war es ungewöhnlich warm[176]. Diese Hinweise allein verfügen über keine große Aussagekraft.

171 AES, Sterbebuch 1, 2 und 4 der Salzburger-Dompfarre, Microfiches.
172 AES, Sterbebuch 1 und 2 der Salzburger-Dompfarre, Microfiches.
173 Vgl. ebenda, 154.
174 Vgl. ebenda, 156.
175 Vgl. ebenda, 161.
176 Vgl. ebenda, 179.

Sie könnte sich jedoch vergrößern, wenn die Angaben in einen entsprechenden Kontext von noch nicht entdeckten Quellen zur Klimageschichte Salzburgs eingebettet werden würden.

Tabelle 4 zeigt, dass der Monat Juli mit 254 Toten deutlich hervorsticht; auch im August ist die Anzahl der Verstorbenen noch relativ hoch. Dies lässt sich vermutlich dadurch erklären, dass etliche Opfer des großen Mönchsbergsturzes ihren Verletzungen erlegen sein dürften. Ab September nimmt die Zahl der Toten bereits wieder ab.

4.2. Zur Wahrnehmung des großen Mönchsbergsturzes

4.2.1. Bestandsaufnahme

Im Bestandsaufnahmekapitel wird versucht das Ausmaß der Schäden retrospektiv zu ermitteln, wobei das Augenmerk auf den Verlust von Häusern und Menschenleben gelegt wird. Es gilt zu bedenken, dass die Schäden die Wahrnehmungsweise und Rezeption beeinflussten; es dauerte Wochen, bis die Größe der Katastrophe erfasst werden konnte.

VERLUST AN HÄUSERN

Abb. 18: Markus-Kirche und Gstättengasse heute

„Der große Bergsturz von 1669 (dem die kleinen von 1665, 1666 als unbeachtete Warnungen vorausgegangen waren)[177] zerstörte teilweise oder gänzlich die Häuser:

G'stätten	25	„durch den laydigen Bergfall in den Grund geschlagen“,
–॥–	27,	„völlig eingeschlagen“ (Büchsenmacher
–॥–	29,	Georg und Andre Heyperger)
G'stätten	31,	„völlig zugrund gericht“
–॥–	33,	–॥– –॥– –॥–
–॥–	35,	
–॥–	37,	–॥– in den Grund geschlagen“
–॥–	39,	–॥– (Hans Bernegger, Hofschinagl 1601, '17, '28) damals vielleicht ein Stadel,
–॥–	41,	Meßnerwohnung zur
–॥–	43,	Berglkirche,
–॥–	45,	„von dem Bergfall völlig ruinirt.“
–॥–	k.A.	das Priesterseminarium
	k.A.	das Haus des Buchdruckers Katzenberger“[178]

„k.A.“ steht für „keine Angabe“.

Das Priesterseminarium und das Haus des Buchdruckers Katzenberger bildeten zu Zillners Zeiten das Ursulinenkloster. Heute befindet sich das Ursulinenkloster in Glasenbach. Die Gstättengasse 25 hatte ein hochfürstlicher Hoftrabant bewohnt.[179]

177 Zillner dürfte sich bei dieser Anmerkung auf Zauner beziehen (vgl. Kapitel 2), der im zweiten Teil des achten Teils seiner 1816 erschienen „Chronik von Salzburg“ von zwei Bergstürzen, die sich im Jahr 1665 und 1666 jeweils am 4. April ereignet und je sechs Todesopfer gefordert haben sollen, berichtet. Da im Sterbebuch der Dompfarre für den 4. April 1665 nur zwei Todesfälle vermerkt sind und am 4. April 1666 explizit auf den Bergsturz eingegangen wird, kann davon ausgegangen werden, dass sich der Bergsturz nicht zwei Mal, sondern „nur“ im Jahr 1666 ereignet hat.

178 Zillner, Geschichte der Stadt Salzburg, Bd.1, 195. Die Markus-Kirche wird hier nicht angeführt.

179 Vgl. Landesarchiv Salzburg, Doppler-Häuserchronik Nr. 279.

Das Haus Nummer 280, die Gstättengasse 27, gehörte laut Zillner seit dem Jahr 1668 dem Büchsenmacher Heyperger.[180] In der Doppler-Häuserchronik ist für diesen Zeitpunkt als Besitzer der *bürger und gastgeb. Georg Ehrenreich Stockhamma*[181] eingetragen. Ein Vermerk in der Weichsteuer Raittung des Jahres 1669 bestätigt die Richtigkeit dieser Angabe.[182]

Das Nachbargebäude, die Gstättengasse 29, war das Heim eines Steinmetzes gewesen.[183] Die Häuser der Gstättengasse 31, 35 und 37 waren im Besitz von Maurermeistern[184], während die Gstättengasse 33 ebenfalls das Eigentum eines Steinmetzes war[185]. Das Haus Nummer 286, die Gstättengasse 39, hatte zum Zeitpunkt des Bergsturzes ein Papierergesell bewohnt[186] und in der Gstättengasse 41, die laut Zillner eine Mesnerwohnung war[187], hatte der Windtenmacher Wilhelm Haberkorn[188] gelebt. Die Gstättengasse 43, d. h. das Kirchlein am Bergl (Abb. 19), war zum Teil in den Berg gebaut worden; jener Bereich, der sich außerhalb der Felswand befunden hatte, war durch den Bergsturz zerstört worden.[189] In einer Höhle am Fuß der Mönchsbergwand war – vermutlich seit dem Mittelalter – neben einem Kreuz das Bildnis „Unserer Lieben Frau" angebracht. Der Terminus „Unser Frauen Bildnus" hatte bereits in der Mitte des 16. Jahrhunderts als Ortsbezeichnung gegolten. Sie meinte die Häuser der Gstättengasse nächst der Markus-Kirche.[190]

180 Vgl. Zillner, Geschichte der Stadt Salzburg, Bd. 1, 395.

181 Landesarchiv Salzburg, Doppler-Häuserchronik Nr. 280.

182 Landesarchiv Salzburg, Weichsteuer Raittung die auf Hochfürstl. Hoffmaisterey Gehörige Hoff. Burckhrecht Betreffent Hof Burckhrecht 1669, Neue Nr. 26: *ein behaußung auf der Gstötten, Geörg Ehrenreich Stockham(m)er, welcher solche im inhaben, bezalt ungehindert dieselbe auch vollig eingeschlagen worden, von 16: M. darauf hafftendem jährlichen burckhrecht weihsteuer 2 f.*

183 Vgl. Landesarchiv Salzburg, Doppler-Häuserchronik Nr. 281.

184 Vgl. Landesarchiv Salzburg, Doppler-Häuserchronik Nr. 282, 284, 285 bzw. für die Gstättengasse 37 vgl. Zillner, Geschichte der Stadt Salzburg, Bd. 1, 396.

185 Vgl. Landesarchiv Salzburg, Doppler-Häuserchronik Nr. 283.

186 Vgl. Landesarchiv Salzburg, Doppler-Häuserchronik Nr. 286.

187 Vgl. Zillner, Geschichte der Stadt Salzburg, Bd. 1, 195. Ebenda, 397 gibt Zillner im Jahr 1668 jedoch Haberkorn als Besitzer an. Seinen Darstellungen zufolge wurde das Haus erst im Jahr 1713 zur Mesnerwohnung.

188 Vgl. Landesarchiv Salzburg, Doppler-Häuserchronik Nr. 287 bzw. zu dem Wort „Windtenmacher" Jacob und Wilhelm Grimm, Deutsches Wörterbuch, Bd. 30: Wilb – Ysop, München 1984 (Nachdruck der Erstausgabe 1960), 296: „Windenmacher, *m, zu* winde *f., eisenarbeiter der winden verfertigt"*.

189 Vgl. Landesarchiv Salzburg, Doppler-Häuserchronik Nr. 288.

190 Vgl. ebenda.

Abb. 19: Das Kirchlein am Bergl

Erzbischof Markus Sittikus ließ die Höhle mit dem Bildnis im Jahr 1617 zu einem Kirchlein ausbauen; in dem Raum, der in den Felsen geschlagen worden war, wurde ein Altar errichtet. Die erste Messe wurde 1643 am Fest Mariä Geburt gelesen. Fünf Jahre später, 1648, wurde das Kirchlein, das zum Pfarrbezirk der Stadtpfarre St. Blasius zählte[191], noch einmal vergrößert und zudem verziert[192], ehe es, wie bereits erwähnt, 1669, beinahe gänzlich zerstört wurde. In Zillners Darstellung findet sich die Markus-Kirche nicht in der Liste der zerstörten Gebäude, doch wurde diese nachweislich durch den großen Mönchsbergsturz ruiniert.

Erzbischof Markus Sittikus ließ im Jahr 1617 ein Armenspital samt Kirche erbauen. Das Spital wurde von den Barmherzigen Brüdern geführt; die Kirche wurde am 25. April 1618 zu Ehren des Evangelisten Markus geweiht. Die Barmherzigen Brüder verließen 1618 die Stadt, das Haus wurde später als Priesterseminar genutzt und 1669 ebenso durch den großen Mönchsbergsturz zerstört.[193] Das Priesterseminar als Institution wies vor seiner Übersiedlung in die Gstättengasse bereits eine bewegte Geschichte

191 Vgl. Greinz, Die fürsterzbischöfliche Kurie und das Stadtdekanat zu Salzburg, 300.

192 Vgl. Georg Stadler, Salzburger Kirchen, die es nicht mehr gibt (Fortsetzung aus der „Bastei“ 33, 6-7 (1984), in: Bastei, Blätter des Stadtvereines Salzburg für Erhaltung und Pflege von Bauten, Kultur und Gesellschaft 33, 8-9 (1984), 3-6, hier 4.

193 Vgl. Greinz, Die fürsterzbischöfliche Kurie und das Stadtdekanat zu Salzburg, 298.

auf. Während des Konzils von Trient wurde den Bischöfen im Jahr 1563 nahe gelegt, in jedem Erzbistum ein Priesterseminar einzurichten. In der Kapitelsitzung vom 25. Mai 1579 erging der förmliche Beschluss eine solche Ausbildungsstätte in Salzburg zu eröffnen.[194] Das erste Priesterseminar, das Professoren und Alumnen beherbergte, wurde 1582 im Seckauerhof in der Kaigasse errichtet.[195] Der Abriss des Seckauerhofs fiel unter die Stadtverschönerungsmaßnahmen von Erzbischof Wolf Dietrich.[196] Dieser wählte das St. Magdalenen-Spital am Kai als neue Wirkungsstätte des Alumnats und erwarb das Gebäude vom Kloster St. Peter.[197] Mit der provisorischen Gründung der Benediktineruniversität im Jahr 1617 übersiedelten die Alumnen ins Seminar St. Caroli und nach „dessen Erweiterung zur wirklichen Universität (1623), wie bereits erwähnt, in das von den Barmherzigen Brüdern verlassene Kloster in der Gstättengasse neben der St. Markus-Kirche (18. 10. 1624)“[198], das durch den großen Mönchsbergsturz zerstört wurde.

Auch das Haus des Buchdruckers Katzenberger wurde zerstört. In diesem befanden sich vermutlich die Druckstöcke der ersten Generalkarte Salzburgs; diese wurde 1551 herausgegeben und ist als Setznagelkarte bekannt.[199]

Vermutlich wurde die Gstättengasse 12 ebenso durch den Bergsturz beschädigt; Zillner führt im ersten Buch seiner Geschichte der Stadt Salzburg an, dass den Besitzern des Hauses „am 23. Oktober die Hälfte der „Burgrechts Weihsteueranlait“ nachgesehen worden ist.[200]

Menschenverlust

Es ist schwierig festzustellen, ob die vermutete und stets verbreitete Anzahl von rund 200 bis 220 Todesopfern korrekt ist, denn Einträge in Sterbebücher geben neben Namen, Beruf, Alter und Bestattungsort nur zuweilen Auskunft über die Todesursache der Menschen. Ein Abgleich von zwei Seelenbeschreibungen

194 Vgl. ebenda, 158.

195 Vgl. Ignaz Rieder, Kurze Geschichte des Landes Salzburg, Salzburg 1905, 90.

196 Vgl. Greinz, Die fürsterzbischöfliche Kurie und das Stadtdekanat zu Salzburg, 158.

197 Vgl. Rieder, Kurze Geschichte des Landes Salzburg, 92.

198 Greinz, Die fürsterzbischöfliche Kurie und das Stadtdekanat zu Salzburg, 158 bzw. vgl. auch Salzburg, Diözesane Priesterhausbibliothek, HS Hn 816.

199 Genaueres zur Setznagelkarte siehe im Kapitel 4.2.3. „Die Setznagelkarte“, 110-114.

200 Zillner, Geschichte der Stadt Salzburg, Bd. 1, 398.

– diese vermerkten die Namen der Häuser der Stadt sowie die ihrer Bewohnerinnen und Bewohner und deren Alter – könnte, sofern die Seelenbeschreibungen in zeitlich geringem Abstand erstellt wurden, helfen, die Totenzahl zu verifizieren. Im Archiv der Stadt Salzburg wie im Landesarchiv Salzburg werden Seelenbeschreibungen des 17. Jahrhunderts aufbewahrt. Da diese erhaltenen Archivalien in großen zeitlichen Abständen abgefasst wurden, wäre es jedoch unseriös sie für einen Vergleich heranzuziehen; die Aussagekraft der gewonnenen Ergebnisse wäre schlichtweg fragwürdig.

Die Aufräumungsarbeiten, die der große Mönchsbergsturz nach sich zog, dauerten ein Jahrzehnt. So wurden die Einträge der Sterbebücher der Dompfarre Salzburg für diesen Zeitraum auf Hinweise zum großen Mönchsbergsturz hin untersucht.

Abbildung 20 zeigt, dass der große Mönchsbergsturz, dem 200 Personen zum Opfer gefallen sein sollen, am 16. Juli erwähnt wird.[201] Die lateinischen Worte *saxo oppressa/ oppressus/ oppressi* bedeuten „vom Felsen/Felsstück erschlagen" und deuten auf einen direkten Bezug zum Mönchsbergsturz hin. Dies zeigen auch jene drei separaten Einträge, die sich für den 16. Juli finden:

> *Barthalomaeus Khriehammer solutus saxo oppressus sepultus est in Poicham.*
> [Batholomaeus Khriehammer ist von einem fallenden

---

201 AES, Dompfarre Sterbebuch 1, 541: *Eodem die circa horam 3iam mane ingens machina de monte decidens ad domos Gstöttn unacum seminario Rev(erentissimi) ac Celsi(ssimi) Principis ecclesiam ad St. Marcum, et capellam B(eatae) V(irginis) M(ariae) 200 circiter personas oppressit. Barthalomaeus Khriehammer solutus saxo oppressus sepultus est in Poicham. Eodem Anna Hiltlin Philippi Hiltls uxor saxo operessa sua 64 annorum ad. S. Sebast(ianum). Henricus Hermete ruina oppressus annorum 40 circiter, ex licentia nostra ad B(eatam) V(irginem) in Mihln sepultus. 17 Michael Schindtler solutus ruina oppressus 15 annorum ad S. Sebast(ianum). Eodem Christina Giltlin caelebs 70 annorum ad ruina oppressa ad S. Sebast(ianum) Eodem Georgius infans 22 hebdo(madon): Viti Prunners am Heyberg ad S. Sebast(ianum) Eodem Mathias Hamerpacher feldwaibel 60 annorum ruina oppressa ad S. Sebast(ianum) Eodem Adamus Fritsch et uxor ambo ruina oppressi ad S. Sebast(ianum) Eodem Sebastiani Rezzers filiola 7 annorum ruina obruta ad S. Sebast(ianum) Eodem Erentrudis Fertlin* [Mädchenname Fertlin wurde durchgestrichen, darüber wurde der Name Haihuber geschrieben] *Mathiae Fertl filia 16 annorum ad. S. Joan(nem) in Aign ruina oppressa 18 Regina Verberin caelebs de Teisentorff ruina oppressa 24 annorum in Hospi tali Civi(co). Eodem Joannes Mauth operarius eadem morte extinctus ad S. Sebast(ianum) Eodem duae personae incognitae vir et mulier in Hospitali Civico. Eodem virtuosa virgo Ursula Pauggerin de Bolsano ruina oppressa ad S. Sebast(ianum) Eodem virtuosa virgo Anna Maria Khröpflin eodem morte extincta ad S. Sebast(ianum).*

Felsstück erschlagen und in Poicham (Bergheim?) begraben worden.]

Eodem Anna Hiltlin Philippi Hiltls uxor saxo operessa sua 64 annorum ad. S. Sebast(ianum).
[Ebenso ist Anna Hiltl, die Ehefrau von Philipp Hiltl, im Alter von 64 Jahren von einem Felsstück erschlagen und in St. Sebastian begraben worden.]

Henricus Hermete ruina oppressus annorum 40 circiter, ex licentia nostra ad B(eatam) V(irginem) in Mihln sepultus.
[Henricus Hermet wurde im Alter von ungefähr 40 Jahren von Trümmern erdrückt, er ist auf unseren Wunsch hin bei Unserer Lieben Frau in Mülln begraben worden.]

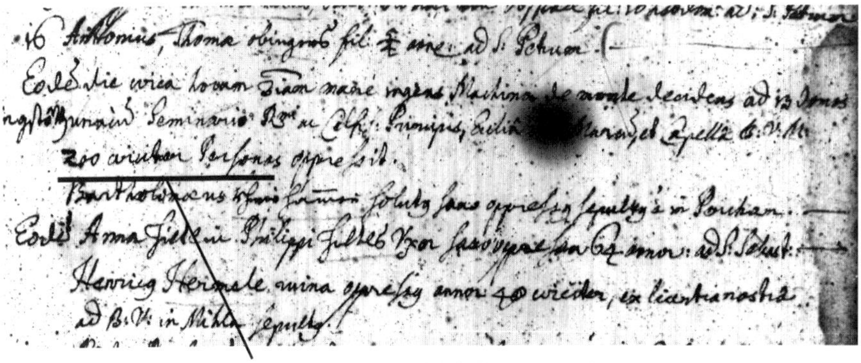

200 circiter personas (ca. 200 Personen)

Abb. 20: Einträge vom 16.bis 18. Juli 1669 im Sterbebuch der Salzburger Dompfarre

Der nächste und diesbezüglich letzte Eintrag des Jahres 1669 findet sich am 9. November. An diesem Tag konnte der ehrwürdige Diakon Johannes Paulus geborgen und schließlich am Hl. Geist Friedhof begraben werden[202]; sein Mitbruder, der hochwürdige Princeps Mauritius Stängl, wurde knapp drei Monate später, am 27. Februar 1670, tot aufgefunden und im Bürgerspital beerdigt.[203]

202 AES, Dompfarre Sterbebuch 1, 548: *Eodem Reverendus Dominus Jo(hann)es Paulus diaconus Celsissimi Principis nostri Alumnus 16. Julii ruina montis oppressus, et hoc die primum inventus, sepultus est in coemeterio ad S. Spiritum.*

203 AES, Dompfarre Sterbebuch 1, 553: *Reverendus Dominus Mauritius Stängl et sitor Principis n(ost)ri alumnus 16. Julii ruina montis oppressus, et hoc die inventus sepultus est in Caemeterio Hospitalis Civici.*

Am 14. März wurde der Alumne Virgilius Jörger aufgelesen und in St. Sebastian beigesetzt[204]; sein Mitbruder Leonardus wurde drei Tage später, am 17. März, geborgen und im Bürgerspital bestattet.[205] Die ehrwürdigen Herren Joannes Paulus Reisterer, Martinus Spati und Joannes Wolfgangus Römer wurden am 22. März entdeckt und am Hl. Geist Friedhof zur letzten Ruhe gebettet.[206]

Es fällt auf, dass es sich bei den nach dem Jahr 1669 Geborgenen ausschließlich um Männer handelt, die im Kirchenamt tätig waren. Vermutlich waren Geistliche leicht an ihrer Kleidung erkennbar und konnten deshalb besser identifiziert werden.

4.2.2. Auswirkungen

Schriftliche Darstellungen

Die ausgewerteten Schriftstücke wurden größtenteils von Vertretern der Kirche in lateinischer Sprache verfasst[207], Ausnahmen bilden spätere stadt- und landesgeschichtliche Darstellungen und Reiseberichte. Die Autorinnen und Autoren der beiden Flugblätter sind unbekannt.

Die Quellen haben einen unterschiedlichen Bezug zur Öffentlichkeit: Das Diarium des Abtes Amand Pachler und der Priesterhauskatalog etwa richten sich an die innerinstitutionelle Öffentlichkeit. Flugblätter wurden in erster Linie im urbanen Medienraum verbreitet; anders die Darstellung von Max Gandolph von Kuenburg – sie zeigt die obrigkeitlich bestimmte politische Sphäre des Landesherrn. Jene Inschrift, die auf die Instandsetzung eines durch den Bergsturz verschütteten Weges hinweist, und an der Stützmauer der Terrasse des Stieglkellers angebracht ist, steht hingegen für die Wiederherstellung von Ordnung im öffentlichen Raum der Stadt Salzburg. Der unterschiedliche Bezug zur Öffentlichkeit ist zu berücksichtigen, da die Texte auch die Wahrnehmung generieren.

---

204 AES, Dompfarre Sterbebuch 1, 553: *Eodem R(everendus) D(ominus) Virgilius Jörger Celsissimi Principis nostri Alumnus, qui 16 Julii abbusmonte obrutus, hac die repertus et sepultus in Caemiterio ad St. Sebastian(um).*

205 AES, Dompfarre Sterbebuch 1, 554: *Multum Rev(erendus) D(ominus) Leonardus montis ruina oppressus et hoc die inventus sepultus est in hospitali civico.*

206 Ebenda: *Eodem Reverendus Dominus Joannes Paulus Reisterer diaconus ad S. Spiritum. Eodem Reverendus Dominus Martinus Spati diaconus ad S. Spiritum. Eodem Reverendus Dominus Joannes Wolfgangus Römer, omnes tres Celsissimi Principis nostri alumni, qui ruina montis simul oppressi, simul hac die reperti, sepulti utrique in Caemiterio ad S. Spiritum.*

207 Die Transkriptionen und Übersetzungen befinden sich im Anhang.

Die Behandlung der schriftlichen Darstellungen wurde in folgende Teilbereiche untergliedert: „Berichte von Vertretern der Kirche", „Der Verbleib des Epitaphs – ein (bisher) ungelöstes Rätsel", „Die Flugblätter und Max Gandolphs Relation", „Frühe stadt- und landesgeschichtliche Darstellungen" und „Reiseberichte".

Berichte von Vertretern der Kirche

Amand Pachler war Chronist des Salzburger Klosters St. Peter. Er verfasste sein Diarium für die Memoria seiner Klostergemeinschaft. Er ging demzufolge davon aus, dass sein Tagebuch von gegenwärtigen und künftigen Mitbrüdern gelesen werden wird. So berichtete er auch über den großen Mönchsbergsturz. Er schilderte gleich zu Beginn in aller Kürze das Geschehen aus seiner Sicht:

> „Am 16. Juli hat sich wieder ein schreckliches und unerhörtes Schauspiel in Salzburg ereignet, das eine gewaltige Wand des Mönchsbergs löste und in die Gstetten stürzte. Dabei zerstörte der Bergsturz 14 Häuser, das ganze Zöglingsseminar mit der anschließenden St. Markus-Kirche, die einst von Markus Sittikus für die Barmherzigen Brüder errichtet worden war. Bei diesem schrecklichen Bergsturz, der sich um halb drei Uhr in der Früh ereignete, als alle Menschen im Schlafe lagen, wurden mehr als 250 Personen zerdrückt, von den schrecklichen Felsen bedeckt und jämmerlich begraben."[208]

Diese Darstellung entspricht nach Schulz von Thun dem Sachinhalt; Pachler erläuterte, was aus seiner Sicht passiert war. Anschließend richtete er – hier wird das Zusammenspiel der Aspekte Sachinhalt und Beziehung verdeutlicht – den Fokus auf seine engere Lebenswelt. Er nannte zahlreiche Mitbrüder, die dem Bergsturz zum Opfer gefallen waren oder diesen überlebt hatten, namentlich.[209] Es war jedoch keinesfalls ein Ende des Grauens in Sicht, da der Berg bis hin zum Bürgerspital abzustürzen drohte. Die Tragödie hatte sich, wie Pachler anmerkte, im ersten Jahr der Regentschaft von Erzbischof Max Gandolph zugetragen. Pater Roman Molitor, ein Professe des Klosters St. Peter, verfasste darüber ein Epitaph, das Pachler später in seine Darstellung integrierte:

208 Salzburg, Archiv St. Peter, HS. A. 54, 92.

209 Hinsichtlich der Anzahl der zerstörten Häuser kursieren unterschiedliche Angaben. Es kann nicht mehr mit Sicherheit nachgewiesen werden, ob 13 oder 14 Häuser zerstört worden waren und ob in dieser Zahl die kirchlichen Gebäude enthalten sind.

„Sta Viator, nec mirare, si in saxum obrigeas.	„Bleib stehen, Wanderer und wundere dich nicht, wenn du zu Stein erstarren solltest.
Sin uspiam, hic dura cernuntur fata.	Wenn irgendwo, dann erfährt man hier das harte Los.
Heu!	Wehe!
Quanti casus humana rotant!	Wie große Unglücksfälle beun- ruhigen das Menschengeschlecht!
Praesertim ubi mons et mors simul irruunt saxeo agmine.	Besonders dort, wo Berg und Tod gemeinsam mit der steinernen Heerschar einfallen.
Hi pessimi aediles extruunt, ubi destruunt:	Diese unheilvollen Aedile bauen auf, in dem sie zerstören:
Hem! artis Ectypon.	Ach! Ein dröhnendes Monument der Kunst.
16. Julij in Platea Gstetten Per effusa montis viscera	Am 16. Juli ist in der Gstättengasse Indem sich die Glieder des Berges ergossen,
Saxorum rudis indigestaque moles ruit, & omnia diruit, Mediam partem è medio tollens.	eine rohe & ungeordnete Fels- masse niedergestürzt und hat alles zerstört, die Hälfte (der Menschen) aus unserer Mitte reißend.
Alumnorum Seminarium est Libitinae lararium.	Das Seminar der Zöglinge ist die Hauskapelle der Leichengöttin Libitina.
Deiparae Sacellum mortis refert macellum.	Die Kapelle der Muttergottes wird zum Fleischmarkt des Todes.
Cum { Domibus Domesti Parentibus liberi Dominis famuli	Mit { Den Häusern gehen die Einwohner unter den Eltern ihre Kinder den Herren ihre Diener

Vitali prius, tum lethali *somno sepulti* *Terram premunt.*	Zuerst im lebendigen, nun im tödlichen Schlaf bestattet liegen sie unter der Erde.
Aequali sorte, *inaequali pondere,* *Suis, heu! fatis obruti.*	Mit dem gleichen Schicksal, aber mit ungleicher Last, sind sie, ach!, bedeckt mit ihrem Los.
Coniugibus thalamum in tumu- *lum,* *Cunis, canis, lectum in lethum* *Vertit dura sors.*	Das harte Schicksal hat den Ehepaaren das Ehezimmer zum Grab, den Säuglingen und den Hunden die Schlafstätte zum Grab verwandelt.
[p. 94]	
Quam posteritati saxea fama *loquetur.*	Wie der Nachkommenschaft die Erzählung des Felsens überbracht wird.
Tu *Qui montis hiatus* *et inclusa* *spectas funera,* *Dic adgemiscens:* *Judicia Dei* *abyssus multa!*“	Du der du die Kluft des Berges und die Gräber der Verschütteten schaust, sag seufzend: Die Urteile Gottes sind vielfach unergründlich!“

Wie der Chronist Amand Pachler dürfte sich auch Pater Roman Molitor als Übermittler des Geschehens betrachtet haben: Beide Patres verfügten über eine klassisch-humanistische Ausbildung, sie spielten förmlich mit der Sprache. Es kann davon ausgegangen werden, dass sie sich ihrer Sprachgewandtheit bewusst waren.

Roman Molitor schilderte in Versform das Geschehen aus seiner Sicht. Er richtet sich dabei an gebildete Leute, andere hätten seine Bezüge zur Antike wohl nicht erkennen und verstehen können. Molitor spricht die Lesenden direkt an („Bleib stehen, Wanderer...“). Er schreibt plakativ, arbeitet mit Alliterationen („... *Cunis, canis, lectum in lethum...*“). Molitor gebraucht Anaphern („...*Cum Domibus Domestici, Cum Parentibus liberi, Cum Dominis famuli...*“), verwendet gerne Metaphern („... Das Seminar der Zöglinge ist die Hauskapelle der Leichengöttin Libitina, die Kapelle der Muttergottes wird zum Fleischmarkt des Todes...“) und Antithesen („...Zuerst im lebendigen, nun im tödlichen Schlaf bestattet liegen sie unter der Erde. Mit gleichem Schicksal, aber mit ungleicher Last, sind sie, ach!, bedeckt mit ihrem Los....“). Bei der Beschreibung des Bergsturzes bedient sich Molitor folgender Anthropomorphisierungen: „steinerne Heerschar“ (herabfallende Gesteinsbrocken) und „in dem sich die Glieder des Berges ergossen“ (loses Gestein). In der Frühen Neuzeit und auch im 18. Jahrhundert wurden Natur und Naturereignisse häufig personifiziert. Die Historikerin Marianne Klemun schreibt über diesbezügliche Vergleiche: „Die Naturszene ist eine Kulturstätte, die Natur selbst hat sich als Künstlerin produziert“[210]. Zur Verdeutlichung führt Klemun eine Definition aus dem 19. Jahrhundert an, in der die Funktion der „Personification“ der Ästhetiktheorie folgendermaßen begründet wird: Das Personifizieren ist ein menschliches Bedürfnis. Der Mensch verwendet Personifikationen, da er sich die Welt verschönern muss, sofern sie ihm gefallen soll. Das Leblose ist ohne Personifikation nicht aussagekräftig genug.[211] Nach Klemun fungiert die Vermenschlichung, die mittels Emotionalisierung hergestellt wird, somit als Brücke zwischen dem Ich und der Natur.[212] Molitor, der sehr gebildet war, personifiziert und überzeichnet das Geschehen wohl um das Ausmaß der Katastrophe und ihre Auswirkungen den Leserinnen und Lesern zu verdeutlichen.

Pachler agiert anders. In seiner Religiosität war er ein Mann seiner Zeit. Er übermittelt für ihn relevante Informationen, spart jedoch – wie der Vergleich mit anderen Darstellungen zeigt – nichts aus und vermeidet Übertreibungen.

Der abschließende Hinweis, dass Fürsterzbischof Max Gandolph von Kuenburg nach dem Bergsturz befohlen hatte, die Felswände nahe dem Kloster St. Peter zu untersuchen, zeugt von der Fürsorge des Landesherrn. Es wurden lose Felsbrocken entdeckt und abgetragen. Dieser Vermerk kann als verdeckter Appell zur (regelmäßigen) Nachschau der Stadtberge verstanden werden.[213]

Anders ist die Zugangsweise zum Unglück in den Berichten der Patres Wolfgang Wernauer[214] und Benedikt Abelzhauser[215].

210 Marianne Klemun, ... mit Madame Sonne konferieren. Die Großglockner-Expeditionen 1799 und 1800 (Schriftenreihe des Kärntner Landesarchivs 25), Klagenfurt 2000, 240.

211 Vgl. ebenda, zitiert nach Johann August Eberhard, Handbuch der Aesthetik für gebildete Leser aus allen Ständen in Briefen herausgegeben (4 Teile), Halle 1807-1820, hier Teil 2, 133-134.

212 Vgl. Klemun, Madame Sonne, 241.

213 Vgl. Salzburg, Archiv St. Peter, HS. A. 54, 93.

214 AES, Priesterhaus Catalogus Ordinandorum 1669-1736 der Alumnen im Priesterseminar I. 10/81, 1.

215 Salzburg, Diözesane Priesterhausbibliothek, Handschrift, alte Signatur B.

Beide berichteten, dass das Priesterseminar am 15. September 1669 zum Kollegium des Hl. Carolus verlegt wurde – zurück an jenen Platz, an dem die Geistlichen bereits von 1617 bis 1624 gewirkt hatten. Wernauers Darstellung findet sich im Catalogus Ordinandorum 1669-1736 des Priesterhauses unmittelbar nach einer Meldung vom 4. Februar 1672; sie ist jedoch nicht datiert.

Wernauer berichtete nur kurz über das Geschehen; ihn interessierte, wie sich der Bergsturz auf den Personalstand in seiner Klostergemeinschaft ausgewirkt hatte. Das Priesterseminar stand somit im Mittelpunkt des Interesses. Wenn bei dem extremen Naturereignis keine Klosterbrüder zu Schaden gekommen wären, hätte Wernauer den großen Mönchsbergsturz mit Sicherheit nicht im Priesterhauskatalog erwähnt.

Auch Wernauer personifizierte die Natur: „Frag die Felsen und Steine, sie werden dir den Grund für die Verlegung des Priesterseminars sagen“[216]. Dieser Satz verdeutlicht den Respekt, den Wernauer wohl vor der Natur hatte. Aus der Darstellung geht nicht hervor, ob er die Natur oder Gott als Urheber der Katastrophe betrachtete. Es findet sich nur folgender Hinweis:

> „...Ich bitte zusammen mit euch, ihr frommen Hinterbliebenen, möge Gott die so Erdrückten und unter dem Berg Begrabenen nicht bestrafen. Ich, Wolfgang Wernauer (welcher derzeit Senior ist und dies plump notierte) werde immer in Gebeten und Heiligen Messen euer gedenken....“[217]

Dies ist ein versteckter Appell für die Opfer zu beten. Man ging davon aus, dass Verstorbene in den Himmel kommen würden, sofern man genügend Gebete für sie spräche. Die meisten Menschen hatten – bedingt durch die Unvorhersehbarkeit des Unglücks – das Sterbesakrament nicht empfangen. Vermutlich betrachteten es die Zeitgenossinnen und Zeitgenossen deshalb als besonders wichtig für die Opfer zu beten.

Aus Wernauers Darstellung geht hervor, dass der Leiter des Priesterseminars, Pater Ludovicus Engl, zunächst von Pater Benedikt Abelzhauser vertreten worden war. Abelzhauser gehörte dem Orden des Hl. Benedikt an; er war Mönch des Klosters Seitenstetten, Doktor der Theologie sowie ordentlicher Professor der Heiligen Schriften und Fundamentaltheologie. Abelzhauser erkrankte im Juli 1669.

---

216 Vgl. AES, Priesterhaus Catalogus Ordinandorum 1669-1736 der Alumnen im Priesterseminar I. 10/81, 1.

217 Ebenda.

> „...Durch die Gnade Gottes und durch die Fürsprache der Muttergottes von Einsiedeln – zu der der erwähnte Pater Benedikt zurecht in dieser Zeit, als sich das Unglück ereignete, kam; ihnen hatte er seine Gesundheit und seine (Rück-)Reise anvertraut, an der er wegen einer Krankheit, die demselben Pater zustieß, gehindert wurde – rettete er sein Leben, während an seiner Stelle der hochwürdige Pater Bernard Kimpfler, ein Professe des Klosters Michaelbeuern und in seiner Abwesenheit Vizeregens, zusammen mit dem Mitbruder Amand Probst, welcher dort übernachtete und niemals mehr aufwachte, erdrückt wurde....“[218]

Diese Zusatzinformation entspricht laut Schulz von Thun dem Sachinhalt; das Zusammenspiel der Aspekte Sachinhalt und Beziehung verdeutlicht Wernauers Religiosität.

Außerdem verstarb der Benediktiner Pater Wolfgang Rudolph aus dem Kloster Weihenstephan[219], der als Präfekt der Alumnen tätig gewesen war. Wernauer fügte das Namensverzeichnis der Alumnen des Priesterseminars ein. Durch die Tatsache, dass er auch deren Heimatort bzw. deren Heimatstadt, ihre Fachgebiete und ihren geistlichen Stand einfügte, betont er, wie wichtig ihm diese waren.

„1. Franciscus Monte aus Rovereto, Tirol, Diakon und Senior, Theologe.
2. Joannes Paulus Pfisterer aus Salzburg, fertiger Theologe, Jurist, Diakon.
3. Martin(us) Spetl aus Salzburg, Theologe, Subdiakon.
4. Marcus Joannes Wolff(gangus) Pleiner aus Rotweil, Schwabe, Theologe.
5. Georg(ius) Schnell aus Salzburg, Minorit, Theologe.
6. Virgil(ius) Jerger aus Salzburg, Minorit, Theologe.[220]
7. M. Christopher(us) Khrumpenstetter aus Formbach, Österreich, Theologe.
8. Mauritius Stänol aus Otting, Salzburg, Theologe.
9. Joannes Zotner aus Salzburg, Theologe, Minorit.
10. Carol(us) Haslacher aus Hallein, Salzburg, Minorit, Theologe.

---

218 Ebenda, 2.

219 Befindet sich in Bayern, heute Stadtteil der Großen Kreisstadt Freising.

220 Seine Leiche wurde am 14. März 1670 geborgen (siehe Kapitel 4.2.1., Menschenverlust).

11. Georg(ius) Schleindl aus Berndorf, Salzburg, Minorit, Theologe.
12. M. Achatius Rösch aus Abtenau, Salzburg, Minorit, Theologe †.
13. Franciscus Mayr aus Salzburg, Theologe.
14. Der Adelige Gaudentius Stabe de Casuna de Ainsberg, Tirol, Physiker.
15. Georg(ius) Grueber aus Tamsweg, Salzburg, Physiker."[221]

Nur Georg Schleindl, Joannes Zotner, Georg Schnell und Achatius Rösch überlebten die Katastrophe. Schleindl und Zotner konnten sich selbst aus den Trümmern befreien, die anderen beiden waren nach einer halben Stunde von Helfenden geborgen worden. Die vier wohnten zwei Monate lang als Inwohner bei der Witwe Frau Hanin in der Stadt. Schleindl und Zotner wurden kurz darauf Minoriten in Wels, aber Zotner hielt sich nicht an sein Gelübde.

Außerdem wurden Philip Terg, der auf die Einteilung durch den Erzbischof gewartet hatte, sowie die alten Priester Martin Seidl, Leonhard Spindler und Georg Wall verschüttet. Es fielen dem Bergsturz auch der Diener des Seminars, der Koch, seine Frau und Tochter, ebenso eine Dienerin, zwei Inwohner, zwei (weibliche) Kochlehrlinge und die Schwester des Kochs zum Opfer, ebenso Christian Schwarz aus Augsburg, ein Schwabe und Alumne, der in Kürze eingekleidet worden wäre.[222] Diese Aufzählung verdeutlicht, wie schon erwähnt, dass Wernauers Augenmerk auf den Auswirkungen für die Klostergemeinschaft lag. Der Verlust zahlreicher Mitbrüder hatte natürlich großen Einfluss auf das Wirken der Patres im Priesterseminar.

Benedikt Abelzhauser orientierte sich zum Teil wortwörtlich in seiner Darstellung an jener von Wolfgang Wernauer. Dies zeigt, dass er dessen Bericht nicht nur kannte, sondern wohl auch schätzte. Er schilderte – wie Wernauer – kurz aus seiner Sicht das Geschehen, ihn interessierte ebenfalls, wie sich der Bergsturz auf den Personalstand in seiner Klostergemeinschaft ausgewirkt hatte. Er führte nicht alle von Wernauer namentlich genannten Verstorbenen an, sondern verwies stattdessen direkt auf dessen Darstellung („*Das Übrige ist im schon zitierten Buch des Seniors zu lesen.*“[223]).

Anders als Wernauer schmückte er seine Ausführungen mit Selbsterlebtem aus („Ich erinnere mich an euch immer durch

221 AES, Priesterhaus Catalogus Ordinandorum 1669-1736 der Alumnen im Priesterseminar I. 10/81, 3-4.

222 Vgl. ebenda, 4-5.

223 Salzburg, Diözesane Priesterhausbibliothek, Handschrift, alte Signatur B, 2.

Gebete und heilige Messen, da ich selbst Nachbar des Sturzes war."[224]) und ergänzte diese. So erfahren wir durch Abelzhauser weitere Sachinhalte: dass Achatius Rösch später im Collegium des Heiligen Carolus als Senior der Alumnen eingesetzt worden war und dieses Amt, zu der Zeit als Abelzhauser den Bericht verfasste, sehr umsichtig ausführte („Der Herr Achatius Resch wurde bald im Collegium des Heiligen Carolus als Senior der Alumnen eingesetzt und erfüllt noch heute mit großem Eifer und mit großer Wachsamkeit dieses Amt."[225]). Georg Schnell trat am 7. Dezember 1670 das Amt des Kooperators in Zell am See in der Diözese Salzburg an. Schon davor, d. h. am 22. März 1670, wurden folgende Studenten in das Priesterseminar aufgenommen:

> „...Der Erste, Joannes Beckh aus Innsbruck in Tirol, (trat) am 22. März im Jahr 1670 (ein), ein Theologe; der Zweite, Mathaeus Aigner, aus Mühldorf in Salzburg[226], auch Theologe; der Dritte, Simon Wildhölzl aus Pfaffenhofen in Bayern, ein Logiker. Der Vierte, Wolfgang Passauer, aus Kezingen, Bayern, ein Logiker. Der Fünfte, Ferdinand Keller, aus Ginzburg, Schwaben, ein Logiker. Der Sechste, Paulus Schwaiger, aus St. Johann in Salzburg, ein Logiker. ..."[227]

Während Wernauer jenes Namensverzeichnis der Alumnen, das zur Zeit des Bergsturzes aktuell war, angeführt hatte, ersetzte Abelzhauser dieses durch das neue. Er verdeutlicht damit den vorangeschrittenen Bewältigungsprozess: Trotz des schlimmen Verlustes eines Großteils der Schüler (mehr als 75%!), stand der Fortbestand des Priesterseminars nie in Frage. Dies zeigt, dass das nötige Gottvertrauen immer gegeben war.

Die Totenroteln der Patres Bernhard Kimpfler[228], Amand Probost[229] und Wolfgang Rudolph[230] wandten sich an Geistliche aus anderen Klöstern, die in Gebetsverbrüderung verbunden waren und beinhalteten den Appell für die Verstorbenen zu beten. Die Nachrufe auf Kimpfler und Probost wurden am 21. Juli 1669 verfasst, jener von Rudolph erst am 15. August 1669.

224 Ebenda, 1.
225 Ebenda, 2.
226 Oberbayern, Kreisstadt des gleichnamigen Landkreises.
227 Salzburg, Diözesane Priesterhausbibliothek, Handschrift, alte Signatur B, 2.
228 Salzburg, Archiv St. Peter, HS. A. 555, rot. 144.
229 Ebenda.
230 Salzburg, Archiv St. Peter, HS. A. 555, rot. 148.

Aus der Totenrotel der Patres Bernardus Kimpfler und Amandus Probst geht hervor, dass das Kloster nach dem Unglück um größere Hilfe als üblich ansuchte, „da uns ja der Feind des Menschengeschlechts heimgesucht hat, der gleichsam verschlagener als der täglich gewohnte Hass ist, nachdem er bisher seine Pfeile nur gegen Einzelne ausgesandt hatte“[231]. Der große Mönchsbergsturz, der das Priesterseminar zerstört hatte und dem die beiden Ordensbrüder zum Opfer gefallen waren, wurde hier als Werk des Teufels betrachtet, ein interessanter Aspekt der Selbstoffenbarung: Da Kimpfler und Probst, wie aus den Totenroteln hervorgeht, frei von Sünden waren, schien eine Strafe Gottes ausgeschlossen zu sein; man sah einen Bezug zum Teufel wohl als einzige Möglichkeit, das Unglück zu erklären. Es folgte der Hinweis, dass

> „...der ehrwürdige Pater Bernardus Kimp(f)ler anstelle des Regens der erzbischöflichen Alumnen für die Vakanz erwählt worden und zu seinem Unglück der Dritte in diesem Amt ist, das zwei andere[232] vorher verweigert haben. ...“[233]

Vermutlich wurde hier Bezug auf die Patres Ludovicus Engl und Benedikt Abelzhauser genommen, die sich zum Zeitpunkt des Unglücks nicht in Salzburg aufgehalten hatten. Anschließend wurde auf Probsts Besuch bei Kimpfler verwiesen und das Unglück geschildert. Dieses wurde vermutlich durch eine Prodigie angekündigt:

> „...Auf folgende Art und Weise sind sie zu Tode gekommen: Als der Tag schon angebrochen war und es schon zu dämmern begann, hat die äußerste Nacht sie eingefangen, damit sie entschlafen. In der Zeit, als sie gewöhnlich die täglichen Gebetsstunden erfüllten und das Tageslicht erblickten, kamen, was wiederum verwunderlich ist, zugleich Schatten und Licht. Denn ihre Frömmigkeit und Religiosität konnte durch jenen großen Bergsturz weder erdrückt noch ausgelöscht werden, vielmehr erstrahlt dadurch ihre Frömmigkeit. ...“[234]

---

231 Salzburg, Archiv St. Peter, HS. A. 555, rot. 144.
232 Gemeint ist wohl, dass Ludovicus Engl und Benedikt Abelzhauser nicht in Salzburg waren.
233 Salzburg, Archiv St. Peter, HS. A. 555, rot. 144.
234 Ebenda.

Die Leichen von Pater Bernardus und Pater Amandus waren um die siebte Stunde gefunden worden. Die Verletzungen, denen die beiden erlagen, werden nur zum Teil angeführt: Pater Amandus hatte einen Wirbelsäulenbruch erlitten. Über Pater Bernardus' ist diesbezüglich nichts bekannt, wir wissen nur, dass er das heilige Scapular getragen und das Bild der Jungfrau Maria fest in seinen Händen gehalten hatte.

> „... Pater Bernhard wurde 35 Jahre alt, Amandus 28. Bernhard war 18 Jahre im geistlichen Stand, Amandus eines. Bernhard war elf Jahre Priester, der andere vier und beide waren von einer beispielhaften Sorge um einen sündenfreien Lebenswandel. ...“[235]

Anders als der Tod der Patres Kimpfler und Probst wurde das Scheiden von Pater Wolfgang Rudolph betrachtet. Wolfgang Rudolph hatte ursprünglich Philosophie studiert. Nachdem er sein Studium beendet hatte, brachte er 1667 sein erstes Messopfer dar. Danach kehrte er nach Salzburg zurück, um Theologie zu studieren. Rudolph war im Priesterseminar als Präfekt tätig gewesen und hatte dort zwei Jahre lang als Priester gewirkt.[236]

Der Chronist des Klosters St. Peter, Bernhard Viechter, verwies in seiner Darstellung gleich zu Beginn auf einen Bericht über den großen Mönchsbergsturz im Diarium des Abtes Amand Pachler. Wie bereits Pachler erklärte er, dass nach dem großen Mönchsbergsturz die Felswände nahe dem Kloster St. Peter von einem Sachverständigen besichtigt worden waren. Dies geschah laut Viechter jedoch nicht auf Befehl des Landesherrn, sondern auf Anweisung des Abtes. Es wurden lose Felsbrocken oberhalb des Eremitoriums entdeckt, die in der Zeit vom 20. Juli bis zum 31. August hin abgetragen worden waren. Es kann davon ausgegangen werden, dass die Kosten von 77 Gulden und 44 Kreuzern vom Kloster selbst übernommen worden waren.[237]

Der Verbleib des Epitaphs - ein (bisher) ungelöstes Rätsel

Pater Roman Molitors Epitaph (S. 78-79) soll in eine rote Marmorplatte graviert und anschließend an der Mauer des Bürgerspitalfriedhofs angebracht worden sein;[238] an welcher Stelle

235 Ebenda.

236 Vgl. Salzburg, Archiv St. Peter, HS. A. 555. rot. 148.

237 Vgl. Salzburg, Archiv St. Peter, HS. A. 145 fol. 331v.

238 Vgl. Hübner, Beschreibung der hochfürstlich-erzbischöflichen Haupt- und Residenzstadt Salzburg, Bd. 1: Topographie, 125 sowie Zauner

es genau aufgestellt wurde, geht nicht aus den Quellen hervor. Es bleibt ungewiss, was aus der Platte nach der Schließung des Bürgerspitalfriedhofs im Jahr 1789 wurde. Recherchen zum Epitaph selbst wie zu dessen Verbleib verliefen im Archiv der Stadt Salzburg, im Landesarchiv Salzburg und im Bundesdenkmalamt Salzburg erfolglos. So können nur mehr Vermutungen über das Verschwinden der roten Marmortafel angestellt werden.

Es wäre möglich, dass die rote Marmorplatte gemeinsam mit anderen Erinnerungstafeln in den St. Sebastiansfriedhof überstellt worden ist.

Hierbei ist zu bedenken, dass Grabbestattungen am St. Sebastiansfriedhof 1879 eingestellt wurden, neun Jahre später auch Beerdigungen in den Grüften.[239] In den nachfolgenden Jahren verstarben großteils die Angehörigen der Begrabenen, was häufig zur Folge hatte, dass die Gräber im St. Sebastiansfriedhof verfielen:

> „...der Friedhof vereinsamt, was nicht durch das Alter zerstört wird, wird eine Beute der Diebe; zudem kommt, daß das den Friedhof überwachende gemeindeamtliche Organ auf Grund von Kundmachungen, die noch in der Zeit um c. 1890 zurückgehen, die Gräber des freien Feldes, die nicht mehr gepflegt werden, beseitigt, die Grabkreuze und -steine verkauft und ihm die Stadtgemeinde hierbei keinen Einhalt gebietet. Die Stadtgemeinde hat an der Erhaltung des Friedhofes kein Interesse mehr, da er keine Einnahmequelle aus sich mehr bildet und die Erhaltung doch Kosten erfordert."[240]

Sofern der Gedenkstein tatsächlich in den St. Sebastiansfriedhof gebracht worden war, wäre es unwahrscheinlich, dass er gestohlen wurde, doch könnte er verkauft worden sein. Eventuell hatte auch die Witterung dem Stein zugesetzt, sodass er stark beschädigt und später als Baustein verwendet worden sein könnte:

> „...Ähnlich schlecht [wie den Grabkreuzen] ergeht es den hier ziemlich häufigen Grabplatten aus rotem Marmor.

(fortges. v. Gaertner), Chronik von Salzburg, Achter Theil (Zweyter Theil), 415.

239 Vgl. Hübner, Beschreibung der hochfürstlich-erzbischöflichen Haupt- und Residenzstadt Salzburg, Bd. 1: Topographie, 125 sowie Zauner (fortges. v. Gaertner), Chronik von Salzburg, Achter Theil (Zweyter Theil), 415.

240 Vgl. Archiv des Landeskonservatorats für Salzburg, k. k. Landeskonservatorenamt für das Herzogtum Salzburg, Zahl 403/1916, 1. Bogen.

Auch dort wo sie schon aus dem Fußboden gehoben und an einer Kirchen, oder Friedhofsmauer eingemauert sind, leiden sie unter dem Einfluß des steten Regens und gehen einer raschen Zerstörung entgegen. Viele solcher Steine sind aber durch Demolierung der Gebäude an denen sie einst eingemauert waren, gleichsam unterstandslos geworden und werden einfach als Bausteine verwendet. ...“[241]

Anton König merkte in seinem Artikel „Jubiläum des Grauens ... Zum Gedenken an den großen Bergsturz vom Mönchsberg vor 300 Jahren“ an, dass eine im Jahr 1746 von Handelsfaktor Mayr errichtete Inschrifttafel an die Opfer der Katastrophe von 1669 erinnerte.[242] Diese soll nach der Schließung des Bürgerspitalfriedhofs in den St. Sebastiansfriedhof überstellt und im 20. Jahrhundert von Conrad Dorn restauriert worden sein. Danach sei sie rechts von der Gabrielskapelle aufgestellt worden.[243] Bei der Gedenktafel dürfte sich um das heutige Grab 131 des St. Sebastiansfriedhof handeln.

In den Grabstein (Abb. 21) ist folgender Nachruf an den großen Mönchsbergsturz in deutscher Sprache eingraviert; dieser wurde, wie aus der siebten Strophe hervorgeht, 77 Jahre nach dem Unglück, also 1746, verfasst:

†

MÖNCHSBERG-STURZ

1.

Still, Still oh Wanderer. Stehe still,
höre was ich Dir sagen will:
Oh, faße Dir zu herzen,
220 Todte hier
Die rufen traurig da zu dir,
Mitleide unsere Schmerzen.

241 Ebenda.

242 Archiv des Landeskonservatorats für Salzburg, Antrag Betreffs Ausgestaltung des Sebastiansfriedhofes an die k. k. Zentralkommission, o. J.

243 Vgl. König, Jubiläum des Grauens, 3.

Abb. 21: Salzburg, Sebastiansfriedhof, Grab 131

2.
Eben druben mitten Jahr
Zum Trost das Skapulierfest war
Was unverhofft sich zeigte.
Ein guter Freund wurde uns zum Feund
Sich wider uns auflehnt
Die Freundschaft entzweite.

3.
Der Mönchsberg soll Beschützer seyn.
Daß kein Feund kann herein.
Ist uns zum Feund selbst geworden
Und eingefallen ist er in der Nacht.
Da wir nicht waren auf der Wacht
In umliegenden Orten.

4.
All Guter uns genommen hat
Die wir gesammelt Früh und Spat.
Sogar die Seelen hat er getrieben in die Ewigkeit.
Ach wolle Gott zur ewigen Freud
Uns doch als Grabstein bleibt.

5.
Geistlich und Weltlich er verschütt
Dennoch eilet her und man denkt nit
Wo unsere Seelen begraben seyn
Und Ihr Ruhestell haben.
Die Seelen auch man da kann laben
Mit Bethen und zu Gott schreyn.

6.
Oh, Menschen trauet nicht dem Berg,
Der macht eine solche Nacht-herberg.
Wacht emsig stets in Sorgen,
Die Todespfeile fliegen ringsherum.
Morden bald draußen, bald in den Stuben
Die Stund ist uns verborgen.

7.
Verfloßen sey 77 Jahr.
Daß fast kein Gedächtnis war.
Der so geschener Sachen.
Nun hat Gott Einen geben in Sinn
Zu unseren Seelen Trost und Gewinn,
Der dies hat oben machen.

8.
Ist ein Faktor und handelsherr,
Andreas Mayer sich nennet er,
Verwalter dieser Orten.
Gott sey ihm gnädig in der Zeit,
und geb Ihm eine himmelsfreud
Weil er Guthäter worden.

9.
Nun Wanderer ist unser Bitt.
Mit Weihwasser uns thu beschenken.
Und ein kleines Gebeth setz auch hinzu.
Daß wir kommen in die Freuden Ruh
Wo Deiner an uns wird denken.

Dieser Bergsturz in der Gstättengasse geschah am 16. Juli 1669
Nach dem Original Bericht v. H. M. B. 1834, 1852 u. 1887 v.
A. W., 1898 u. 1930 v. R. R.,
1950 v. P. und 1963 v. C. D.

Der Autor des Gedichts ist unbekannt. Die Personen, die sich hinter den Initialen verbergen, konnten, mit Ausnahme der letzten beiden – die Buchstaben C. D. stehen wohl für C(onrad) D(orn) – nicht identifiziert werden. Anders als im Epitaph nannte der Schreiber die ungefähre Opferzahl: 220 Tote waren zu beklagen.

Die Flugblätter und Max Gandolphs Relation

Flugblätter, die Vorläufer der heutigen Zeitungen, wurden für eine breitere Öffentlichkeit geschrieben. Es konnten zwei Flugblätter ausgehoben werden, die über den großen Mönchsbergsturz berichten. Die Darstellung ist in beiden Fällen detailreich und reißerisch. Der Aufbau und die Formulierungen sind ähnlich.

Das erste Flugblatt beschreibt zunächst die Stadt Salzburg und verweist auf vorangegangene Unglücksfälle:

> „...Die Stadt Saltzburg / welche vor uralten Zeiten Juvania[sic!] / das ist Helffenberg / genennet / aber von dem Attila zerstöret worden / hat bißher bey etlichen hundert Jahren dermassen zugenommen / daß sie zu unsern Zeiten für der schönsten und festesten Städte eine in Teutschland gerühmet wird. Sie hat aber bey ihrem

> grossen Flor und Aufnehmen / zu verschiedenen mahlen / so wohl durch Glut / als durch Flut / auch zimliche Anstösse und Schaden erlitten. ...“[244]

Der große Mönchsbergsturz wird mit dem Bergsturz von Plurs verglichen. Dieser hat sich am 25. August 1618 ereignet.

Der Schreiber der Zeilen vergleicht den großen Mönchsbergsturz mit einem „erschrecklichen Erdbeben“[245], differenziert aber dennoch zwischen dem eigentlichen Bergsturz und dem Nachsturz. Der Autor möchte die Leserinnen und Leser bewegen und arbeitet auch mit rhetorischen Fragen; dies wiederum gleicht einem Appell:

> „...Was das für ein Schrecken und Entsetzen verursacht / ist leicht zugedenken. Wann etwa ein Donner und Ungewitter sich zuvor am Himmel hätte mercken lassen / darüber den Leuten mehrmaln eine fast unerträgliche Forcht erwecket wird / weil sie sich augenbliklich / der durchdringenden Stralen halber / eines oder des andern Unfalls besorgen müssen / so würde bey solcher vermutheten Gefahr der Schrecken nicht zubeschreiben seyn; Aber so unversehens und gleichsam nicht wissend / woher? Mit einem solchen Krachen / Erschüttern und Darniderschlagen berücket werden / daß muß ja ein Schrecken über alle Schrecken gewesen seyn. ...“[246]

Als die Nachbarschaft durch den ersten Sturz aus dem Schlaf gerissen worden war, eilten viele Menschen den Opfern zu Hilfe. Sie wurden durch den Nachsturz, bei dem 1.000 Zentner schwere Steine vom Berg herabgestürzt waren, begraben.[247]

> „...Was von Menschen in den überrumpelten Häusern und Wohnungen gewesen / ist / wie leicht zu erachten / meistentheils alsobald todt geblieben / doch sind etzliche in den Kellern und anderswo verfallene Personen aus dem erbärmlich geführten Geschrey und kläglichem Heulen vernommen worden / daß sie noch bey Leben seyen / allein die Menge der fürgefallene Steine hat den Weg verleget / daß man ihr Winseln und Wehklagen zwar mit

244 Salzburg, Bibliothek des Salzburg Museums, Inv. Nr. 63/52 sowie Nürnberg, Germanisches Nationalmuseum Nürnberg, Inv. Nr. HB 19815, Kapsel 1370.

245 Ebenda.

246 Ebenda.

247 Vgl. ebenda.

> grossem Hertzenleid gehöret / aber sie zu retten / keine Müglichkeit seyn wollen. ...“[248]

Unter den zerstörten Häusern hatte sich auch jenes befunden, das etwa zwei Jahre zuvor bereits durch einen Bergsturz zerstört worden war und fünf Todesopfer gefordert hatte. Der Autor bezieht sich hier auf das Ereignis vom 4. April 1666, das sechs Menschen in den Tod gerissen hatte.[249] Das besagte Haus war wiederaufgebaut worden; während dem großen Mönchsbergsturz sollen sich dort 50 Personen in den Keller zurückgezogen und vergeblich auf Hilfe gewartet haben.[250]

Die Bediensteten des Priesterseminars, die dem Bergsturz zum Opfer gefallen waren, werden mit 22 angegeben; dies ist eine Abschwächung. Nimmt man Einsicht in das Unterkapitel „Darstellungen von Vertretern der Kirche“, finden sich allein 29 namentliche Nennungen von Verstorbenen, die aufgrund des Bergsturzes ihr Leben lassen mussten. Der Autor des Flugblattes schätzt, dass deutlich über 300 Personen durch den Bergsturz verstarben. Eine so hohe Opferzahl kann jedoch eindeutig als Übertreibung bewertet werden; im Sterbebuch der Dompfarre werden für den 16. Juli 200 Tote angegeben.[251]

Um den Sterbenden die Möglichkeit der Beichte und Kommunion zu geben, wurden Geistliche und Beichtväter zum Unglücksort geschickt. Der Bergsturz soll sich wie folgt zugetragen haben:

> „...Der Berg / darvon dieses Unglük entstanden / ist nicht von oben herab / sondern aus der Mitte heraus gebrochen / und fallend worden hat sich aber dermassen abgeschelet / daß der obere Theil nunmehr gleichsam schwebet / und einer gantzen Gassen lang fast wie ein zerbrochenes Gewölb aussehet / da man augenbliklich förchten muß / bevorab / wegen der Klüfte / die sich erzeigen / daß es ferner einen Riß tuhn / und noch mehr Schaden anrichten dörfte / welches GOtt in Gnaden verhüten und abwenden wolte. ...“[252]

---

248 Ebenda.

249 Genaueres siehe Kapitel 2.

250 Ebenda.

251 Vgl. hierzu das Unterkapitel „Menschenverlust“, insbesondere S. 73-76.

252 Salzburg, Bibliothek des Salzburg Museums, Inv. Nr. 63/52 sowie Nürnberg, Germanisches Nationalmuseum Nürnberg, Inv. Nr. HB 19815, Kapsel 1370.

Auf Befehl des Erzbischofs mussten die Anrainer ihre Häuser verlassen.

> „...Gott aber / der dißmahl dieses Unglück über diesen Ort / und über diese Leute verhänget / behüte uns und jedermänniglich / daß wir nicht andermals in dergleichen oder noch grösser Jammer gerahten. Absonderlich wolle Er unsere Hertzen neigen / daß wir uns bekehren von Sünden / das Leben bessern und frömmer werden. Meinet ihr / daß die / auf welche der Thurn zu Siloha (der Berg zu Saltzburg) fiel / seyen schuldig gewesen für allen / die zu Jerusalem (in unserm Teutschen Vatterlande) wohnen? Ich sage nein; sondern so ihr Euch nicht bessert / werdet ihr auch alle also umkommen. ...“[253]

Diese Zeilen kommen einem Appell gleich. Der Autor möchte die Leserinnen und Leser zu einem gottgefälligen Leben anregen. Er schließt seine Darstellung mit einem Verweis auf eine Stelle im Lukasevangelium: „Nein sage ich euch; vielmehr werdet ihr alle, wenn ihr euren Sinn nicht ändert, auf gleiche Weise zugrunde gehen“ (Lk 13,5).[254]

Das zweite Flugblatt wird als „Extract aus einem Schreiben von hoher Hand aus Saltzburg datirt den 18. Julii 1669“[255] bezeichnet und mit den Worten „Mein Herr!“[256] eingeleitet. Gleich zu Beginn wird die Atmosphäre in Salzburg unmittelbar nach dem Bergsturz geschildert:

> „Der unglückliche Zustand darinnen wir leyder insgesamt allhier zu Saltzburg anjetzo stecken / ist mit Worten nicht genugsam zu exprimiren noch mit der Feder zu beschreiben / das immerwehrende tägliche Heulen und Schreyen in der gantzen Stadt lautet so erbärmlich / daß es niemand mit hertzlichen Seufftzern und heissen Thränen genugsam beklagen kan. O des unglückseligen Saltzburg! welches man vor Zeiten das irrdische Paradeiß zu nennen pflegte / das ist von Gott vor kurtzverwichnen Tagen gar in einen elenden / betrübten und kümmerlichen Stande gesetzet worden. ...“[257]

253 Ebenda.
254 Ebenda.
255 Salzburg, Bibliothek des Salzburg Museums, Inv. Nr. 809/49.
256 Ebenda.
257 Ebenda.

Gott wird hier als Urheber der Katastrophe betrachtet. Denn:

> „...Man vermeinet gäntzlich es sey eine Augenscheinliche Straff Gottes / weil nicht die Frömmesten an demselben Ort gewohnet / sondern meistentheils gemeines Gesindlein / derer / wie man sihet / anjetzo viel Frommer mit entgelten müssen. ...“[258]

Es wurde also angenommen, dass das Gesindel die Frommen in das Unglück zog. Anschließend werden das Unglück und das Ausmaß der Zerstörung geschildert. Allein das „Bildnis unserer lieben Frauen“, das sich am Altar der Berglkirche befunden hatte, war unbeschädigt geblieben.

Vermutlich um die Authentizität der Ausführung zu bekräftigen, schilderte der Autor, der sich seit Ostern in Salzburg aufgehalten hatte, weitere Unglücksfälle, die dem Fürsten zu schaffen gemacht hatten: ein Schiffbruch zu Pfingsten, der 62 Todesopfer gefordert hatte, der Tod seiner besten und schönsten Pferde, und Gespenster, die Angst und Schrecken verbreitetet hatten.[257] Die Darstellung schließt mit folgenden Worten:

> „...Der dich O Saltzburg hat bisher in Gnad erhalten /
> Der wolle auch jetzund gantz hülffreich ob dir walten /
> Er stehe dir hinfort in Angst und Nöhten bey /
> Er mache dich auch bald von allem Unglück frey. ...“[259]

Dieser Vermerk zeugt von Gottvertrauen.

Unmittelbar nach dem Unglück war die Berichterstattung insbesondere in Flugblättern oft reißerisch. Um Gerüchten über den großen Mönchsbergsturz entgegenzusteuern, verfasste der Landesfürst Max Gandolph von Kuenburg am 29. August eine Gegenrelation mit dem Titel „Kurtze doch begründt= wahrhaffte Relation über den nechsten Einfall deß Bergs auf der Gstätten allhie zu Salzburg“. Um diese in den Umlauf zu bringen, wurde auch die Presse in Anspruch genommen. So erging denn am 7. September 1669 an den „röm. Kais. Majestät Bücher-Commissarius“ in Frankfurt am Main das Ansuchen, dass künftig ausschließlich diese Darstellung des Unglücks gedruckt werden solle. Kuenburgs Bericht trägt keine Unterschrift. Dies ist vermutlich darauf zurückzuführen, dass es wohl als unstandesgemäß betrachtet worden wäre, dass ein Landesherr eine

258 Salzburg, Bibliothek des Salzburg Museums, Inv. Nr. 809/49 bzw. Martin, Eine Zeitung über den großen Bergsturz, 31.
259 Salzburg, Bibliothek des Salzburg Museums, Inv. Nr. 809/49.

von ihm unterzeichnete Kundgebung mit Hilfe von so etwas Gewöhnlichem wie einer Zeitung verbreiten ließ.

Max Gandolph von Kuenburg suchte nach natürlichen Gründen für den Bergsturz: Ein Grund könnten die Aushöhlungen der Felswände sein. Diese hatten den Fuß des Berges geschwächt. Es ist zu bedenken, dass der Berg aus „löcherigem Stain“[260] aufgebaut ist und die Witterung den Bergsturz mitbedingt hatte.

Außerdem wurde vermerkt, dass der durch den Bergsturz verschüttete Weg zu dem „Unser Lieben Frauen“-Tor nach Mülln hinaus wiederhergestellt worden war. Es war versichert worden, dass alles Menschenmögliche getan und keine Mühen und Kosten gescheut werden würden, um bei weiteren Felsstürzen die Wege rasch abzuräumen. Diese Nachricht sollte wohl Reisende, die von dem großen Mönchsbergsturz gehört hatten und einer Fahrt nach Salzburg nun skeptisch gegenüber standen, ermuntern, dieser Stadt dennoch einen Besuch abzustatten. Es dauerte allerdings 10 Jahre, bis der ganze Schutt weggeräumt worden war.[261]

Frühe stadt- und landesgeschichtliche Darstellungen

Zuzüglich zu den Handschriften und Flugblättern wurde der große Mönchsbergsturz auch in stadt- und landesgeschichtlichen Darstellungen sowie in Reiseberichten erwähnt.

Joseph Mezger konzentrierte sich in seiner „Historia Salisburgensis“[262] auf eine reine Faktendarstellung des Unglücks. Auch in Darstellungen zur Geschichte der Stadt Salzburg fand der große Mönchsbergsturz Erwähnung. Hübner druckte Max Gandolphs Gegenrelation ab. Zudem fügte er an, dass sich der Landesfürst zum Unglückszeitpunkt im Schloss Mirabell aufgehalten hatte. Er soll die Katastrophe mit eigenen Augen gesehen und von seinem Fenster aus eine Generalabsolution erteilt haben. Die Gegenrelation wurde somit um – wenngleich auch reißerische – Sachinhalte ergänzt. In Hübners Darstellung finden sich ebenso das bereits erwähnte Epitaph des Paters Roman Molitor und der Vermerk, dass der Erzbischof die Überlebenden „mit großer Freygebigkeit unterstützte“[263]; wie die Hilfeleistungen aussahen, wurde jedoch nicht vermerkt. Abschließend wurde erwähnt, dass Max Gandolph über den verbliebenen Felsbrocken, der drohend über der Gstättengasse hing, besorgt war und es ihm ein Anliegen

260 Vgl. Pezolt, Ueber Bergunglücke, 23.

261 Vgl. ebenda, 24.

262 Joseph Mezger, Historia Salisburgensis. Hoc est: Vitae Episcorum Et Archiepiscorum Salisburgensium, [Salzburg] 1692, 893.

263 Hübner, Beschreibung der hochfürstlich-erzbischöflichen Haupt- und Residenzstadt Salzburg, Bd. 1: Topographie, 126.

gewesen sein soll, die zerstörte Stadtmauer wieder aufzubauen.[264] Diese Hinweise zeugen von der Fürsorge, d. h. von der Beziehung, des Landesherrn zu seinem Volk.

Zillner wies in beiden Büchern zur „Geschichte der Stadt Salzburg“ auf den großen Mönchsbergsturz hin: In seinem ersten Buch führte er lediglich die durch den Bergeinfall zerstörten Gebäude an. Hier vermerkte er, dass sich die Naturkatastrophe im Jahr 1669 ereignet habe.[265] In seinem zweiten Buch war sich Zillner im Unklaren darüber, ob sich der große Mönchsbergsturz am 19. Juli oder „ein oder zwei Tage vor dem 19. Juli“[266] zugetragen habe. Er fügte an, dass ein Spitalsverwalter namens Ragginger angegeben hatte, dass bereits am 19. Juli 29 Menschen, die von herabstürzenden Steinen erschlagen worden waren, beerdigt worden seien. Nach Zillner dauerten die Aufräumungsarbeiten nur zwei Jahre. Er begründete diese Feststellung mit einem Eintrag der Kammeramtsrechnung der Stadt Salzburg aus dem Jahr 1671, in der ein Totengräber für die Bestattung von 52 beim Bergsturz zu Tode Gekommenen 26 Gulden erhalten haben soll, verbunden mit der Forderung weitere Personen, die noch gefunden werden, ebenso zu begraben.[267]

Zauner wies im achten Band seiner „Chronik von Salzburg“ zunächst darauf hin, dass sich am 16. Juli 1669 ein Unglück ereignet habe, ehe er vorangegangene Gesteinsbewegungen und schließlich im Anschluss den großen Mönchsbergsturz schilderte. Zudem gab er den Diariumseintrag von Pater Amand Pachler, der in lateinischer Sprache verfasst worden war, in einer Fußnote wieder.[268]Abschließend vermerkte er inkorrekter Weise, dass „die gesammelten Gebeine der Todten auf dem nahen Gottesacker am Burgerspital ruhen“[269]. Aus den Sterbebüchern der Dompfarre geht jedoch hervor, dass die Verstorbenen in erster Linie in den Friedhöfen St. Sebastian, Bürgerspital und Mülln beerdigt worden waren – ein alleiniges Massengrab, wie von Zillner angenommen, war nicht für die Opfer errichtet worden.

Reiseberichte

Neben Darstellungen zur Stadt- und Landesgeschichte Salzburgs wurde auch in Reiseberichten auf den großen Mönchsbergsturz

264 Vgl. ebenda, 123-126.

265 Zillner, Geschichte der Stadt Salzburg, Bd. 1, 195 sowie 395-399.

266 Zillner, Geschichte der Stadt Salzburg, Bd. 2, 531.

267 Vgl. ebenda, 531-532.

268 Vgl. Zauner (fortges. v. Gaertner), Chronik von Salzburg, Achter Theil (Zweyter Theil), 411-415.

269 Ebenda, 415.

verwiesen. Es kann davon ausgegangen werden, dass sich die Autoren in ihren Ausführungen auf schriftliche Darstellungen (dazu zählen auch andere Reiseberichte) bezogen. Berichte über den großen Mönchsbergsturz sind allerdings meist sehr kurz.

Der französische Arzt Karl Patin hatte im 17. Jahrhundert eine ausgedehnte Europareise unternommen und seine Eindrücke in Form von vier Reiseberichten festgehalten. Sie wurden später im Buch „Quatre relations historiques“ veröffentlicht. Johann Gabriel Seidl entdeckte dieses Werk mehr als ein Jahrhundert später. Im Jahr 1848 veröffentlichte er einen Aufsatz über Patins Anschauungen von Österreich.[270]

Karl Patin wurde am 23. Februar 1633 in Paris geboren. Sein Vater Guido Patin genoss als Arzt und königlicher Professor besonderes Ansehen. Karl zeichnete sich durch Wissensdurst und ungewöhnliche Begabung aus. So erwarb er bereits im Alter von 14 Jahren den Magistertitel. Hierfür unterzog er sich einer Disputation, die vor dem päpstlichen Nuntius, 34 Bischöfen und zahlreichen weiteren Personen in griechischer und lateinischer Sprache abgehalten wurde. Danach wandte sich der Jugendliche dem Studium des Rechts zu, nach 16 Monaten wurde er bereits Parlaments-Advokat in Paris. Sechs Jahre später begann er mit dem Studium der Medizin. Dieses schloss er in kürzester Zeit erfolgreich mit dem Doktortitel ab. Patin eröffnete eine eigene Praxis und wurde Anatomieprofessor. Im Jahr 1668 verließ er Frankreich – es sollte ein Haftbefehl gegen ihn erlassen werden, da er angeblich „anzügliche Schriften“[271], die sich gegen die Obrigkeit richteten, verbreitet hatte.

Nun trat Patin seine Europareise an. Diese führte ihn nach Deutschland, Österreich, in die Schweiz und von dort über Holland und England nach Italien, wo er schließlich sesshaft wurde. Er arbeitete zunächst als Professor der Medizin in Padua, drei Jahre später wurde er zum Ritter von San Marco ernannt. 1681 erhielt er die Möglichkeit ohne gerichtliches Nachspiel in sein Heimatland Frankreich zurückzukehren. Da er jedoch zwischenzeitlich zum Primar-Professor befördert worden war, zog er es vor in Italien zu bleiben. Patin verstarb am 2. Oktober 1693 im Alter von 60 Jahren.[272]

---

270 Vgl. Johann Gabriel Seidl, Ein Tourist des siebenzehnten Jahrhunderts über Oesterreich, in: Austria. Oesterreichischer Universal Kalender für das Schaltjahr 1848. Mit einer lithographirten Tafel, sechs Musikbeilagen und Holzschnitten, Wien 1848, 107-131, hier 108.

271 Ebenda.

272 Vgl. ebenda.

Wie eine Anmerkung in Seidls Aufsatz zeigt, dürfte sich Patin nur wenige Monate nach dem großen Mönchsbergsturz in Salzburg aufgehalten haben:

> „...Von Wien aus ging ich nach Salzburg. Man sollte sich von einer Gegend, die am Fuße der Alpen und noch dazu an der Nordseite derselben liegt, nichts Anmuthiges versprechen; dessen ungeachtet ist dort alles lachend und lieblich, die Landschaft, der Fluß, die Spaziergänge, die Gärten, die Gebäude; es kann nichts Angenehmeres und Herrlicheres geben. Was die Schönheit noch vermehrt, ist diese Masse der Felsen, die, wie senkrecht abgeschnitten, die Stadt mit ihrem Einsturze zu bedrohen scheinen. Und wirklich sahen wir auch dort die Reste eines Klosters und einiger Häuser, welche einige Monate vorher unter den Trümmern abgelöster Felsen im wahrsten Sinne des Wortes begraben worden waren. ...“[273]

Patin geht in seinen Ausführungen somit nicht näher auf den großen Mönchsbergsturz ein.

Der Pädagoge Leopold von Chimani besuchte Salzburg 1829, also knapp 160 Jahre nach Patin. Chimani wurde 1774 in Lang-Enzersdorf (Niederösterreich) als Sohn eines Lehrers geboren. Auch er wählte den Beruf des Pädagogen, absolvierte eine Lehrerausbildung, war zwei Jahre als Erzieher tätig, ehe er 1798 Direktor der k. k. Haupt- und Industrieschule Korneuburg wurde. Dort gründete er eine Erziehungsanstalt für Burschen und schrieb Übungsbücher für Latein. Aufgrund seines schlechten Gesundheitszustands musste er den Beruf wechseln;[274] Chimani trat im Jahr 1807 eine Stelle als Rechnungsfaktor bei der „k. k. Normal-Schulbücher-Verschleiß-Administration“ in Wien an.[275] In seiner Freizeit war Chimani stets schriftstellerisch tätig – er verfasste mehrere Erzählungen und (kunst-)historische Bücher, aber nur einen Reisebericht. Chimani starb am 22. April 1844 im Alter von 70 Jahren in Wien.[276] Sein zweibändiges Werk „Meine Ferien=Reise von Wien durch das Land unter und ob der Enns über Linz, durch das k.k. Salz=Kammergut nach Ischl und Hallstadt, nach Salzburg, Berchtesgaden und Gastein, und von

273 Ebenda, 124.

274 Vgl. Gerhard Ammerer et al., Reise Stadt Salzburg. Salzburg in der Reiseliteratur vom Humanismus bis zum beginnenden Eisenbahnzeitalter (Schriftenreihe des Archivs der Stadt Salzburg 17), Salzburg 2003, 111.

275 Ebenda.

276 Vgl. ebenda.

da zurück durch einen Theil der Steyermark. In topographischer, geschichtlicher, naturhistorischer, technischer, biographischer und pittoresker Beziehung. Im Jahre 1829 unternommen" wurde 1830 in Wien veröffentlicht. Im zweiten Band berichtet Chimani über seinen Aufenthalt in Salzburg. Es fällt auf, dass Chimani die wichtigsten Sehenswürdigkeiten nicht nur besichtigte, sondern auch beschrieb. Zudem unternahm er Ausflüge in die jeweils umliegende Umgebung. Chimani dürfte geschichtlich interessiert gewesen sein: so integriert er in seinen Ausführungen immer wieder historische Exkurse, wie jene über die Salzburger Bergstürze:

> „...Zerstörende Elementar=Ereignisse haben mitgewirkt, daß diese ungeheure Felsenwand nach und nach so senkrecht scarpirt wurde. Zu verschiedenen Zeiten (im Jahr 1493, 1614 und 1665) hatten sich von derselben ungeheure Steinblöcke losgelöset, und Menschen und Häuser verschüttet.
> Das größte Unglück ereignete sich aber am 15. Junius 1669. Um zwey Uhr nach Mitternacht stürzte ein Theil des Berges krachend ein, und zermalmte das Kloster der barmherzigen Brüder, die schöne Kirche St. Marcus, die Capelle am Berge und dreyzehn Häuser. Alles, was in denselben wohnte und lebte, wurde zerschmettert und unter dem Schutte begraben. Durch das Getöse aufgeschreckt, eilte ein große Zahl Einwohner aus der Stadt herbey, um den Bergsturz zu sehen, und die Verunglückten zu retten. Eine zweyte Steinlast, wohl 2000 Centner schwer, lösete sich wieder von dem Felsen los, und begrub die zur Hülfe Herbeygeeilten, 300 an der Zahl, unter dem Schutte. Ein gemeinschaftliches Grab auf dem Friedhofe zu St. Sebastian umschließt die gesammelten Gebeine dieser Unglücklichen. ..."[277]

Chimani erwähnt in seinem Bericht Gesteinsablösungen, die dem großen Mönchsbergsturz vorangingen. Hierbei führt er die bereits in Kapitel 2 erläuterten Ereignisse der Jahre 1493 und 1614 an. Als drittes Unglücksjahr nennt er 1665. Chimani dürfte

277 Leopold von Chimani, Meine Ferien=Reise von Wien durch das Land unter und ob der Enns über Linz, durch das k.k. Salz=Kammergut nach Ischl und Hallstadt, nach Salzburg, Berchtesgaden und Gastein, und von da zurück durch einen Theil der Steyermark. In topographischer, geschichtlicher, naturhistorischer, technischer, biographischer und pittoresker Beziehung. Im Jahre 1829 unternommen, Wien 1830 (Zweytes Bändchen), 20-21.

sich hier auf Zauner[278] berufen, der, wie ebenfalls in Kapitel 2 verdeutlicht, eine Katastrophe, die sich nachweislich 1666 zugetragen hatte, den Jahren 1665 wie 1666 zuschrieb. Der große Mönchsbergsturz selbst hatte sich nicht am 16. Juni 1669, sondern einen Monat später, am 16. Juli 1669 ereignet, und wie von Chimani richtig erläutert, die St. Markus-Kirche, das Kirchlein zu „Unserer Lieben Frau am Bergl“ und an die 13 Häuser in der Gstättengasse zerstört. Zudem war das Priesterseminar – Chimani führt stattdessen fälschlich das Kloster der Barmherzigen Brüder an[279] – ruiniert worden. Die Zahl der Opfer – damit beruft sich Chimani wohl auf Tote wie Verletzte – gibt er mit 300 an. Durch den großen Mönchsbergsturz hatten ungefähr 220 Menschen ihr Leben verloren, eine Angabe über die Anzahl der Verletzten liegt nicht vor. Die Verstorbenen waren in erster Linie in den Friedhöfen St. Sebastian, Bürgerspital und Mülln beerdigt worden – ein alleiniges Massengrab, wie von Chimani angenommen, war nicht errichtet worden. Es wäre möglich, dass Chimani den oben erwähnten Epitaph von Pater Roman Molitor bei der Besichtigung des Friedhofs entdeckte, für einen Grabstein hielt und dachte, ein Massengrab zu besuchen.

Adolph Schaubach veröffentlichte 20 Jahre nach Chimani sein „Handbuch für Reisende durch die Länder Salzburg, Obersteyermark, das Oesterreichische Gebirgsland und Salzkammergut“; in diesem erwähnt er auch den großen Mönchsbergsturz:

> „...Die Seitenwände sind theils natürliche senkrechte Abstürze, theils auch, um die Gefahr des Einsturzes zu vermindern, behauen. Wenn man von Mülln hereinkömmt, erscheinen rechts die hohen weißen Häuser wie spanische Wände an der braunen Wand; denn die Felsenwand bildet nicht nur die Rückseite der Häuser, sondern in ihr befinden sich auch die Keller und Kammern. Nur die Gewohnheit stumpft den Menschen gegen die Gefahr ab; denn die Gefahr ist hier nicht gering. Schon in den Jahren 1493, 1614 und 1665 hatten sich Felsenstücke abgelöst und Häuser und Menschen verschüttet. Das größte Unglück dieser Art erfolgte am 15. Juli 1669. Um zwey Uhr nach Mitternacht stürzte eine bedeutende Masse herab und begrub das Kloster der barmherzigen

278 Vgl. Zauner (fortges. v. Gaertner), Chronik von Salzburg, Achter Theil (Zweyter Theil), 412.

279 Das Priesterseminar wurde bereits 1624 in das von den Barmherzigen Brüdern verlassene Kloster verlegt, vgl. Greinz, Die fürsterzbischöfliche Kurie und das Stadtdekanat zu Salzburg, 158.

> Brüder, die schöne Kirche St. Marcus, die Capelle am Berge und dreyzehn Häuser mit allen ihren Bewohnern. Aufgeschreckt durch das Krachen des Sturzes eilte Alles zur Rettung herbey; da erfolgte ein zweyter Bruch und begrub auch die Helfenden. Niemand wagte sich jetzt mehr in die Trümmer, um den Wimmernden und um Hülfe Schreienden Rettung zu bringen, da man neue Abstürze befürchtete. 300 Menschen verloren ihr Leben; ihr gemeinschaftliches Grab findet man auf dem St. Sebastianskirchhofe. ...“[280]

Schaubach dürfte Chimanis Bericht bekannt gewesen sein, eventuell diente er ihm als Vorlage; so wählte er dieselben Beispiele für vorangegangene Gesteinsablösungen wie Chimani – und übernahm dessen Fehler in Bezug auf den Bergsturz von 1666, datierte jedoch den großen Mönchsbergsturz korrekt. Anders als Chimani legte Schaubach in seiner Darstellung sein Augenmerk in erster Linie auf die Opfer. So führt er an, dass die 13 Häuser „mit allen ihren Bewohnern“ unter den Felsmassen begraben wurden und sich nach dem Nachsturz „niemand mehr in die Trümmer wagte“. Sein Bericht schließt, wie jener von Chimani, mit dem Hinweis auf ein Massengrab.

In den Reiseberichten von Matthias Koch[281] und Franz Michael Vierthaler[282] wird der große Mönchsbergsturz nur als schwerwiegendes Ereignis, das mehrere Gebäude zerstörte und eine Vielzahl an Menschen tötete, angeführt.

Domenico Gisberti (1635-1677), der Sekretär des bayerischen Kurfürsten Ferdinand Maria, erwähnte den großen Mönchsbergsturz mit keinem Wort in seinen Aufzeichnungen: Im Sommer 1670 besuchte der bayerische Kurfürst Ferdinand Maria mit seiner Familie und einem großen Gefolge von rund 500 Personen den Salzburger Landesfürsten Max Gandolph von Kuenburg. Domenico Gisberti, hatte die Aufgabe einen Bericht über diese Reise zu verfassen.[283]

---

280 Adolph Schaubach, Handbuch für Reisende durch die Länder Salzburg, Obersteyermark, das Oesterreichische Gebirgsland und Salzkammergut, Jena 1850, 159-160.

281 Matthias Koch, Reise in Oberösterreich und Salzburg, auf der Route von Linz nach Salzburg, Fusch, Gastein und Ischl. Mit einem historischen Anhang, Abbildungen und statistischen Tabellen, Wien 1846, 154-155.

282 Franz Michael Vierthaler, Meine Wanderungen durch Salzburg, Berchtesgaden und Österreich, Bd. 1, Wien 1816 (Nachdruck Salzburg 1983), 43-44.

283 Domenico Gisberti, Die Reise der durchlauchtigsten kurfürstlichen Familie von Bayern nach Salzburg anno 1670. Übersetzt, kommentiert und mit einer Einleitung versehen von Irene Schrattenecker (Schriftenreihe des Salzburg Museum 18), Salzburg 2008.

Es ist nicht eindeutig nachvollziehbar, weshalb er das extreme Naturereignis nicht nennt. Die Salzburger Innenstadt hat Gisberti mit Sicherheit besucht; er bezeichnete sie sogar als „kleines Rom". Doch hat er sich in seinen Aufzeichnungen anscheinend darauf beschränkt die zu Ehren der Gäste arrangierten Empfänge und Lustbarkeiten, aber auch Bräuche, Wissenswertes über die Geschichte Salzburgs und mythologische Anspielungen niederzuschreiben.[284]

Bildliche Darstellungen

Der Kupferstich in Abbildung 22, der die Stadt Salzburg in Draufsicht zeigt, wurde 1644, d. h. 25 Jahre vor dem großen Mönchsbergsturz, von Matthäus Merian (1593-1650) angefertigt und ist eine Filiation des bekannten Kupferstichs von Harpff. Merians Kupferstich stammt aus der Topographia Bavariae. Weitere Exemplare des Stichs befinden sich in den Sondersammlungen der Universität Salzburg und im Germanischen Nationalmuseum Nürnberg.

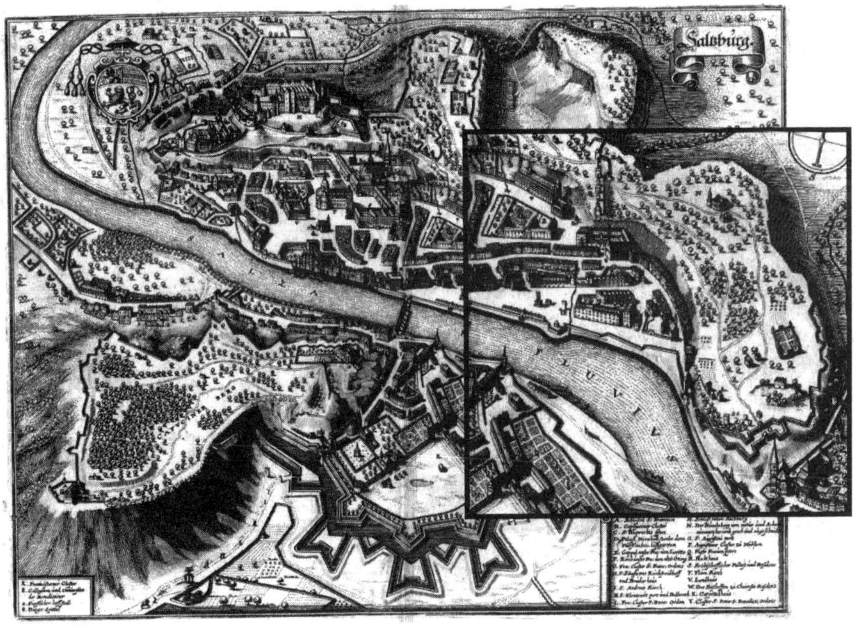

Abb. 22: Saltzburg im Jahr 1644, Kupferstich von Matthäus Merian[285] (hervorgehoben ist das spätere Bergsturzgebiet)

284 Vgl. ebenda, 19-20.

285 Kupferstich, Salzburg, Sondersammlungen der Universität Salzburg, G II1185 sowie Nürnberg, Germanisches Nationalmuseum Inv. Nr.

In der linken Ecke des Bildes ist das Wappen des Salzburger Erzbischofs Paris Lodron dargestellt. Merians Stich diente wohl dem Maler, Vedutenstecher und Siegelschneider Lucas Schnitzer (1633-1671) (vgl. Abb. 23, 24) als Vorlage. Schnitzer fertigte eine Platte an aus der zwei von einander abweichende Stiche gefertigt wurden. Die ältere Variante zeigt noch die Häuserzeile - das Bergsturzgebiet ist jedoch schon mit den Buchstaben E und F gekennzeichnet. Dieser Kupferstich wurde bereits in Hermann Gollubs Buch „Die Salzburger Protestanten“ gedruckt; allerdings als „unbekannter Stich, Salzburg um 1690“ ausgewiesen.

Abb. 23: Ware und Eigentliche Abbildung der Ertzbischoflichen Residenz Statt Saltzburg[286] (Ältere Variante)

In den Mitteilungen der Salzburger Landeskunde aus dem Jahr 1940 wird auf Gollubs Buch Bezug genommen; die Angaben zum Stich werden ergänzt: „Der Stich der Stadt Salzburg ist aber nicht um 1690, sondern ein 1666/68 (laut Wappen ist Guidobald schon Bischof von Regensburg) gemachter Nachstich der Ansicht von J. Philipps von ca. 1640.“[287] Die jüngere Variante illustriert ein anonymes Flugblatt, das sich im Salzburg Museum sowie im Germanischen Nationalmuseum Nürnberg befindet und den Titel „Kurtzer / doch warhafter Bericht / von dem unlängst den 6. 16.

10370, Kapsel 1126, es handelt sich hierbei um ein unsigniertes Blatt aus Merians „Topographia Bavariae“.

286 Kupferstichkabinett Krabofzgi, Salzburg (Foto: Wolfgang Kirchner).

287 Franz Martin, Zum salzburgischen Schrifttum, in: Mitteilungen der Salzburger Landeskunde 80 (1940), 209-212, hier 209.

Julii An. 1669. zu Saltzburg unversehens beschehenen traurigen Bergfall“ trägt. Bei diesem Stich wird die Häuserzeile durch herabstürzende Felsmassen ersetzt. Es kann davon ausgegangen werden, dass jener Teil der Platte, der das Bergsturzgebiet umfasst, ausgeklopft und neu aufgestochen wurde. Merians und Schnitzers Werke sind mit Ausnahme von wenigen Abweichungen ident. So befindet sich bei Schnitzer in der linken Ecke des Bildes nicht mehr das Wappen des Salzburger Erzbischofs Paris Lodron, sondern jenes von Guidobald von Thun. Das Wappen ist geteilt, oben gespalten von den Reichsstiften Salzburg (schwarzer Löwe auf Gold vorne, hinten weißer Strich in rotem Feld) und Regensburg (weißer schräg-links Balken in rotem Feld), unten Familie Thun Hohenstein für den Fürsten Guidobald. „E“ und „F“ bezeichnen bei Merian zwei Gotteshäuser: die „Loretto-Kapelle“ und die „Kirche unser Frau von alten Öting“, bei Schnitzer wandern „E“ und „F“ über die Salzach und bezeichnen das Bergsturzgebiet. Die bei Merian ausgewiesenen Gotteshäuser werden bei Schnitzer nicht erwähnt.

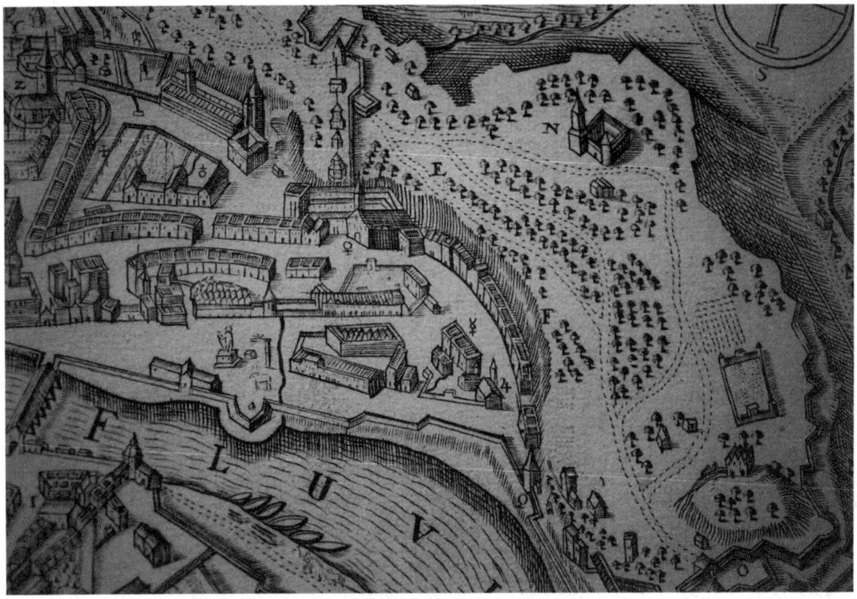

Abb. 24: Detail aus Abbildung 23

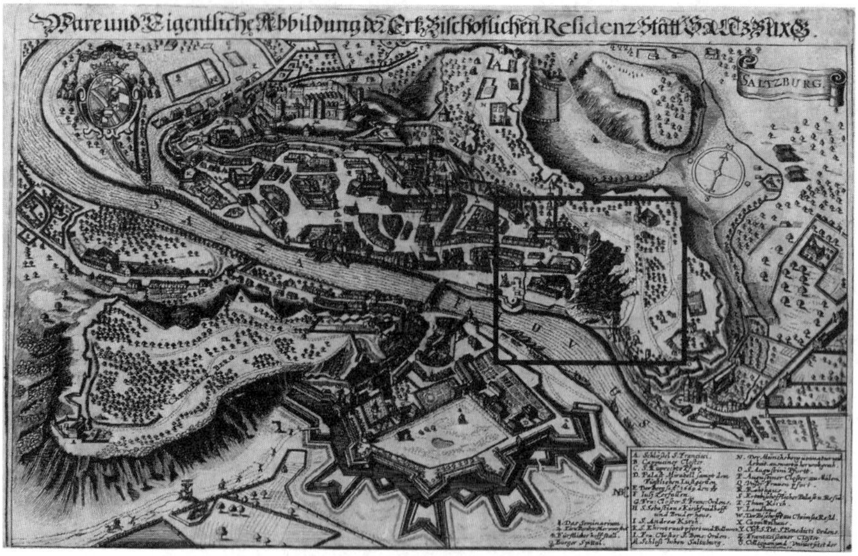

Abb. 25: Ware und Eigentliche Abbildung der Ertzbischoflichen Residenz Statt Saltzburg[288] (Jüngere Variante; Bergsturzgebiet ist eingerahmt)

Abb. 26: Die ertzbischofliche Residenz Statt Saltzburg[289]

288 Anonymes Flugblatt, Bibliothek des Salzburg Museums, Inv. Nr. 63/52 sowie Germanisches Nationalmuseum, Inv. Nr. HB 19815, Kapsel 1370.

289 Kupferstichkabinett Krabofzgi, Salzburg (Foto: Wolfgang Kirchner).

Der Stich „Die Ertzbischofliche Residenz Statt Saltzburg“ (Abb. 26) wurde von dem Briefmaler und Verleger Johann Philip Steüdner verlegt. Der Aufriss zeigt die halbe Häuserzeile der Gstättengasse, jene Hälfte, die zum Klausentor hinführt, wurde durch den Bergsturz zerstört. In Abbildung 25 wird dieser Teil von Schutthaufen dominiert. Ein Exemplar des Stichs befindet sich im Kupferstichkabinett Krabofzgi (Salzburg).

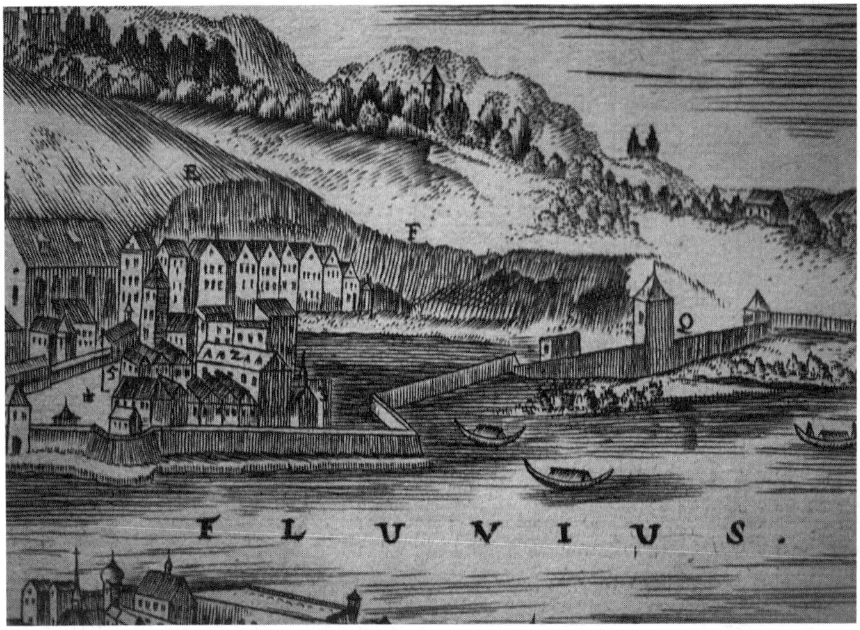

Abb. 27: Detail aus Abbildung 26

Abbildung 26 ist mit den Stichen von Merian und Schnitzer eng verwandt. Es zeigt das Wappen des Guidobald von Thun als Erzbischof von Salzburg und Bischof von Regensburg. Dieses Exemplar des Stichs befindet sich im Salzburg Museum.

Der vergrößerte Ausschnitt veranschaulicht den großen Mönchsbergsturz. Riesige Felsbrocken und Staubwolken verdecken die Häuser der Gstättengasse. Auffallend ist, dass dies die einzige bildliche Darstellung ist, in der menschliche Opfer gezeigt werden. Die Überlebenden werden in unterschiedlichen Haltungen, an die Emotionalität appellierend und überproportional groß abgebildet; vermutlich versuchte der Künstler dadurch das Ausmaß des Leids der Opfer auszudrücken. Die vom Bergsturz in Mitleidenschaft Gezogenen schreien in erster Linie wohl um Hilfe, vermutlich aber auch vor Schmerz und Angst. Viele reißen ihre Arme in die Höhe und verleihen so ihrer Verzweiflung Ausdruck. Dieses seitliche Ausbreiten der Arme hat seine Wurzeln in der Antike und ist Ausdruck von Angst und Schrecken. Manche der

Dargestellten versuchen Verletzte und Leichen aus den Trümmern zu bergen.

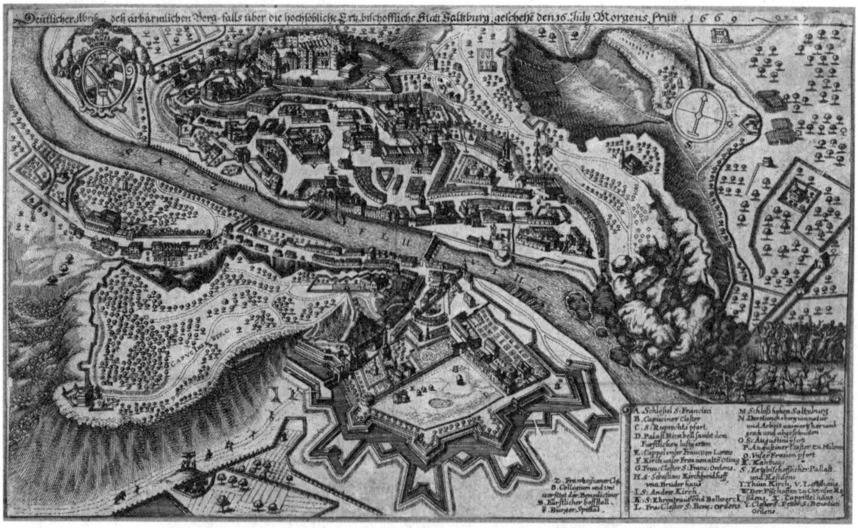

Abb. 28: Deutlicher Abriß deß arbärmlichen Berg=falls über die hochlöbliche Ertz=bischoffliche Statt Saltzburg, geschehe(n) den 16. July Morgens früh 1669[290]

Abb. 29: Detail aus Abbildung 28

290 Kupferstich, Bibliothek des Salzburg Museums, Inv. Nr. 1143/49.

Abb. 30: Eigentliche Abbildung und Ausführlicher Bericht von dem kläglichen und sehr erbärmlichen Berg=Fall / bey der in gantz Teutschland wol bekannten und sehr berühmten Stadt Saltzburg / Welcher sich leider mit grosser Bestürtzung der Saltzburgischen Innwohner zugetragen / und was bishero weiter davon zu melden dieses 1669. Jahrs[291]

Abb. 31: Detail aus Abbildung 30

291 Anonymes Flugblatt, Bibliothek des Salzburg Museums, Inv. Nr. 809/49.

Auch der Kupferstich in Abbildung 30, der ebenso ein anonymes Flugblatt illustriert, befindet sich im Salzburg Museum. Bei der Darstellung der Stadt aus der Vogelperspektive handelt es sich um keine genaue Vedute. So sind nur die wenigsten der dargestellten Gebäude identifizierbar. Die Festung und der Dom sind den tatsächlichen Bauten nachempfunden, Wohnhäuser sind stattdessen willkürlich platziert. Es ist davon auszugehen, dass der unbekannte Künstler über keine Ortskenntnisse der Stadt verfügte. Er dürfte sich bei der Erstellung des Bildes an Salzburger Ansichten orientiert haben. Der Bergsturz, der in dem kleinen Bild hervorgehoben wird, zeigt wie riesige Felsbrocken, die mitunter größer als die einzelnen Quartiere der Gstättengasse sind, auf deren Häuser niederstürzen. Die Bewohnerinnen und Bewohner werden nicht dargestellt.

Ansuchen um Bittschriften

Anders als erwartet fand sich lediglich ein Hinweis auf eine Bittschrift, die einen direkten Bezug zum großen Mönchsbergsturz aufweist. Im Stadtratsprotokoll von 1669 wurde in der Sitzung vom 31. Juli das Ansuchen von Hannß Wilhelbm Haberkhorn, dem Besitzer der Gstättengasse 41[292], behandelt. Haberkhorns Haus wurde durch den großen Mönchsbergsturz zerstört, deshalb bat er die Obrigkeit um finanzielle Unterstützung. Der Vermerk im Stadtratsprotokoll lautet wie folgt:

> *„...Hannß Wilhelbm Haberkhorn Windemacher supplicirt umb ain Hilfsteuer, weillen er durch den auf der Gstötten abgefallnen Stain umb sein werkzeug, auch all andere mobilia, neben dem hauß khommen seye. Werden ihme, in ansehung des erlidenen schadens von gemeiner Stattkamer auß 12 Gulden bewilligt. ...“*[293]

Zudem soll Haberkhorn im Jahr 1669 von der Dienst- und Weihsteuer befreit worden sein.[294]

4.2.3. Die Setznagelkarte

Die erste Regionalkarte Salzburgs wurde 1551 von Marcus Setznagel geschaffen. Setznagel stammte aus einer Salzburger

292 Vgl. Landesarchiv Salzburg, Doppler-Häuserchronik Nr. 287.
293 AStS, BU 54, 395-396.
294 Vgl. Zillner, Geschichte der Stadt Salzburg, Bd.1, 397.

Abb. 32: Setznagelkarte, Nachdruck von 1640. Dieser Nachdruck der Landtafel besteht aus vier zusammengeklebten Teilen, misst 61 x 81,4 cm[295] und ist nicht koloriert.

Bürgerfamilie. Der Name und die Lebensdaten seiner Mutter sind nicht überliefert; sein Vater, Michael Setznagel, lebte von 1490 bis 1558. Michael Setznagel war landesfürstlicher Beamter und

295 Zaisberger, Das Landt vnd Ertzstifft Saltzburg. 52. Die Messungen erfolgten von der jeweiligen Blattmitte zur äußersten Druckrandleiste.

Mitglied des Äußeren Rates der Stadt Salzburg. Er soll eng mit dem berühmten Arzt Paracelsus befreundet gewesen sein; nach dessen Tod am 24. September 1541 übernahm er gemeinsam mit Georg Teyssenberger die Aufgabe des Testamentvollstreckers. Setznagel erhielt ein Legat von 12 Gulden und sorgte für die Errichtung des ersten Paracelsus-Erinnerungsdenkmals am St. Sebastiansfriedhof.[296]

Anhand von Protokolleinträgen lässt sich berechnen, dass Marcus Setznagel 1525 in Salzburg geboren wurde; den ersten Hinweis zu seiner Person bildet ein Inskriptionseintrag an der Universität von Ingolstadt aus dem Wintersemester 1542/43. Vermutlich besuchte Setznagel während seines Studiums Lehrveranstaltungen in Kartographie bei dem Mathematikprofessor Apian, der 1529 den „Cosmographicus Liber" herausgegeben hatte.[297] Marcus Setznagel verließ die Universität als *studiosus iurium.* Er wurde später Mitglied des Äußeren Rates der Stadt Salzburg; gemeinsam mit anderen vertrat er hierbei die Interessen der Kai-Bewohnerinnen und Bewohner. Ein Vermerk aus dem Jahr 1569 besagt, dass er selbst in der *„Herrn Brobst von Högelwörth Behausung"*[298], der heutigen Kaigasse 17, mit *„sein Hausfrau und sein Diern"*[299] gewohnt hatte.

Im Zusammenhang mit seiner beruflichen Tätigkeit scheint Setznagels Name erstmals 1562 im Protokoll des Äußeren Rates der Stadt Salzburg auf, zuletzt wird er in Unterlagen aus dem Jahr 1580 genannt. Marcus Setznagel war zweimal verheiratet; seine erste Gattin verstarb 1564. Es ist davon auszugehen, dass er auch seine zweite Frau überlebte, da diese in seiner Verlassen schaftsabhandlung nicht erwähnt wird. Marcus Setznagel starb am 21. August 1580.[300]

Wie bereits erwähnt, wurde durch den großen Mönchsbergsturz das Haus von Christoph Katzenberger völlig ruiniert, in ihm befanden sich vermutlich die Druckstöcke der Setznagelkarte. Da diese nach dem Juli 1669 durch die Landkarte von Pater Odilo Guetrat ersetzt wurde, kann davon ausgegangen werden,

---

296 Vgl. Ernst Bernleithner, Salzburg im Kartenbild der Zeiten. Mit 20 Kartenbeilagen, in: Mitteilungen der Gesellschaft für Salzburger Landeskunde 105 (1965), 1-46, hier 16 bzw. Friederike Zaisberger, Das Landt vnd Ertzstifft Saltzburg. Die erste gedruckte Landkarte Salzburgs. Ein Gemeinschaftswerk von Marx Setznagel, Christoph Jordan und Hans Baumann (Mitteilungen der Gesellschaft für Salzburger Landeskunde, Ergänzungsband 12), Salzburg 1988, 76.

297 Vgl. Zaisberger, Das Landt vnd Ertzstifft Saltzburg, 76.

298 Landesarchiv Salzburg, Geheimes Archiv XXVII/12, fol. 34.

299 Vgl. Zaisberger, Das Landt vnd Ertzstifft Saltzburg, 76.

300 Ebenda, 79-80.

dass auch die Druckstöcke völlig zerstört wurden.[301] Christoph Katzenberger wurde 1599 in Neustadt an der Saale geboren. Er lernte den Beruf des Buchdruckers und erhielt im Alter von 20 Jahren als Geselle das akademische Bürgerrecht an der Universität in Ingolstadt. Sein weiterer Weg führte ihn nach Salzburg; dort arbeitete er zunächst als Universitätsbuchdrucker. Am 22. Februar 1628 heiratete er schließlich die Salzburgerin Maria Gruber und nur wenige Jahre später übernahm er die Hofbuchdruckerei von Gregor Kürner in der Gstätten 45.[302] Katzenberger spezialisierte sich in weiterer Folge auf den Kalenderdruck und belieferte die Stadt wie die Landschaft.[303] Auch Marcus Setznagels Karte wurde bei ihm gedruckt.[304] Wie Hans Baumann, dem die Druckerei Mitte des 16. Jahrhunderts gehört hatte, verwendete Katzenberger altertümliche Buchstabenformen. Es ist zu vermuten, dass die Druckstöcke der Setznagelkarte noch aus dem 16. Jahrhundert stammen. Christoph Katzenberger starb am 2. Juni 1653 im Alter von 54 Jahren. Er wurde im St. Petersfriedhof beerdigt.[305]

Exemplare der ältesten Landkarte Salzburgs aus der Mitte 17. Jahrhunderts sind bis heute unauffindbar, das Wissen über sie basiert daher ausschließlich auf den Auswertungen archivalischer Quellen. Nachdrucke der Karte, die vor dem großen Mönchsbergsturz angefertigt wurden, sind aber vorhanden, etwa in Salzburg, München und Göttingen. Während Salzburgs Druck in schwarz und weiß gehalten wurde, sind die beiden anderen Tafeln, so wie es von Setznagel vorgesehen war, koloriert. Der Antwerpener Humanist und Kartograph Abraham Ortelius, dessen Lebenswerk „Theatrum Orbis Terrarum“ als erster Atlas im heutigen Sinne gilt, verwendete für seine Darstellung des Erzstiftes Salzburg Setznagels Karte als Vorlage und vermerkte dies. Sein Hinweis ist der einzige zeitgenössische Beleg über die Landtafel und ihren Verfasser. Dieser Vermerk ist insofern beachtlich, da der Schutz geistigen Eigentums im 16. Jahrhundert nicht stark verbreitet war.

301 Vgl.ebenda, 54.

302 Vgl. Hans Glaser, Salzburgs Buchdrucker, in: Mitteilungen der Gesellschaft für Salzburger Landeskunde 98 (1958), 149-198, hier 153-155.

303 Vgl. Zaisberger, Das Landt vnd Ertzstifft Saltzburg, 53.

304 Zur Setznagelkarte bzw. zu Landkarten Salzburgs vgl. Bernleithner, Salzburg im Kartenbild der Zeiten, in: Mitteilungen der Gesellschaft für Salzburger Landeskunde 105 (1965), 1-46; Zaisberger, Das Landt vnd Ertzstifft Saltzburg, Salzburg 1988 und Schaup, Salzburg auf alten Landkarten 1551-1866/67 (Schriftenreihe des Archivs der Stadt Salzburg 13), Salzburg 2000.

305 Vgl. ebenda.

In Matthäus Merians „Topographiae Bavariae" findet sich Mitte des 17. Jahrhunderts folgender Hinweis von Martin Zeller: *„Wiewol etliche Orth davon kommen, die auch in einer anno 1551 bey Hansen Baumann zu Saltzburg getruckten Landtafel stehen, so Marx Setznagel von Salzburg gemacht hat."*[306] Auch Franz Michael Vierthaler erwähnte Ende des 18. Jahrhunderts in seinen „Reisen durch Salzburg" die erste Regionalkarte Salzburgs und nannte Marcus Setznagel als ihren Urheber.[307]

Abschließend kann gesagt werden, dass der Absatz der Setznagelkarte bereits vor der Zerstörung der Druckstöcke am 16. Juli 1669 gesichert gewesen sein muss, denn ansonsten hätte die Landtafel nicht fast ein Jahrhundert lang nachgedruckt werden können. Das Fehlen zeitgenössischer Belege aus dem 16. Jahrhundert dürfte nicht mit dem großen Mönchsbergsturz zusammenhängen.

4.3. Zur Deutung des großen Mönchsbergsturzes

Die Bevölkerung Salzburgs war bestrebt, die Ursache des Mönchsbergsturzes zu ergründen. Die in dieser Arbeit verwendeten schriftlichen Darstellungen zeigen auf, dass hierbei auf rationale Erklärungsversuche wie auf symbolische Deutungsweisen zurückgegriffen wurde.

Auffällig ist, dass *alle* Quellen die sich dem Deutungsaspekt widmen, einen Bezug zu Gott aufweisen; unterschiedliche Deutungsmuster wurden aber häufig miteinander kombiniert. Dies bedeutet, dass die Betroffenen den großen Mönchsbergsturz zwar mit Gott in Verbindung brachten, mitunter aber zugleich nach natürlichen Ursachen des Unglücks suchten. Der Abt Amand Pachler führte in seinem Diarium drei Deutungsweisen an, die sich auf Gott, der Natur und der Ratio begründeten. Pachler schilderte zunächst das Unglück, gab Auskunft über das Schadensausmaß und schloß seine Ausführungen mit den Worten: „Möge Gott alles zum Guten wenden und sich unser erbarmen!"[308] Dieser Schlusssatz trägt Gebetscharakter; aus ihm lässt sich ableiten, dass Pachler – wie es für Vertreter der Kirche üblich war – davon ausging, dass Gott Einfluss auf das weitere Geschehen nehmen konnte und sich ihm anvertraute. Nach dem Unglück erließ der

---

306 Vgl. Wilhelm Schaup, Salzburg auf alten Landkarten 1551-1866/67 (Schriftenreihe des Archivs der Stadt Salzburg 13), Salzburg 2000, 27.

307 Franz Michael Vierthaler, Reisen durch Salzburg, Salzburg 1799 (Nachdruck 1983), 22.

308 Salzburg, Archiv St. Peter HS. A. 54, 92.

Abt des Klosters St. Peter einen Befehl zur Begutachtung des Mönchsbergs:

> „...Durch diesen Unglücksfall verschreckt befahl unser Abt, den uns nahen Berg durch erfahrene Sachverständige zu besichtigen und dabei wurde oberhalb des Eremitoriums ein riesiger dem Absturz naher Felsen gefunden, ebenso auch kleinere hinausragende Steine, welche den Grabstätten und den benachbarten Gebäuden mit dem Untergang drohten. Daher hat unser Abt im Monat August befohlen den Berg abzuräumen; dies verursachte Kosten von 20. Juli an bis 31. August in der Höhe von 77 Gulden, 44 Kreuzer – siehe fol. 94 et 95 (des Diariums). ...“[309]

Joseph Mezger konzentrierte sich in seiner Darstellung zur Geschichte Salzburgs ebenso auf die natürlichen Ursachen des Bergsturzes:

> „...Nachdem der Mönchsberg am Fuß durch die Aushöhlungen der Einwohner von Tag zu Tag brüchiger geworden war, begann sich die Seite, welche über die Gstättengasse hereinragt, während der zweiten und dritten Stunde am 16. Juli plötzlich zu lösen und verschüttete mit einem gewaltigen darauf folgenden Felssturz das ganze Erzbischöfliche Seminar zusammen mit der dem Heiligen Markus geweihten Kirche sowie mit dem vorderen Teil der Kapelle der Heiligen Jungfrau gemeinsam mit dreizehn Häusern. ...“[310]

Die Hohlraumbauten, die die Menschen in den Felsen schlugen um ihre Wohnräume zu vergrößern, gelten bis heute als vorbereitende Faktoren für den großen Mönchsbergsturz. Mezger führte ebenso wie Pater Roman Molitor in seinen Ausführungen die Göttin Libitina an. So schrieb er: „Doch nicht in einem Akt hat Libitina die Tragödie abgewickelt, ein doppelter Schlag war notwendig für so viele Leichen“[311]; da Mezger seinen Bericht mit

---

309 Salzburg, Archiv St. Peter, HS. A. 145 fol. 331v., zudem findet sich im Rechnungsbuch des Klosters St. Peter (Salzburg, Archiv St. Peter, Rechnungsbuch 1669, N. 133) zum Jahr 1669 für den Monat Juli folgender Eintrag, der einen Bezug zum großen Mönchsbergsturz aufweist: *Den 27. disß* [Monats] *denen Maurern oder Stainprechern und Tagwerckern so am Münchperg oberhalb der Zimmerhüthen Ihre Taglohn verdient vermög Zetl entricht per 3fl 44kr.*

310 Joseph Mezger, Historia Salisburgensis. Hoc est: Vitae Episcorum Et Archiepiscorum Salisburgensium, [Salzburg] 1692, 893.

311 Ebenda.

Pater Molitors Epitaph abschloss und in diesem ja die Göttin Libitina erwähnt wird, ist es denkbar, dass er sich hier auf das Gedicht bezog.

Anders als Pachler, der in Gott einen gütigen Vater zu sehen schien, betrachteten ihn die Patres Wolfgang Wernauer und Benedikt Abelzhauser wohl als einen strengen Richter. In ihren Darstellungen – wie bereits angeführt baut der Bericht von Benedikt Abelzhauser weitgehend auf jenem von Wolfgang Wernauer auf – hofften sie, dass Gott die Getöteten nicht bestrafen würde. Abelzhauser ging wie Wernauer davon aus, dass er sein Leben der Gnade Gottes und der Fürsprache der Muttergottes von Einsiedeln verdankte, da er sich am Tag des Unglücks nicht in Salzburg befunden hatte und so durch die Patres Kimpfler und Probst vertreten worden war. Diese fielen dem Bergsturz zum Opfer.[312] In der Einleitung ihrer Totenrotel findet sich ein Verweis auf den „Feind des Menschengeschlechts", d. h. auf den Teufel:

> „...Von keinen einfachen Tränen berichten wir euch und von einer bisher weithin unbekannten Gewalt des Schicksals gegen uns. Vielleicht schenkt ihr dem (Folgenden) keinen Glauben (oder glaubt), dass wir zu einem derartigen Unglück einen Vertrag (mit dem Bösen) geschlossen haben. Wir fordern freilich eine größere Hilfe als gewöhnlich, da uns ja der Feind des Menschengeschlechts heimgesucht hat, der gleichsam verschlagener als der täglich gewohnte Hass ist, nachdem er bisher seine Pfeile nur gegen Einzelne ausgesandt hatte. ..."[313]

Während hier der Teufel als Verursacher des Mönchsbergsturzes betrachtet wird, legte man Wolfgang Rudolphs Tod als „Gottes Güte im Übel"[314] aus. Er wurde von Gott aus dem irdischen Jammertal befreit.

> „...Er war ein Mensch von 27 Jahren und schon reif für den Himmel und wurde dieser ungerechten Welt ... entzogen, da er sein ganzes Leben mit guten Eigenschaften erfüllte und uns, mit Ausnahme seines großen Wunsches, jene Hoffnung hinterließ, dass er durch seinen persönlichen Triumph des Gehorsams bestattet unter den ewigen

312 Vgl. AES, Priesterhaus Catalogus Ordinandorum 1669-1736 der Alumnen im Priesterseminar I. 10/81, 2 und vgl. Salzburg, Diözesane Priesterhausbibliothek, Handschrift, alte Signatur B.

313 Salzburg Archiv St. Peter, HS. A 555, rot. 144.

314 Jakubowski-Tiessen, Sturmflut 1717, 95.

Chören der seligen Mönche von Siegen sprechen werde. …“[315]

In Rudolphs Totenrotel wurden zudem Berg und Fels personifiziert, dies wird durch folgende Bemerkungen gezeigt: „Der Berg, der den Menschen zuvor im Germanischen Krieg (= Dreißigjähriger Krieg) unsere Flucht ermöglichte, geht jetzt gegen die erbärmlichen Menschen vor“[316] - das Unglück wurde als Vorgehensweise des Mönchsbergs gegen die Menschen gedeutet. Weiters wurde angemerkt, dass „der Berg grausamer als Nero geworden ist, weil er mit einem Schlag viele Menschen tötete[317]“; diese Aussage offenbart, dass dem Mönchsberg eine menschliche Eigenschaft, nämlich Erbarmungslosigkeit, vorgeworfen wurde. Außerdem wird erklärt, dass „der Fels keine Frömmigkeit kennt!“[318], denn „Unschuldige verletzte er bis zum Blut, er streckt sie nieder und begräbt sie, bevor sie sterben[319].“ Ähnlich wie zuvor dem Berg, wurde hier dem Felsen Härte unterstellt.

Neben Chroniken, Historien, Totenroteln und Pachlers Diarium stellen die beiden Flugblätter eine wichtige schriftliche Quelle dar. Ihr Inhalt ist leicht verständlich und jeweils mit einem Appell, d. h. mit der Berichtigung der Angaben des Unglücks von Seiten der Obrigkeit[320] sowie dem Aufruf zu einem gottgefälligen Lebenswandel[321] verknüpft. Bei der Quellenauswertung gilt es zu berücksichtigen, dass die Textaussagen mitunter überzeichnet sind. Beiden Flugblättern ist gemein, dass sie Gott als Urheber des großen Mönchsbergsturzes betrachten. Dies zeigen folgende Aussagen:

> „*…Gott aber / der dißmahl dieses Unglück über diesen Ort / und über diese Leute verhänget …*“[322]

> „*…O des unglückseligen Saltzburg! welches man vor Zeiten das irrdische Paradeiß zu nennen pflegte / das ist von GOtt vor kurtzverwichnen Tagen gar in einen elenden*

315 Salzburg Archiv St. Peter, HS. A 555, rot. 148.
316 Ebenda.
317 Ebenda.
318 Ebenda.
319 Ebenda.
320 Vgl. Franz Martin, Eine Zeitung über den großen Bergsturz von 1669, in: Mitteilungen der Gesellschaft für Salzburger Landeskunde 62 (1922), 27-32, hier 28-32, vgl. auch die Transkription der Relation im Anhang.
321 Vgl. Anonymes Flugblatt, Bibliothek des Salzburg Museums, Inv. Nr. 63/52 sowie Germanisches Nationalmuseum Nürnberg Inv. Nr. HB 19815, Kapsel 1370, Transkription des Flugblattes siehe im Anhang.
322 Ebenda.

/ betrübten und kümmerlichen Stande gesetzet worden. …“[323]

Es ist ein „absolutistischer“ Gott der Willkür wie auch der Gnade; denn gleichzeitig wurde davon ausgegangen, dass ein größeres und weiteres Unglück durch Gottes Gnade abgewendet würde:

> „*…Der Berg / darvon dieses Unglük entstanden / ist nicht von oben herab / sondern aus der Mitte heraus gebrochen / und fallend worden hat sich aber dermassen abgeschelet / daß der obere Theil nunmehr gleichsam schwebet / und einer gantzen Gassen lang fast wie ein zerbrochenes Gewölb aussehet / da man augenbliklich förchten muß / bevorab / wegen der Klüfte / die sich erzeigen / daß es ferner einen Riß tuhn / und noch mehr Schaden anrichten dörfte / welches GOtt in Gnaden verhüten und abwenden wolte. … GOtt aber / der dißmahl dieses Unglück über diesen Ort / und über diese Leute verhänget … behüte uns und jedermänniglich / daß wir nicht andermals in dergleichen oder noch grösser Jammer gerahten. Absonderlich wolle Er unsere Hertzen neigen / daß wir uns bekehren von Sünden / das Leben bessern und frömmer werden. Meinet ihr / daß die / auf welche der Thurn zu Siloha (der Berg zu Saltzburg) fiel / seyen schuldig gewesen für allen / die zu Jerusalem (in unserm Teutschen Vatterlande) wohnen? Ich sage nein; sondern so ihr Euch nicht bessert / werdet ihr auch alle also umkommen. …*“[324]

Der Hinweis, dass Gott die Menschen auf den rechten Weg bringen werde, deutet darauf hin, dass der große Mönchsbergsturz als Strafe Gottes für den unsoliden Lebenswandel der Menschen angesehen wurde. Dies geht auch aus folgender Anmerkung hervor:

> „*…Man vermeinet gäntzlich es sey eine Augenscheinliche Straff Gottes / weil nicht die Frömmesten an demselben Ort gewohnet / sondern meistentheils gemeines Gesindlein / derer / wie man sihet / anjetzo viel Frommer mit entgelten müssen. …*“[325]

---

323 Salzburg, Bibliothek des Salzburg Museums, Inv. Nr. 809/49 bzw. Martin, Eine Zeitung über den großen Bergsturz, 28.

324 Salzburg, Bibliothek des Salzburg Museums, Inv. Nr. 63/52 sowie Germanisches Nationalmuseum Nürnberg, Inv. Nr. HB 19815, Kapsel 1370.

325 Salzburg, Bibliothek des Salzburg Museums, Inv. Nr. 809/49 bzw. Martin, Eine Zeitung über den großen Bergsturz, 31.

Der Autor/die Autorin dieser Zeilen ließ allerdings außer Acht, dass nicht ausschließlich „gemeines Gesindlein“ sondern auch zahlreiche Kirchenvertreter starben und zudem das Priesterseminar, die Markus-Kirche und das Kirchlein zu „Unserer Lieben Frau am Bergl“ zerstört worden waren. Der Tatsache, dass das Marienbildnis unversehrt am Altar des „Unserer Lieben Frau am Bergl“-Kirchleins gefunden wurde, wurde besondere Beachtung geschenkt.

> *„...Und ist billich vor ein hohes und grosses Wunder zuhalten / daß in deme / wie gemeldet / sonst alles so erbärmlich zu Grunde gangen / doch das Bildnus unserer lieben Frauen / so auff dem Altar gestanden unverletzet in der Grösse als es zuvor gewesen / unter dem Berg hervor sihet. ...“*[326]

Die Gnade der Muttergottes, die in der römisch-katholischen Glaubenslehre als Fürbitterin angesehen wird, wird nur in Wernauers und Abelzhausers Berichten als hilfreicher Schutz gedeutet. Diese bezogen sich jedoch explizit auf die Muttergottes von Einsiedeln. Vielmehr wurde davon ausgegangen, dass das Unglück nur mit Gottes Hilfe bewältigt werden könnte. Dies zeigen folgende Anmerkung:

> *„...der Berg davon dieses Unglück entstanden / nicht von oben herab / sondern aus der Mitte heraus begeben / so / daß sich jetzo oben eine gantze Gassen lang der Berg heraus begiebt / von welchem noch ein grosser Schaden / wo GOtt nicht gnädige Hülffe thut / zu beförchten. ...“*[327]

Auch der Landesherr Max Gandolph von Kuenburg schien dieser Auffassung zu sein:

> *„...Der gute Fürst selbst hat sich nunmehr mit grossem Entsetzen von dannen begeben / da inzwischen die Maurer ein sonderlich Instrument gebrauchen / den Berg ledig zu machen / und also dieser Augenscheinlichen Gefahr auf unterschiedliche Weise und Wege zu begegnen / endlich auch durch GOttes gnädige und Vätterliche Hülffe los zu werden / den Erfolg lehret die Zeit. ...“*[328]

326 Salzburg, Bibliothek des Salzburg Museums, Inv. Nr. 809/49 bzw. Martin, Eine Zeitung über den großen Bergsturz, 30.

327 Ebenda.

328 Salzburg, Bibliothek des Salzburg Museums, Inv. Nr. 809/49.

In einem anyonymen Flugblatt wird auf vergangene bereits erfolgreich bewältigte Katastrophen Bezug genommen. Die Zeitgenossinnen und Zeitgenossen vertrauten auf Gott und führten die erfolgreiche Überwindung von Unglücksfällen auf seine Hilfe zurück.

> *„...Diese herrliche und wie hier zu ersehen vortreffliche Stadt hat zwar zum öffteren unterschiedliche Zufälle gehabt / und sonderlich Anno 1167. 1270. und 1380. hat sie durch Feuer mercklichen Schaden erlitten / wie auch Anno 1386. 1567. 69. und 72. hat sie grosse Wassergüsse erdulden und über sich müssen ergehen lassen; doch ist ihr jederzeit wieder aufgeholffen worden / also daß wir das Vertrauen zu unserm GOtt haben / Er werde sie in dieser erschröcklichen und äussersten Gefahr auch dißmal nicht verlassen / deswegen ich zum Beschluß also seufftze....“*[329]

Der Gedanke mit schwerwiegenden Ereignissen bereits in der Vergangenheit fertig geworden zu sein, dürfte den Menschen Trost gespendet haben. Sie gingen davon aus, dass Gott ihnen nun wieder beistehen würde:

> *„...Der dich O Saltzburg hat bisher in Gnad erhalten /*
> *Der wolle auch jetzund gantz hülffreich ob dir walten /*
> *Er stehe dir hinfort in Angst und Nöhten bey /*
> *Er mache dich auch bald von allem Unglück frey. ...“*[330]

Zudem war es in der Frühen Neuzeit üblich, Gottesdienste nicht nur für Verstorbene, sondern auch für das eigene Seelenheil lesen zu lassen. So stiftete Max Gandolph in der Stiftskirche St. Peter einen Jahrtag und Messen, die für ihn bereits zu seinen Lebzeiten wie auch nach seinem Tod gelesen werden sollten. Der Konvent verpflichtete sich die getroffenen Vereinbarungen einzuhalten; am 30. Juli 1669 unterzeichnete Abt Amandus Pachler den Stiftungsbrief, der außerdem mit den Siegeln des Erzbischofs, des Konvents und des Abtes versehen wurde.[331] Die Motivation des Landesfürsten hierfür könnte auch mit einer Reihe von Unglücksfällen zusammengehangen haben, die sich 1669, also in seinem ersten Regierungsjahr, zugetragen hatten:

329 Ebenda.
330 Ebenda.
331 Vgl. Salzburg, Archiv St. Peter, Stiftungsbrief Max Gandolph von Kuenburg, Salzburg 30. Juli 1669.

der große Mönchsbergsturz hatte über 200 Todesopfer und zahlreiche Verletzte gefordert, zu Pfingsten waren 62 Menschen bei einem Schiffsunglück ums Leben gekommen, wenig später starben scheinbar grundlos Gandolphs beste Pferde und es wurde von Geistererscheinungen berichtet.[332] Dieses Ausmaß an Unheil könnte der Landesfürst mit seiner Person in Verbindung gebracht und deshalb Messen, die zur Abwendung von weiteren Schrecken gedacht waren, gestiftet haben.

Insgesamt belegen die Zitate unterschiedliche Ausprägungen der kognitiven Bewältigung: Es gibt keine vorherrschende Stimme oder Erklärung, sondern vielmehr Varianten verschiedener Deutungsweisen.

4.4. Zur Bewältigung des großen Mönchsbergsturzes

4.4.1. Aufräumarbeiten und Wiederaufbau

Nach dem großen Mönchsbergsturz setzten die Aufräumungsarbeiten ein; wie bereits erwähnt waren Gesteinsbrocken aus der Mitte des Berges heraus gebrochen, nun schwebte ein noch verbliebenes Felsstück bedrohlich über der Gstättengasse. Auf Befehl des Erzbischofs mussten die Bewohnerinnen und Bewohner deshalb ihre Wohnungen zu ihrem eigenen Schutz vorübergehend verlassen.[333] Zudem war es Aufgabe der Helfenden Verletzte und Leichen zu bergen. In der Kammeramtsrechnung von 1671 findet sich ein Eintrag der besagt, dass

> „*...am 19. deto* [September] *auf eines Löbl. Statt magistrats bevelch dem Hieronimus Leithner Todtengraber alhie für 52 Persohnen, welche durch den Pergfall erschlagen. Und er begraben hat, für iede Persohn 30 fl entricht und diesem Vorbehalt dass er Leithner. Jenige persohnen die etwa noch under dem perg gefunden werden, nechten zu begraben schuldig sein soll ... 26 fl*“[334]

Nach Berichten eines Totengräbers sollen in den Jahren 1670 und 1671 52 bzw. 82 Tote im Bereich von Mülln geborgen und dort begraben worden sein. Außerdem sollen hier vermutlich „viele

332 Vgl. Salzburg, Bibliothek des Salzburg Museums, Inv. Nr. 809/49.
333 Vgl. Anonymes Flugblatt, Salzburg, Bibliothek des Salzburg Museums, Inv. Nr. 63/52 sowie Nürnberg, Germanisches Nationalmuseum, Inv. Nr. HB 19815, Kapsel 1370.
334 AStS, Kammeramtsrechnungen 1571, 157.

unkenntlich gewordene oder stückweise aufgefundene Leichen"[335] beerdigt worden sein.[336] Ferner wurden Trümmer beseitigt. Die Wasserleitung, die in die Vorstadt Mülln führte und die durch den Bergsturz unterbrochen worden war, konnte im April 1672 wieder in Betrieb genommen werden.[337] 1674 wurden die letzten Schutt- und Steinhaufen vom Platz des Priesterseminars entfernt. Zudem wurden die Besitzer der betroffenen Häuser aufgefordert, noch ausständige Zahlungen für die Mönchsbergsabräumung einzubringen.[338]

Verschüttete Wege wurden wiederhergestellt. In der Festungsgasse weist folgende Inschrift, die an der Stützmauer der Terrasse des Stieglkellers angebracht ist, noch heute auf die Folgen des großen Mönchsbergsturzes hin:

„HANC VIAM PENITUS
COLLAPSAM
RESTAURAVIT ET LAPIDEIS FUN
DAMENTIS ROBORAVIT
MAX: GAND: EX CO:
MIT: DE KUENBURG D: G: ARCHI
EPISCOPUS ET PRINCEPS SALIS
BURGENSIS
AÑO DOMINI M.DC.LXX"[339]

Die Gedächtnistafel, die ursprünglich wohl im Bergsturzgebiet angebracht war, besagt, dass der Landesfürst Max Gandolph den völlig verfallenen Weg im Jahr 1670 wiederherstellen und mit Steinfundamenten verstärken ließ.

Desweiteren soll Max Gandolph einen Befehl zur Instandsetzung des Weges zum „Unser lieben-Frauen=Thor hinaus nach Mülln"[340] gegeben und versichert haben, dass er künftig keine Kosten und Mühen scheuen werde, negative Auswirkungen weiterer möglicher Bergstürze zu minimieren.[341]

---

335 Zillner, Geschichte der Stadt Salzburg, Bd. 2, 533.
336 Vgl. ebenda.
337 Vgl. ebenda.
338 Vgl. ebenda, 541.
339 Wortwörtliche Übersetzung: Diesen völlig verfallenen Weg hat wiederhergestellt und mit Steinfundamenten verstärkt Max Gandolph, aus dem Grafengeschlecht von Kuenburg, von Gottes Gnaden Fürsterzbischof von Salzburg, im Jahre des Herrn 1670; für den Hinweis auf die Inschrift danke ich Christian Uhlir.
340 Pezolt, Ueber Bergunglücke, 24.
341 Vgl. ebenda.

Die Markus-Kirche wurde zwischen 1699 und 1704 im Auftrag von Erzbischof Johann Ernst von Thun durch Johann Bernhard Fischer von Erlach neu erbaut. Sie diente jetzt den in die Gstätten verlegten Ursulinen als Klosterkirche. Die Kosten der Wiedererrichtung von 22.000 Gulden übernahm der Erzbischof. Der Hochaltar wie auch die Kirche selbst wurden dem Evangelisten Markus geweiht.[342] Noch heute findet sich schräg gegenüber dem Ursulinenplatz 2, der nun einen Dirty Dancers GoGo-Club beherbergt, eine Tafel an der Markus-Kirche mit folgender Inschrift: *„Am 16. Juli 1669 wurden hier durch einen Bergsturz 2 Kirchen, ein Seminar und 13 Häuser zerstört. 220 Menschen fanden hierbei den Tod“* (Abb. 33).

Abb.: 33 Gedenktafel an der Markus-Kirche.

Abb.: 34 Gedenktafel an der Mauer des Hauses Nr. 3 am Ursulinenplatz.

Das zweite Gotteshaus, das durch den großen Mönchsbergsturz ruiniert worden war, war das „Unserer Lieben Frau am Bergl“-Kirchlein (Abb. 34). Jene Teile des Gebäudes, die sich außerhalb der Felswand befunden hatten, waren zerstört worden. Das Kirchlein wurde zehn Jahre nach der Katastrophe, im Jahr 1679,

342 Vgl. Greinz, Die fürsterzbischöfliche Kurie und das Stadtdekanat zu Salzburg, 296.

auf Befehl des Landesherrn Max Gandolph von Kuenburg erweitert und neu aufgebaut. Die Kosten für die Reparatur beliefen sich auf 1.778 Gulden. Der Erzbischof übernahm einen Anteil von 300 Gulden und stiftete zudem die marmornen Seitenaltäre.[343]

Manche schlugen aus dem großen Mönchsbergsturz anscheinend auch Profit. Wie der folgende Vermerk in der Doppler-Häuserchronik zeigt, nutzte der Bierbrauer Ehrenreich Stockhamber die Möglichkeit, die Grundstücke zerstörter Häuser günstig zu erwerben und kaufte so die Gstättengasse 23, 25, 27, 29, 31, 33 und 35, also die Häuser vom Stiegl- bis zum Mesnerhaus, an deren Stelle er 13 Jahre später einen 373 Meter langen Bau errichten ließ[344]:

> *„Welch vorbeschieben siben behausungen durch den ano 1669 beschechnen pergfahl völlig zu grundt gangen, volgents von nachgemelten inhaber erkhaufft vnd hierauf ein ganz neuer stockh mit vier abgesonderten behausungen sambt ainem stadl erpaut worden. Georg Ehrenreich Stockhamber hat vorbeschribene siben heüser allein ingehabt vnd auf seinen tödtlichen abgang seinen sechs khindern, namens Antoni, Niclas, Ehrnreich, Maria, Theresia vnd Ehrntraud erblich verlassen.“*[345]

Anhand von Darstellungen der Stadt Salzburg lässt sich weiters feststellen, dass die zerstörten Häuser und Kirchen der Gstättengasse erneut errichtet wurden, der große Mönchsbergsturz aber dennoch den Wiederaufbau geprägt haben dürfte.

Abbildung 35 entstand vermutlich zwischen 1635 und 1657, sie zeigt die Gstättengasse zur Mitte des 17. Jahrhunderts, d. h. noch vor dem großen Mönchsbergsturz, während Abbildung 32 die Gstättengasse knapp zwanzig Jahre nach der Katastrophe, zwischen 1685 und 1687, porträtiert. Abbildung 35 verdeutlicht, dass die Häuser der Gstättengasse um die Mitte des 17. Jahrhunderts gänzlich an den Mönchsberg gebaut worden waren.

---

343 Vgl. ebenda, 300.

344 Vgl. Pezolt, Ueber Bergunglücke, 25.

345 Landesarchiv Salzburg, Doppler-Häuserchronik Nr. 278.

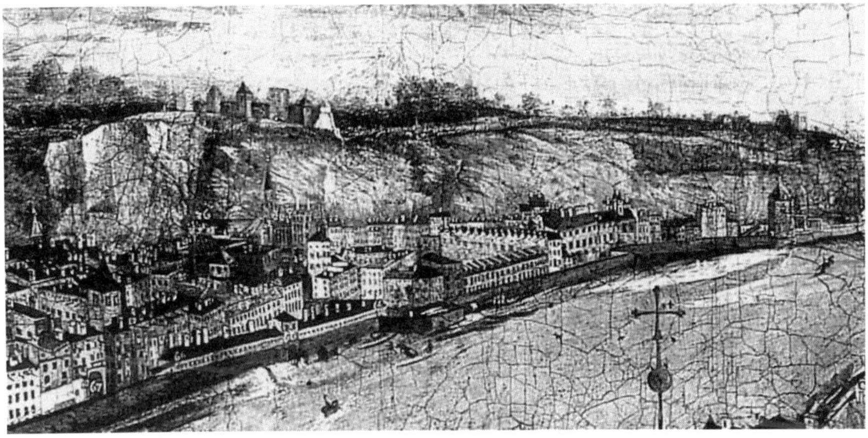

Abb. 35: Gstättengasse um 1635/1657[346]

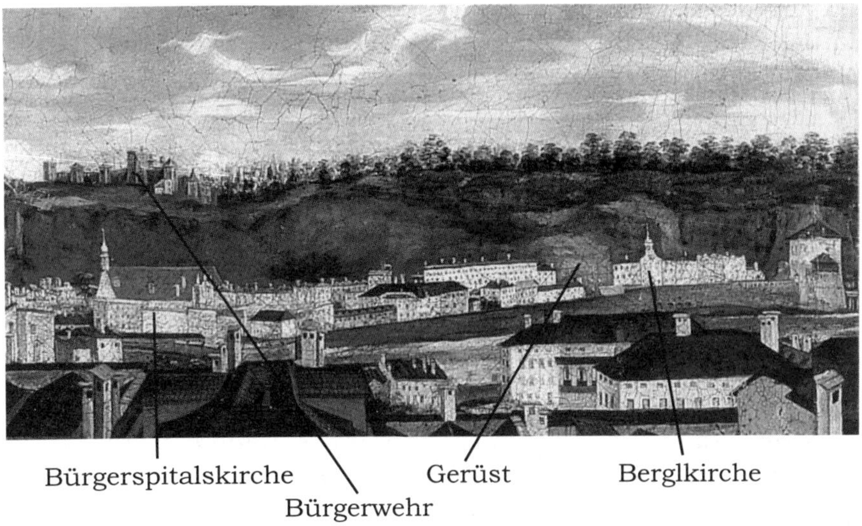

Abb. 36: Gstättengasse 1685/87[347]

346 Historischer Atlas der Stadt Salzburg, Blatt I, 6: Die Entwicklung der Stadt Salzburg. Zwei monumentale Stadtansichten aus der Mitte des 17. Jahrhunderts (B. Detail, Salzburg vom Kapuzinerberg gegen Süden; A. Detail, Salzburg vom Mönchsberg gegen Norden vgl. Abb. 10) Beide Ölgemälde wurden von einem unbekannten Maler (möglicherweise von Daniel Miller) wahrscheinlich zwischen 1635 und 1657 angefertigt. Sie befinden sich in der Erzabtei St. Peter in Salzburg.

347 Historischer Atlas der Stadt Salzburg, Blatt I, 7.

In Abbildung 36 lässt sich erkennen, dass die im Jahr 1669 durch den großen Mönchsbergsturz zerstörten Häuser und Kirchen großteils wieder aufgebaut worden waren. Das durch den großen Mönchsbergsturz stark in Mitleidenschaft gezogene „Unserer Lieben Frau am Bergl"-Kirchlein war im Jahr 1679 unter Max Gandolph von Kuenburg neu errichtet worden. Links von dem Gotteshaus ist unmittelbar bei der Felswand ein Gerüst zu erkennen; vermutlich wurde der Mönchsberg skarpiert, als diese Darstellung angefertigt wurde. Das kleine Bild veranschaulicht, dass es im ausgehenden 17. Jahrhundert dennoch Lücken in der Häuserzeile gegeben haben dürfte. So lassen sich vor dem Gerüst noch Gebäudereste der durch den Bergsturz zerstörten Seminarskirche erkennen.[348]

4.4.2. Langfristige Konsequenzen – Von obrigkeitlichen Verordnungen zu den Bergputzern

Im Jahr 1694 wurde das Hofmetzger-Bichler-Haus in der Gstättengasse von herabfallenden Steinen getroffen und beschädigt. Ein Jahr später soll es zu Felsbewegungen am Kapuzinerberg gekommen sein. Für die Jahre 1736 und 1744 wurden Steinfälle am Mönchsberg verzeichnet und für das Jahr 1764 ein Ereignis an der Südseite des Kapuzinerbergs. Am 20. Oktober 1765 lösten sich erneut mehrere Felsbrocken vom Mönchsberg.

Im vierten Sterbebuch der Dompfarre-Salzburg findet sich ein Eintrag, der besagt, dass es an diesem Tag um 14.15 Uhr zu einem Bergsturz gekommen war, der das Fuxreiter- und das Mesnerhaus stark beschädigt hatte:

> *„Hac die quadrante post horam II meridianam ex ruprifragio montis monachorum contritis duabus domibus nostrae aeditui in Bergl et Fuxreitterhaus 4tuor sequentes personae oppressae et ad s. Sebastianum sepultae sunt, nostrae Margarita Deiglin, Maria Catharina Ederin* [320] *Catharina Poschingerin hofstallerin, Maria Kainzlin bäuern Mägdl von Eifring: nulla harum provisa, nec … aut conditio nota erat. hac eadem die haec funera trans pontem ad domum fraterna(lem) (vulgo Bruderhaus) delata, nun im da-selbstigen holtzstadl indessen hinterlegt, altera die, id est 22. 8bris, ritu catholico sacrae sapulturae (!) mandato St. Zitlicher D(ominus) Collega circa actualem sepulturam seu funeris deductionem et benedictionem eotem movit, et*

348 Vgl. ebenda.

onus sepeliendi in me coniecit sed postea seniora cogitans cessit. Ad S. Sebast(ianum)“ [349]

Auch Pezolt berichtete in seinem Artikel „Ueber Bergunglücke, Bergskarpierung und die „Bergputzer“ in der Stadt Salzburg“ von diesem Unglück. Er schilderte, dass die „etwa 1600 Kubikschuh Stein“[350] die vier Stockwerke und das Kellergeschoß des Fuxreiterhauses zerstört hatten. 10 der 19 Bewohnerinnen und Bewohner dürften unversehrt geblieben sein, drei Personen wurden leicht und drei weitere schwer verletzt; zudem gab es drei Todesopfer zu beklagen. Weiters wurden zwei Passantinnen Opfer des Unglücks: Eine Bäuerin wurde von herabfallenden Steinen verletzt, ein Mädchen wurde getötet.[351] Die vier zu Tode Gekommenen - Margarita Deigl, Maria Catharina Eder, Catharina Poschinger und Maria Kainzl - fanden im St. Sebastiansfriedhof ihre letzte Ruhe.[352]

Auch das Mesnerhaus wurde stark beschädigt – das Dach und die oberen Etagen wurden zerstört. Es ist nicht bekannt, ob sich jemand zur Unglückszeit im Haus befunden hatte.

Um künftig ähnliche Vorfälle zu verhindern, forderte die Bevölkerung Schutzmaßnahmen für die Berganwohnerinnen und Berganwohner. Anlässlich der Ursachenforschung kam es zu Missstimmungen zwischen den Verantwortlichen, so beschuldigte Konsistorialrat Ebner den landschaftlichen Bauverwalter Josef Hartensteiner, bereits eingeforderte Sicherheitsmaßnahmen nicht berücksichtigt zu haben. Am 13. Dezember 1765 wies dieser die Anschuldigungen in einem Bericht an die Landesstände vehement von sich.[353]

Sachverständige waren bemüht, die Gründe des Bergsturzes zu ergründen. Es wurden Gutachten erstellt. Der Stadtbaumeister Franz Moßhamer, der Stadtzimmermeister Simon Ragginger, der Stadtmaurermeister Josef Heiß und etliche weitere Personen meldeten sich hierbei zu Wort. Als mögliche Ursachen wurden anthropogene Faktoren, dazu zählten Hohlraumbauten und das Böllerschießen zur Fronleichnamsprozession, und als natürliche Kräfte wurden wasserdurchgängige Spalten im Gestein betrachtet.

Auch dem Alter des Mönchsbergs wurde große Beachtung geschenkt: Ein Hofbauverwalter namens Hagenauer sah den Mönchsberg „für eine zur Zeit der allgemeinen Sintflut zusammen-

349 AES, Dompfarre Sterbebuch 4, 319-320.
350 Pezolt, Ueber Bergunglücke, 25.
351 Ebenda.
352 Vgl. AES, Dompfarre Sterbebuch 4, 319-320.
353 Vgl Salzburg, Landesarchiv, Landschaftsakten Rubr. XIV, 12.

geschwemmte Masse von Sand und Bschütt"[354] an, der fürstliche Oberst-Bau-Commissär von Geyer hielt ihn für den „wirklichen, schon bei der Schöpfung nebst dem anliegenden Gebirge entstandenen, sogenannten Nagelstein"[355].

Um weitere Unglücksfälle künftig zu verhindern, kamen die „Salzburger Bergputzer" zum Einsatz. Ursprünglich waren dies Salinenarbeiter aus Hallein, die in unregelmäßigen Abständen nach Salzburg gerufen wurden, um die Stadtberge auf loses Gestein hin abzuklopfen. Die Notwendigkeit einer regelmäßigen Säuberung wurde allerdings erst knapp hundert Jahre nach dem großen Mönchsbergsturz erkannt. Bereits im Jahr 1699[356] schlug der Magistrat bei der Verteilung der Bergabräumungskosten die jährliche Befahrung der Stadtberge vor,[357] diese erfolgt aber erst seit 1778. Zudem wurden von Seiten der Obrigkeit nach weiteren Steinschlägen 1765 Präventivmaßnahmen angeordnet; so erhielten Besitzer von Häusern der Gstättengasse den Auftrag Aushöhlungen im Berg innerhalb ihrer Grundstücke zu untermauern. Dieser Anordnung wurde wohl nur selten Folge geleistet, denn bis heute blieben zahlreiche Senken bestehen. Sie stellen jedoch keine Bedrohung dar.

Desweiteren wurde eine Verordnung erlassen, wonach alle Bäume, Sträucher und Wurzeln „auf 24' Breite auf der Höhe des Berges und an den Wänden"[358] beseitigt werden müssten. Auch das Böllerschießen auf dem Mönchsberg wurde verboten. Die Notwendigkeit der jährlichen Untersuchung der Stadtberge durch die Bergputzer wurde nun erkannt. Diese Tatsache verdeutlicht, dass erst seit diesem Zeitpunkt operativ und nicht nur kognitiv vorgegangen wurde. Waren es zuvor in erster Linie Gebete, so sind es jetzt konkrete Arbeiten in der Natur, die vorsorgend wirken sollen.

Die Kosten der Bergabräumung wurden ursprünglich in vier gleich große Teile geteilt und vom Hof, der Landschaft, dem Magistrat durch seine Bauämter und den Anrainern der nahe der Stadtberge gelegenen Häuser übernommen. Nach der Aufhebung der Landschaft gingen deren Objekte an das Kammeral-Aerar über. Dieses bezahlte nun zwei Drittel der Abräumungskosten, den Rest – ca. 700 Gulden – beglich die Gemeinde.

354 Pezolt, Ueber Bergunglücke, 26.

355 Ebenda.

356 Das Stadtratsprotokoll aus dem Jahr 1699 (Salzburg, Archiv der Stadt Salzburg) wird derzeit restauriert, sodass nicht überprüft werden konnte, ob sich ein Vermerk zum Magistratsbeschluss darin findet.

357 Vgl. Zillner, Geschichte der Stadt Salzburg. Zeitgeschichte bis zum Ausgange des 18. Jahrhunderts, 555.

358 Pezolt, Ueber Bergunglücke, 27.

Im Jahr 1873 gingen die Uferstrecken der Salzach von der Reichs- bis zur Karolinenbrücke aufwärts, die zuvor den geistlichen und weltlichen Grundbesitzern gehört hatten, gänzlich in den Besitz der Stadt über. Steindämme wurden errichtet und die an das Ufer grenzenden und von Überschwemmungen gezeichneten Böden trockengelegt. So wurden auch neue Bauplätze gewonnen. Der Flusslauf im Stadtgebiet war nun vorgezeichnet. Als Gegenleistung für die Überlassung des Mirabellschlosses, des Kapuzinerbergs und des Monikahornwerks übernahm die Stadt nun allein die Sicherung der Häuser vor den herabfallenden Steinen der beiden Stadtberge.[359]

Ende des 20. Jahrhunderts – am 22. November 1976 – wurde die 8. Ortspolizeiliche Verordnung, die so genannte Hangschutzverordnung, vom Gemeinderat beschlossen. Sie verpflichtet Eigentümerinnen und Eigentümer von Hanggrundstücken, diese regelmäßig adäquat auf loses Gestein hin zu überprüfen. Sollte Gefahr auf Steinschlag bestehen, muss diese unvermittelt beseitigt werden. Zudem ist die Behörde davon in Kenntnis zu setzen. Diese ist berechtigt, „die Maßnahmen zu überprüfen und zu überwachen und allenfalls weitere Maßnahmen vorzuschreiben, wenn dies zur vollkommenen Abwehr oder Beseitigung der Gefahr erforderlich ist."[360] Zudem kann die Behörde Sicherungsmaßnahmen vorschreiben.[361]

Die Bergputzer sind heute über das Kanal- und Gewässeramt des Magistrats bei der Stadt Salzburg angestellt. Sie klopfen jährlich 269.000 m^2 Felswandfläche des Mönchs-, Kapuziner, Hellbrunner- und Rainbergs – diese ist Eigentum der Stadtgemeinde Salzburg – auf loses Gestein hin ab. Die Stadt Salzburg übernimmt hierfür die Kosten. Die Eigentümerinnen und Eigentümer jener Flächen die nicht im Eigentum der Stadtgemeinde stehen, müssen Privatfirmen für die Nachschau der Felswände beauftragen, da die Bergputzer diese Arbeit nicht übernehmen.[362] Angemerkt sei auch, dass die Geschichte der Salzburger Bergputzer bis heute eine rein männliche ist. Für Frauen bestünde nun zwar die Möglichkeit als Bergputzerin tätig zu sein, doch wurde diese bisher noch nicht wahrgenommen.

359 Vgl. AStS PA 442, Vortrag im technischen Club 1893 (Schriftenreihe Ludwig Pezolt).

360 8. Ortspolizeiliche Verordnung (Hangschutzverordnung) nach dem Gemeinderatsbeschluss vom 22. November 1976 (Amtsblatt Nr. 23/1976), in der Fassung des Beschlusses vom 15. Dezember 1977 (Amtsblatt Nr. 25/1977) siehe Anhang Kapitel 7.12.

361 Vgl. ebenda.

362 Mündliche Mitteilung von Philip Münch.

Abbildung 37 veranschaulicht die Arbeitsweise der Bergputzer im 19. Jahrhundert. Sie schlugen oberhalb der zu untersuchenden Felswände einen Holzpflock in die Erde; an diesem befestigten sie ein Seil, um daran die Berge hinunter zu gleiten.

Früher war es außerdem Aufgabe des Abfahrers Aushöhlungen mit trockenem Mauerwerk abzudichten. 1807 merkte der Polizeidirektor Carneri an, dass „dieses Verfahren in Tirol gehandelt wurde und gute Dienste leistete“[363].Um seine Aufgabe erfolgreich verrichten zu können, teilte der „Abfahrer“ dem „Loser“ durch Rufe mit, ob der „Seilhalter“ das Seil nachlassen oder anhalten sollte. Um Missverständnissen vorzubeugen, die zwischen mehreren „Abfahrern“ und „Seilhaltern“ entstehen könnten, schickte der „Abfahrer“ stets seinen Namen voraus. Die Namen der Abfahrer Brandauer, Hauser und Jäger gingen später auf die Seile über. Der „Loser“ leitete die Anweisungen an den „Seilhalter“ weiter. Der vierte Mann der Gruppe, der „Aufpasser“, war dafür verantwortlich, dass keine Passantinnen und Passanten von herabfallenden Steinen und Ästen getroffen wurden.[364] Sobald der „Loser“ am Fuße der Felswand angekommen war, stieg er von seinem Holzschemel ab und gab den Befehl, das Seil auf den Berg zu ziehen. Er selbst musste diesen Weg stets zu Fuß bewältigen.[365] Noch heute gelten die Befehle „Brandauer, Hauser und Jäger nachlassen“ bzw. „halt“.

Man unterscheidet bis heute den „Abfahrer“, den „Seilhalter“, den „Loser“ und den „Aufpasser“. Der „Abfahrer“ wurde auf einem Holzschemel sitzend an dem zuvor um den Holzpflock geschlungenen Seil vom „Seilhalter“ den Berg hinuntergelassen. Abbildung 38 veranschaulicht, wie er den Berg systematisch auf loses Gestein hin abklopfte und zudem Geäst beseitigte.

---

363 AStS PA 442, Vortrag im technischen Club 1893 (Schriftenreihe Ludwig Pezolt).

364 Vgl. ebenda.

365 Mündliche Mitteilung von Philip Münch.

Abb. 37: Bergputzer bei der Anbringung eines Pflocks

Abb. 38: Bergputzer beim Abklopfen des Felsens

4.4.3. Religiöse und künstlerische Bewältigung

Eine weitere Möglichkeit der Bewältigung bildete die Stiftung von Messen. In den Bürgerspitalsakten findet sich ein Vermerk aus dem Jahr 1782, wonach in der Bürgerspitalskirche eine Wochenmesse zur Abwendung eines Berg-Einsturzes gestiftet wurde.[366] Dieser wohnten stets nicht nur Messebesucherinnen und Messebesucher, sondern auch Bürgespitalsbewohnerinnen und Bürgerspitalsbewohner bei.

Zur Bewältigung des Unglücks zählte weiters die künstlerische Auseinandersetzung mit dem großen Mönchsbersturz. Die Aspekte „Wahrnehmung, Deutung und Bewältigung" fließen dabei mitunter ineinander. So geben Kunstwerke einerseits preis, wie das Unglück wahrgenommen und andererseits mitunter auch wie es gedeutet wurde, gleichzeitig unterstützt die Konfrontation mit dem Geschehenen den Aufarbeitungsprozess, d. h. die Bewältigung.

Der frühere Stadtrestaurator von Salzburg, Conrad Dorn, vermerkte in seinem Buch „Der Friedhof zum hl. Sebastian in Salzburg", dass an der Außenostseite der Gabrielskapelle ein Fresko zum Andenken an den großen Mönchsbergsturz angebracht worden war. Dorn fügte eine Beschreibung der Darstellung des Historikers Michael Walz ein, die folgendermaßen lautet:

> „An der Ostseite der Gabrielskapelle war zum Andenken der bei dem Felssturz in der Gstätten Verunglückten und so St. Sebastian Begrabenen dieses Ereignis grauenerregend dargestellt. Die in einer Gloria erschiene hl. Dreifaltigkeit war von einem Troß von Unglücksengeln umgeben; dieselben waren mit den Emblemen ihrer Verheerungsart versehen. Dr. Walz"[367]

Michael Walz war ein angesehener Historiker des 19. Jahrhunderts, dessen Beschreibung laut Dr. Wilfried Schaber, dem Bauhistoriker des Magistrats Salzburg, als glaubwürdig einzustufen ist. Die Schilderung des Freskos wurde im Perfekt verfasst, sie gleicht einem Karteikarteneintrag eines Zettelkatalogs; vermutlich war das Bildnis im 20. Jahrhundert nicht mehr vorhanden und die Angaben von Walz wurden deshalb von Dorn übernommen.[368] Weitere Angaben zu der Darstellung finden sich

---

366 AES, Bürgerspitalsakten F 5/63, Bergsturzmesse.

367 Conrad Dorn, Der Friedhof zum hl. Sebastian in Salzburg, Salzburg 1969, 200.

368 Das Fresko dürfte heute in Vergessenheit geraten sein. So wussten die Priester der St. Sebastianskirche wie auch die jetzige Stadtrestauratorin

weder in Publikationen zur Stadt Salzburg, zum Sebastiansfriedhof wie zur Gabrielskapelle[369] noch in der Österreichischen Kunsttopographie[370], dem Nachlass Conrad Dorns[371], der gesamten Edition der Museumsblätter, in Geschichten zur Stadt Salzburg[372] und in alten Reiseführern[373]. Auch im Archiv der Stadt Salzburg, dem Landesarchiv Salzburg, dem Bundesdenkmalamt Salzburg und dem Stadtarchiv Linz verlief die Suche nach zusätzlichen Hinweisen erfolglos. Mögliche Gründe sind: während Kriegswirren oder durch die Witterung könnte das Fresko beschädigt und in weiterer Folge nicht restauriert, sondern übermalt worden sein. Weiters ist zu bedenken, dass der Denkmalschutz erst im 20. Jahrhundert einsetzte und die Besonderheit und der Wert einer solchen Darstellung zuvor wohl noch nicht erkannt wurden.

---

von Salzburg, Ursula Mair, die ihr Handwerk bei Conrad Dorn gelernt hatte, im Zuge meiner Nachfrage nicht, daß die Gabrielskapelle wohl einmal mit einem Fresko, das einen Bezug zum großen Mönchsbergsturz aufwies, versehen war.

369 Vgl. etwa Franz Fuhrmann, Der Kapellenbau in Salzburg zur Zeit des Erzbischofs Wolf Dietrich von Raitenau (ungedr. phil. Diss. Wien), Wien 1943; Christian Greinz, Die Fürsterzbischöfliche Kurie und das Stadtdekanat Salzburg. Ein Beitrag zur historisch-statistischen Beschreibung der Erzdiözese Salzburg, Salzburg 1929; Markus Hansitz, Germaniae sacrae domus 2: Archiepiscopus Salisburgensis, Augsburg 1729; Lorenz Hübner, Beschreibung der hochfürstlich-erzbischöflichen Haupt- und Residenzstadt Salzburg und deren Gegenden verbunden mit ihrer ältesten Geschichte, Bd. 1: Topographie, Salzburg 1792; Max Ortner, Salzburger Kirchengeschichte, Salzburg 1988; Theodor Sehmer, Das Geheimnis der Gabriels-Kapelle zu Salzburg. Ein einmaliges harmonisches Nebeneinander von klassisch italienischer Renaissance und ebenso reiner islamischer Fliesenkunst, Innsbruck/München 1969; Franz Valentin Zillner, Geschichte der Stadt Salzburg, Bd. 1: Geschichtliche Stadtbeschreibung, Salzburg 1885.

370 Max Dvořák (Red.), Die kirchlichen Denkmale der Stadt Salzburg (mit Ausnahme von Nonnberg und St. Peter) (Österreichische Kunsttopographie Bd. 9), Wien 1912.

371 Landesarchiv Salzburg, NL Dorn 5 (Gabrielskapelle/Maussoleum), NL Dorn 6 (Grabmalausstellung St. Sebastiansfriedhof).

372 Christoph Mayrhofer (Red.), Hans Widmann (1847-1928). Der Geschichtsschreiber Salzburgs. Historische, landeskundliche und biographische Texte (Salzburg Archiv, Schriften des Vereines Freunde der Salzburger Geschichte 3), Salzburg 2000.

373 Georg Dehio (bearbeitet von Franz Martin), Handbuch der deutschen Kunstdenkmäler, Wien/Berlin 1933 sowie ^{2}1938; Georg Dehio (bearbeitet von Karl Ginhart), Handbuch der Kunstdenkmäler in den Donau- und Alpengauen, Bd. 3: Salzburg/Tirol/Vorarlberg, Wien/Berlin ^{3}1946; Georg Dehio (bearbeitet von Inge Wegleiter), Die Kunstdenkmäler Österreichs. Salzburg, Wien ^{4}1954; Georg Dehio (bearbeitet von Franz Fuhrmann), Die Kunstdenkmäler Österreichs. Salzburg Land und Stadt, Wien ^{5}1963.

5. Ein Vergleichsbeispiel: Der Bergsturz von Plurs

5.1. Rekonstruktion des Bergsturzes von Plurs

Der Bergsturz von Plurs ereignete sich am 25. August 1618. Die katholisch geprägte Stadt Plurs lag im italienischsprachigen Bergell und zählte im 17. Jahrhundert zum Untertanenland von Graubünden.[374] Die Rekonstruktion des Bergsturzes erfolgt unter Berücksichtigung naturwissenschaftlicher und kulturgeschichtlicher Erkenntnisse; aus diesem Grund wird das fünfte Kapitel in naturwissenschaftliche und in kulturgeschichtliche Befunde unterteilt. Da in einem anonymen Flugblatt, das über den großen Mönchsbergsturz berichtet, der Salzburger Bergsturz mit jenem von Plurs verglichen wurde[375], werden die gewonnenen Erkenntnisse stets mit dem großen Mönchsbergsturz in Beziehung gesetzt. Hierbei sei angemerkt, dass Plurs im 17. Jahrhundert eine kleine Handelsstadt bildete, die direkt an den Fuß des Monte Conto, ähnlich wie Salzburg an den Fuß des Mönchsbergs, gebaut war.

5.1.1. Naturwissenschaftliche Befunde

Die Gesteinsbeschaffenheit des Monte Conto ist insofern mit jener des Mönchsbergs vergleichbar, als beide Berge aus kompaktem Fels, d. h. aus dichtem, zähem Material, aufgebaut sind und somit zu größeren Gesteinsabbrüchen neigen. Im Unterschied zum Monte Conto ist der Stein des Mönchsbergs jedoch vergleichsweise porös.[376] Der Monte Conto wie der Mönchsberg waren Rohstofflieferanten der Einwohnerinnen und Einwohner, die Steinbruchtätigkeit stellt daher einen verbindenden vorbereitenden anthropogenen Faktor der Bergstürze von Plurs und Salzburg dar: In Plurs wurde Lavezgestein abgebaut, in Salzburg

374 Vgl. Günther Kahl, Plurs. Zur Geschichte der Darstellungen des Fleckens vor und nach dem Bergsturz von 1618, in: Zeitschrift für Schweizerische Archäologie und Kunstgeschichte 41 (1984), 249-282, hier 249.

375 Salzburg, Bibliothek des Salzburg Museums, Inv. Nr. 63/52 und Nürnberg, Germanisches Nationalmuseum Inv. Nr. HB 19815, Kapsel 1370: „... Insonderheit aber hat sich am jüngst verstrichenen 6/16. Julii dieses laufenden 1669. Jahrs wiederum ein sonderbares / und fast dem in A. 1618. den 4. Sept. N. oder 25. Aug. A. Cal. in Graubünden im Flecken Plurs nicht gar ungleiches Unglük daselbst zugetragen ...“

376 Für diesen Hinweis danke ich Christian Uhlir.

konzentrierte man sich auf die Gewinnung von Bausteinen.[377] An beiden Bergen waren an mehreren Stellen Steinbrüche angelegt worden, dies hatte zur Folge, dass ihr Hangfuß abgebaut wurde und es zur Destabilisierung der darüber liegenden Felsschichten kam. Ein weiterer, allerdings naturbedingter, gemeinsamer Faktor des Monte Conto und des Mönchsbergs war die Bildung von Klüften, die die beiden Bergstürze begünstigte; als auslösende Faktoren können die starken Niederschläge, die beiden Bergstürzen vorangingen, gewertet werden: Der Spätsommer 1618 war in Plurs ähnlich regenreich wie der Sommer 1669 in Salzburg[378].

Die Geologen De Poli und Ghilardi widmeten sich 1988 der Erforschung des Bergsturzes von Plurs. Ihrer Meinung nach hatte der Regen die ursprünglich gefrorene Oberfläche der Endmoräne aufgeweicht; dadurch dürfte es zu mehreren kleinen Felsstürzen gekommen sein. Bedingt durch die Witterung bildeten sich im Berghang Klüfte, in die Regenwasser eindringen konnte. Aufgrund der starken Niederschläge formte sich zwischen der Spitze des Grillo im Norden und dem Berg Mottaccio im Süden ein Becken, das sich rasch mit Wasser füllte; ein See war entstanden. Er wurde von der Endmoräne begrenzt. Während der starken Niederschläge im Spätsommer 1618 wurde der Abhang unterhalb der Endmoräne stark aufgeweicht; es kam zu Spaltenbildungen sowie in der Folge zu ersten Hangrutschungen auf einer Höhe von 1.200 bis 1.300 Metern. Diese Bewegungen hatten zur Folge, dass die höher gelegenen Gebiete an Stabilität verloren; nach weiteren Regenfällen begannen nun auch diese abzusacken. So war schließlich auch die Endmoräne, die den See begrenzt hatte, von den Hangrutschungen betroffen. Als die Endmoräne dem hydraulischen Druck des Sees nicht mehr standhalten konnte, stürzten vermutlich 3 bis 4 Millionen Kubikmeter Schutt zu Tal und bedeckten in einer Höhe von 20 bis 30 Metern an die 1,4 Quadratkilometer Land, darunter die Stadt Plurs und das Dorf Chilano. Das Ereignis ging als Bergsturz von Plurs in die Geschichte ein.[379]

---

377 Vgl. Helmut Presser, Vom Berge verschlungen in Büchern bewahrt. Plurs, ein Pompeji des 17. Jahrhunderts im Bergell, Bern ^{2}1963, 8; Rosmarie Zeller, Wahrnehmung und Deutung von Naturkatastrophen in den Medien des 16. und 17. Jahrhunderts, in: Christian Pfister (Hg.), Am Tag danach. Zur Bewältigung von Naturkatastrophen in der Schweiz 1500–2000, Bern/ Stuttgart/Wien 2002, 27-38, hier 31.

378 Vgl. Guido Scaramellini, Piuro nella storia, in: Guido Scaramellini/ Günther Kahl/Gian Primo Falappi, La frana di Piuro del 1618. Storia e immagini di una rovina, Piuro 1988, 9-44, hier 29.

379 Vgl. ebenda. Bei Weber, Das Elementarereignis im Denkbild, 241, wird der Ablauf des Ereignisses deutlich verkürzt und unvollständig wiedergegeben.

5.1.2. Kulturgeschichtliche Befunde

Fortunatus Sprecher von Bernegg war Kommissar von Graubünden, er hatte sich während dem Bergsturz von Plurs im drei Kilometer entfernten Chiavenna aufgehalten. Als Regierungsvertreter war es seine Aufgabe, nach dem Unglück wieder für Recht und Ordnung in Plurs zu sorgen und die Regierung von Chur über seine Tätigkeit zu informieren. Einen Tag nach dem Unglück, am 26. August 1618, verfasste er den ersten Bericht an die Obrigkeit. Dieser dürfte die älteste Darstellung des Unglücks sein und anderen Schriftstücken als Vorlage gedient haben.

Aus dieser Meldung geht hervor, dass es am 25. August 1618 gegen 20 Uhr zu einem Felssturz an jener Seite des Monte Conto gekommen war, an der Lavezgestein abgebaut worden war. Es wurden etliche Weinberge des nahe gelegenen Dorfes Chilano verschüttet. Am späten Abend brach der Berg schlussendlich in sich zusammen und begrub die Stadt Plurs wie auch das schon zuvor in Mitleidenschaft geratene Dorf Chilano.[380]

Abb. 39: Karte von 1618

Das Unglück überlebten nur jene Bewohnerinnen und Bewohner, die sich in der Unglücksnacht außerhalb der Stadt bzw. dem Dorf aufgehalten hatten. Dies waren:

> „…der Würth zur Khron Francesco Furno und Simon Ramada ein Murer, seindt bei Roveno in einem Crott gsein, und ein altes Weyb mit zwey Khinden seindt oben in einem Ronco gsein, und dess H: Podestadten bruder, so sein diener, der ist zue St: Abundj im Roncalca gsein gen zue nacht essen; dise seindt mit dem leben darvon khommen. …"[381]

380 Vgl. Bergsturzbericht des Fortunatus Sprecher von Bernegg, zitiert nach Kahl, Plurs, 249.

381 Ebenda, 249-250.

Eine alte Frau aus dem nahen St. Abundj berichtete, dass sie am Abend des 25. Augusts ein Rauschen vernommen und Staub den Himmel bedeckt hatte. Der Fluss Mera war durch den Bergsturz beinahe eineinhalb Stunden gestaut worden und hatte die Einwohnerinnen und Einwohner in Angst und Panik versetzt.

Abb. 40: Die zu einem See aufgestaute Mera; Einblattdruck, Zürich 1618, Detail

Diese hatten befürchtet, dass es zu Überschwemmungen kommen werde und waren daher in höher gelegene Ortschaften geflüchtet. Sprecher hatte die Leute gebeten, nach Verletzten zu suchen, doch bestand nur wenig Aussicht Lebende zu bergen. Die Schuttberge waren nämlich an manchen Orten höher als die Kirchturmspitzen.[382] Sprecher erfuhr in Gesprächen, dass es bereits zehn Jahre zuvor zu einem Bergsturz in Plurs gekommen war. Er erteilte daraufhin der Bevölkerung den Befehl, dem

> „...Podestadten bruder gerhorsamme leiste uff euwer meiner gnedigen herren weitere anordnung, die dann dem armen mann, der sich uffrecht halt, werdendt für befolchen haben. ...“[383]

Weiters wurde Sprecher von zwei Personen berichtet, dass am 25. August zur Mittagszeit die Bienen von Castesegna nach Scatton geflogen waren. Auch in Scatton waren die Bienen aus ihren Behausungen geschwirrt. Die Insekten sollen sich gegenseitig derart attackiert haben, dass die meisten tot auf die Erde gefallen waren und die Straßen gesäumt hatten.[384] Sprecher schloss seine Ausführungen mit der Aufforderung zu beten:

> „...O lassendt unss beten, doch gantz inbrünstig, das Gott seinen grossen Zorn stille, und unss nicht nach

382 Vgl. ebenda, 250.
383 Ebenda.
384 Vgl. ebenda.

> unserem verdienen straffe, sonder mit den augen seiner barmhertzigkeit anseche, und vor weiterem unfall gnedig behüette, Amen. ...“[385]

Danach vermerkte er das Datum und unterzeichnete das Schreiben.

Auch in Salzburg ist ein Schriftstück erhalten, in dem die Obrigkeit von dem großen Mönchsbergsturz berichtet. Hierbei handelt es sich um die Gegenrelation „Kurtze doch begründt= wahrhaffte Relation über den nechsten Einfall deß Bergs auf der Gstätten allhie zu Salzburg“, die am 29. August vom Landesfürsten Max Gandolph von Kuenburg verfasst wurde, um Gerüchten über den großen Mönchsbergsturz entgegenzusteuern.[386]

5.2. Zur Wahrnehmung des Bergsturzes von Plurs

5.2.1. Bestandsaufnahme

Plurs und Chilano wurden unter den Trümmern begraben. Es gab nur wenige Überlebende. Kurz nach der Katastrophe wurde in der Druckerei von Johann Hardmeyer ein Flugblatt gedruckt, das erklärte, eine „Warhaffte abbildung des fläckens PLUES“ zu sein. Der Bericht wurde mit einer Radierung veranschaulicht.[387] Nach der Schilderung des Unglücks wurden die Gebäude der Stadt Plurs – die Häuser wurden hierbei stets mit ihren Besitzern genannt – anhand von 93 Legenden ausgewiesen, ehe die Darstellung mit dem Kolophon „Gedruckt zu Zürich / bey Johann // Hardmeyer / 1618“ schloss. Sie ist eine nach dem Bergsturz entstandene Darstellung des Ortsbildes und entspricht einer „katastermässigen Rekonstruktion der Lage einzelner Grundstücke“[388]. Sie sollte helfen, Hinterbliebene zu finden. Diesen sollte die Möglichkeit gegeben werden, ihre Erbrechte geltend zu machen.

Eine derartige Darstellung wurde während des großen Mönchsbergsturzes nicht angefertigt. Es gilt zu berücksichtigen,

385 Ebenda.

386 Vgl. Pezolt, Ueber Bergunglücke, 23.

387 Bei dem Wandelbildnis handelt es sich um eine Phantasiedarstellung. Über die Radierung, die die Stadt Plurs darstellt, kann ein Deckblatt (Abb. 40), das die Trümmerhaufen und die zu einem See aufgestaute Mera zeigt, geklappt werden. Das Unglück wird so veranschaulicht. Genaueres hierzu siehe S. 150-151.

388 Kahl, Plurs, 257.

dass am 16. Juli 1669 „nur" ein Teil der Stadt Salzburg ruiniert wurde.

Die Angaben über die genaue Opferzahl des Bergsturzes von Plurs klaffen weit auseinander: In E. G. Happets Sammlung „Größeste Denkwürdigkeiten der Welt" (1683) wird wie auch in den übrigen Berichten von 1.500 bis 2.100 Toten gesprochen.[389] Im Jahr 1618 verzeichnete Plurs etwa 1.000 Einwohnerinnen und Einwohner, in Chilano dürften weniger Menschen gelebt haben.[390] Da es kaum Überlebende gab, erscheint eine Opferzahl von ungefähr 1.200 Personen realistisch zu sein. Sie übersteigt die Zahl der beim großen Mönchsbergsturz zu Tode Gekommenen bei weitem.

5.2.2. Auswirkungen

Schriftliche Darstellungen

Leute, die über das Unglück schrieben, gehörten größtenteils dem reformierten Bürgertum an. Der Bericht von Fortunatus Sprecher von Bernegg dürfte, wie bereits erwähnt, die älteste Darstellung des Bergsturzes sein und anderen Schriftstücken als Vorlage gedient haben. Diese orientierten sich zum Teil gänzlich an ihm, manche übernahmen jedoch nur Details. Einige Meldungen konzentrieren sich zunächst ausschließlich auf den Hergang des Unglücks, so etwa der Artikel von Georg Schlehen zu Rottweyl:

> *„Warhaffte erschröckliche und unerhörte Newe Zeytung. Von dem urplötzlichen undergang dess wolbekandten Fleckens Plurss in Bergell und gemein 3. Pündten gelegen wie ein ruina dess Bergs sich herab gelassen unnd den gantzen Flecken in einem Augenblick uberfallen gantz uberal verdeckt und zu grund gericht. In welchem nit allein herrliche Kirchen und wohlbebawte Palläst sonder auch auff die 200 Personen jung unnd alt jämmerlich in grundtboden verschlagen und verdeckt worden Auss Italianischer relation verteutschet unnd Gesangsweiss gestellt: Jm Thon. Kommt her zu mir spricht Gottes etc. Den 4. Septembris Newes oder 24. Augusti Altes Kalenders als*

389 Vgl. E. G. Happet, Größeste Denkwürdigkeiten der Welt, Bd. 4, Hamburg 1683, o. S.., zitiert nach Presser, Vom Berge verschlungen, 23; vgl. auch Scaramellini, Piuro nella storia, 26-28.

390 Vgl. Kahl, Plurs, 251.

> *die Sonn nidergangen hat gemeldter jammer sich erhebt unnd grausamlich geendet. Getruckt im Gräfflichen Marckt Embs bey Bartholome Schnell. Anno 1618.*“[391]

Peter Schmidt schilderte das Ereignis ähnlich, fügte allerdings hinzu, dass seine Ausführungen *„Allen frommen Christen zu einer trewhertzigen Warnung in Druck befördert worden*“[392] sind.

Doch nicht nur Prosatexte finden sich unter den schriftlichen Darstellungen. Der Einblattdruck „Von dem erschröcklichen und plötzlichen Untergang desz weitberühmten Flecken Pluers“ wurde mit folgendem „wahren Bericht“[393] versehen:

> „1. O Welt ich muß beklagen hoch / gar vielfältig mein Jam(m)er / Dann ich lig unter deinem Joch / als zwischen einer Klammer. Hilff Herr und Gott / im Creuz und Noth / Uns Christen miteinander.
>
> 2. Lehr uns der Welt Sorg legen ab / un(d) dir allein anhangen / Dann von irm Pracht ja Gut und Haab / werden wir nichts erlangen Als Pein un(d) Schmerz / drumb Mensch dein Herz / gib Gott gänzlich gefangen.
>
> 3. Damit er nit wie ein Fallstrick / in Sünden dich ereyle / Und schnell in eine(m) Augenblick / mit Zorn durch seine Pfeile / Ellendiglich / und jäm(m)erlich / dich hinricht un(d) urtheile.
>
> 4. Wie dann durch die Sündflut geschah: welchs Jammer ist gewesen / Deßgleichen auch zu Sodoma / als davon wird gelesen. Auch weniger nicht / offtmals geschicht / in Auffruhr und Kriegswesen.
>
> 5. Ob aber wol diß alls geschicht / wills die Welt doch nit achten / Will Gottes Wort auch hören nicht / noch seine

391 Johann Georg Schlehen zu Rottweyl, Warhaffte erschröckliche und unerhörte Newe Zeytung, Hohenems 1618, zitiert nach Gian Primo Falappi, Relazioni su Piuro dopo la frana, in: Guido Scaramellini/ Günther Kahl/ Gian Primo Falappi, La frana di Piuro del 1618. Storia e immagini di una rovina, Piuro 1988, 107-374, hier 115.

392 Peter Schmidt, Warhaffte und erschreckliche Newe Zeitung, Halle in Sassonia 1618, zitiert nach Falappi, Relazioni su Piuro dopo la frana, 111.

393 Einblattdruck, Straßburg 1618. Wenn über den Buchstaben a, o und u ein e geschrieben wurde, wird dies als ä, ö bzw. ü in der Transkription wiedergegeben.

Straff betrachten: Drumb er dann bald / beyd Jung unnd Alt / im Zorn wie Schaff thut schlachten.

6. Wie dann jetzt in der letzten Zeit / Gott ein groß Straff geübet / An seim Volck in der Christenheit / die er doch hertzlich liebet. Damit der dann / uns all voran / ein trewe Warnung gibet.

7. In Welschland ein Fleck Pluers genant / auffs allerbest erbawet / Viel Handlung drauß in alle Land / durch Kauffmannschafft vertrawet. Schöne Palläst / geziert auffs best / wurden drinnen beschawet.

8. Vier Kirchen auch wol geziert / und ungefähr zu melden / Dreyhundert Bawartig formirt / geschweig der Frücht in Felden / Die dazumal / fort musten all / und Gottes Zorn entgelten.

9. Durch ein Bergfall solchs all vergieng / der sich schnell hat begeben / Und auf diß Orth zu falln anfieng / Niemand kund widerstreben. Wie Donner Pfeil / Schoß er in eil / die Erd davon thet beben.

10. Mann / Weib und Kind kamen da umb / auff das geringst geschätzet / Fünffzehenhundert in der Sum(m) / ein Mensch sich drob entsetzet / Wie jämmerlich / gantz schnelliglich / All Ding da wurd verletzet.

11. Ein Wasser die Mera genant / darvon geschwelgt ist worden / Dasz dadurch wurd verderbt das Land / der beyligenden Orten: Cleve darben / im Jammergeschrey / Von Gott errett ist worden.

12. Der Fleck Pluers uberschüttet war / gantz eben / solcher massen / Als ob man manche Zeit und Jahr / daran hat schleiffen lassen. Dasz von Grund auff / durch den Berglauff / alles verdeckt dermassen.

13. Dasz zu erzehln unmüglich ist / Ein Mensch mags wol beklagen / Bey Tag und Nacht / O from(m)er Christ / du magst von Hertzen sagen: Wie der Prophet / Esaias thet / im Haupt Wasser zuklagen.

14. Daß dein Augen wern Thränenquelln / solch Volck recht zubeweinen / Die so plötzlich der Todt thut fälln /

schröcklich und ehe wir meinen. Behüt Herr Gott / für solcher Noth / in Gnad thu uns erscheinen.

15. Gib diesem Volck dasz so Ellend / Erbärmlich ist umbkommen / Welchs unversehn sein letztes End / Erschrcklich hat genommen: Die ewig Freud / die uns bereit / Erweck sie als die Frommen.

Gedruckt zu Straßburg / bey Marx von der Heyden am Kornmarckt / Im Jahr 1618"[394]

Plurs wie Chilano waren durch den Bergsturz völlig verwüstet worden; es war nicht möglich, die unter den Trümmern um Hilfe schreienden Menschen zu bergen:

„…also dass wer dahin kompt / nit mag erkennen / dass jemahlen Menschen da gewohnt / welche man hat zwen tag und nacht jaemerlich hoeren heulen und schreyen / aber da wass kein hilff."[395]

Nie zuvor hatte es in Plurs oder in den umliegenden Orten ein derartiges Unglück gegeben.

„…Es ist auff Erd kein Mensch so Alt /
der solchen jamer manigfallt /
gehört oder gesehen /
gedenck ein jeder frommer Christ /
Was fuer ein leyd ez gwesen ist /
an Jung und Alten geschehen. …"[396]

Auch später beschäftigte der Bergsturz von Plurs die Menschen. Am Beginn des 18. Jahrhunderts verfasste der Wissenschafter Johann Jakob Scheuchzer eine „Natur-Histori des Schweitzerlandes". Diese berücksichtigt Ansichten der Geographie, der Volkskunde und der Geschichte; in ihr fanden auch extreme Naturereignisse wie der Bergsturz von Plurs Eingang.

394 Einblattdruck, Straßburg 1618.

395 Anonymer Bericht aus Zürich, 6. September 1618 „an einen andern fuernehmen Burgern in Basel", zitiert nach Falappi, Relazioni su Piuro dopo la frana, 120.

396 Rottweyl, Warhaffte erschröckliche und unerhörte Newe Zeytung, Hohenems 1618, zitiert nach Falappi, Relazioni su Piuro dopo la frana, 117.

Abb. 41: J. J. Scheuchzer

Johann Jakob Scheuchzer wurde am 2. August 1672 in Zürich als Sohn des dortigen Stadtarztes geboren. Er genoss eine gute Schulbildung und studierte später in Nürnberg und Utrecht Medizin und Astronomie. Zudem widmete er sich den Naturwissenschaften.

1710 erhielt Scheuchzer eine kleine Professur für Mathematik am Carolinum, 23 Jahre später, 1733, wurde er Archiater, d. h. erster Stadtarzt, und Professor für Mathematik und Physik. Unter Physik wurde zu Scheuchzers Zeit das Zusammenspiel der Naturwissenschaften verstanden, deren Aufgabe es war,

> „...Gott, der sich nicht mehr nur durch das Bibelwort, sondern auch durch die Schöpfung offenbarte, in der Natur zu erkennen, und so wurde der Naturforscher, für den die Schöpfungsgeschichte, die Genesis, absolute göttliche Wahrheit bedeutete, zum Verkünder der göttlichen Offenbarung, zum wissenschaftlichen Kommentator der biblischen Schöpfung. ...“[397]

Nur fünf Monate nach seinem Amtsantritt verstarb Scheuchzer nach kurzer Krankheit im Alter von 61 Jahren.[398]

In seiner „Natur-Histori des Schweitzerlandes“ verglich Scheuchzer den Bergsturz von Plurs *„mit dem Untergang der Statt Idea an dem Berg Sipylo“*[399], beschrieb dieses Unglück aber nicht näher. Scheuchzers Interpretation des Ereignisses ist die eines Physikotheologen.[400]

In der Darstellung zum Untergang von Plurs ging Scheuchzer zunächst auf die unterschiedlichen sich im Umlauf befindlichen Angaben der Opferzahl ein, ehe er den Bericht eines Mannes namens Anhornij wiedergab. Anhornij schilderte zunächst das extreme Naturereignis in Plurs und verwies dann auf Überlebende des Unglücks. Scheuchzer berichtete in seiner Darstellung auch über die bereits bei Sprecher dargelegte Reaktion der Bienen:

> *„...An gemeldtem 25. Tag Augustm. Um den Mittentag sind die Immen oder Bienen zu Castasegna, dem understen Flecken im Bergel aus ihren Häusern geflohen / und im Plursergebieth zu Scatton und Picre ankommen / daselbst sind die Immen auch aus ihren Häusern kommen / und*

397 Arthur Dürst, Johann Jakob Scheuchzer und die Natur-Histori des Schweitzerlandes. Begleittext zur Faksimileausgabe in drei Bänden, Zürich 1978, 5.

398 Vgl. ebenda, 1-2.

399 Johann Jacob Scheuchzer, Helvetiae Historia Naturalis oder Natur=Historie des Schweitzerlandes, Zürich 1716, 136.

400 Unter der Physikotheologie versteht man den vor allem in der ersten Hälfte des 18. Jahrhunderts verbreiteten Versuch, neue naturwissenschaftliche Erkenntnisse mit der immer noch vorherrschend theologisch geprägten Weltsicht zu verbinden.

habend sich samt den anderen gen Pontelien begeben / haben auch im Luft ein Streit gehabt / und sind tod aus dem Luft herab auf die Erde gefallen / und funden worden.“[401]

Scheuchzers Ausführungen reichen bis in der Zeit der Erstellung der Natur-Historie, also bis zum Beginn des 18. Jahrhunderts. So merkte er an, dass die Mera wieder ihren ursprünglichen Verlauf angenommen hatte, von der Handelsstadt Plurs aber nur ein Palast übrig geblieben war.

Bei den ausgewerteten Schriftstücken zum großen Mönchsbergsturz handelt es sich in erster Linie um Handschriften, die von Vertretern der Kirche in lateinischer Sprache verfasst worden waren; Ausnahmen bilden geschichtliche Darstellungen und Reiseberichte. Die Autoren der beiden Flugblätter sind unbekannt. Ähnlich dem Bergsturz von Plurs wurden die Berichte meist in Prosa festgehalten; sie sind häufig ähnlich aufgebaut. Über den großen Mönchsbergsturz wurden, ebenso wie über den Bergsturz von Plurs, Gedichte geschrieben. So erstellte ein Kirchenvertreter ein Epitaph, auch an einer Gedenktafel die sich noch heute im St. Sebastiansfriedhof befindet, ist ein Klagespruch angebracht.

Bildliche Darstellungen

Die Quellenlage zu bildlichen Darstellungen zum Bergsturz von Plurs ist außerordentlich gut, es liegen deutlich mehr Abbildungen als zum großen Mönchsbergsturz vor. Dies ist insofern erstaunlich, da sich der Bergsturz von Plurs 51 Jahre vor dem großen Mönchsbergsturz ereignet hatte.

Angemerkt sei aber, dass keine Darstellungen von Plurs die vor dem Bergsturz angefertigt worden waren, existieren dürften. Dies lässt sich vermutlich darauf zurückführen, dass Plurs erst durch den Bergsturz in das öffentliche und somit auch in das künstlerische Interesse gerückt war.

Die folgenden Abbildungen stellen eine Auswahl der wichtigsten Werke dar.

401 Bericht Anhorn, zitiert nach Scheuchzer, Helvetiae Historia Naturalis, 137.

Abb. 42: Einblattdruck (kolorierter Holzschnitt mit Drucktext) von Jeremias Gath, Augsburg 1618.

Der in Abbildung 42 wiedergegebene Holzschnitt von Jeremias Gath illustriert einen Einblattdruck aus dem Jahr 1618. Das letzte erhaltene Exemplar des Schriftstücks, das vermutlich bei Lucas Schultes gedruckt wurde, befindet sich heute in der Kantonsbibliothek von Chur.[402] Das Bild ist keine exakte Vedute der Stadt. Die Technik des Holzschnitts erlaubt außerdem keine so feinen Details wie ein Kupferstich.. In der Mitte der Abbildung findet sich eine Kirche. Ein Stein, in den das Wort „PLVRS" eingraviert ist, fällt zwischen die beiden Kirchtürme. Rund um das Gotteshaus stehen die Wohnstätten der Bevölkerung, am rechten Bildrand ist zudem die Kirche des S. Giovanni in Cilano[403] zu erkennen; der Fluss Mera schlängelt sich den Berg hinunter. Riesige Felsbrocken stürzen auf die Gebäude. Während im hinteren Teil des Bildes die Stadt Chiavenna angedeutet wird, versammeln sich im Vordergrund links wie rechts überproportional groß dargestellte Menschen; sie reißen ihre Hände anklagend empor, manche von ihnen scheinen auch um Hilfe zu rufen.

402 Vgl. Kahl, Plurs, 252.
403 Vgl. ebenda.

Abb. 43: Einblattdruck (Kupferstich) von Lucas Schultes, Augsburg 1618.

Nur kurze Zeit nachdem der Einblattdruck „Wahrhafftige vnd erschröckliche Newe Zeittung /Von dem plötzlichen vndergang / dess wolbekandten Flecken Plurs in Bergel“ in Umlauf gebracht worden war, erschien ein weiteres, ähnlich aufgebautes Schriftstück, dessen Bericht mit einem Kupferstich von Daniel Mannesser veranschaulicht und das bei Lucas Schultes in Augsburg gedruckt wurde. Die Darstellung des Bergsturzes wurde nun dramatisiert: Die Gebäude, die sich wie in Abbildung 43 in der Bildmitte befinden, sind aufgrund der riesigen herabstürzenden Felsblöcke und Staubwolken nur zum Teil erkennbar, im vorderen Bereich der Darstellung wurden abermals überproportional groß geratene Opfer gezeichnet und im Hintergrund ist die Stadt Chiavenna schemenhaft erkennbar.

Abb. 44: Einblattdruck (Holzschnitt) von Marx von der Heyden, Straßburg 1618.

Dieser von einem unbekannten Künstler angefertigte Holzschnitt illustriert ein Klagelied, das als Erinnerung an den Bergsturz von Plurs verfasst und in Form eines Flugblattes verbreitet wurde.

Die Darstellung konzentriert sich rein auf den materiellen Aspekt des Unglücks: Anders als in den vorangegangen beiden Abbildungen wird hier den Opfern des Bergsturzes keine Beachtung geschenkt, es werden ausschließlich Kirchen und Häuser gezeigt, die durch herabstürzende Felsmassen zerstört werden. Das dramatische Element kommt durch die Kirche links im Bild zum Ausdruck - sie bricht entzwei.

Die nachfolgenden Abbildungen 45 bis 47 zeigen Plurs jeweils vor und nach dem Bergsturz. Ein Kupferstich (Abb. 45) findet sich u. a. in der „Natur-Histori des Schweitzerlandes“ von Johann Jakob Scheuchzer, die 1716 herausgegeben wurde. Für den Abdruck, der Plurs jeweils vor und nach dem Bergsturz zeigt, wurden die bereits 1618 entworfenen Platten von Johann Hardmeyer verwendet.

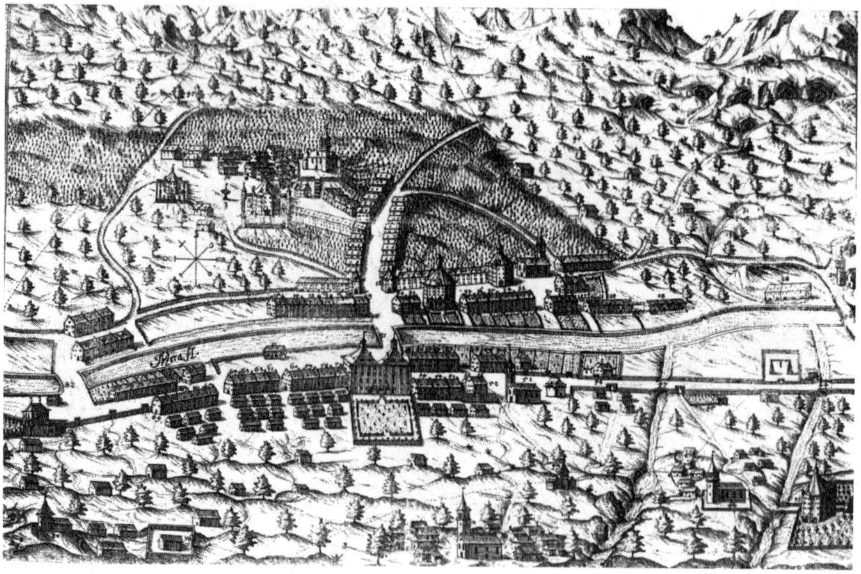

Abb. 45: Einblattdruck von Johann Hardmeyer, Zürich 1618

Wie bereits in den schriftlichen Darstellungen angeführt, handelt es sich bei dieser Darstellung um keine genaue Wiedergabe der topographischen Gegebenheiten. Auf der linken Seite auf Höhe der Bildmitte ist eine Windrose abgebildet, die Richtung Norden, d. h. nach oben, zeigt. Diese Darstellung ist allerdings inkorrekt, denn der Fluss Mera fließt bei Plurs in ostwestlicher Richtung.[404] Auch die Weinberge wurden wohl willkürlich eingezeichnet, sie befinden sich nachweislich bis heute an den Hängen jenseits der Mera, also an jenen Stellen, an denen in der Zeichnung Bäume platziert wurden. Die Häuser wurden nach „polygonalem Grundriss“[405] gezeichnet, d. h. in einer Bauweise, die im 17. Jahrhundert im Raum Plurs für Kirchen aber nicht für Wohngebäude verwendet wurde. Es kann somit davon ausgegangen werden, dass der Zeichner/die Zeichnerin Plurs vor seiner Zerstörung nicht gekannt hat.

404 Vgl. ebenda, 256.
405 Ebenda.

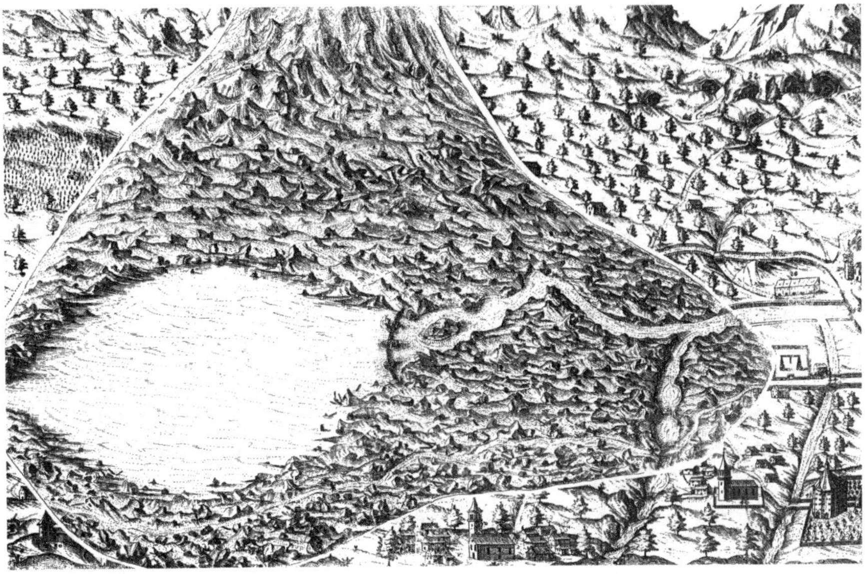

Abb. 46: Kupferstich von Johann Hardmeyer (Deckblatt des Einblattdrucks): Das vom Bergsturz bedeckte Gebiet

Abbildung 46 zeigt das Klappbild zu Abbildung 45. Dieses Deckblatt umfasst das Bergsturzgebiet. Es zeigt Massen von Schutt und den aufgestauten Fluss Mera, und kann über Abbildung 45 geklappt werden, um das Unglück zu veranschaulichen.

Hardmeyers Druck wurde vielfach kopiert, unter anderem auch von Matthäus Merian, dessen Kupferstich der Stadt Salzburg aus dem Jahr 1644, wie in Kapitel 4.2.2. schon angemerkt, offensichtlich als Vorlage weiterer Stiche zur Darstellung des großen Mönchsbergsturzes gedient hatte.

Der Stich Merians entspricht einer Weiterentwicklung der beiden vorangegangenen Abbildungen. Das obere Bild zeigt Plurs vor dem Bergsturz, im Gegensatz zu Hardmeyers Druck wirkt das Gesamtbild jedoch stärker individualisiert. In der unteren Darstellung wird der Bergsturz in seinem Ausmaß veran-schaulicht, wobei Merian auf Details, die nicht unmittelbar mit dem Unglück zusammenhängen, verzichtete.

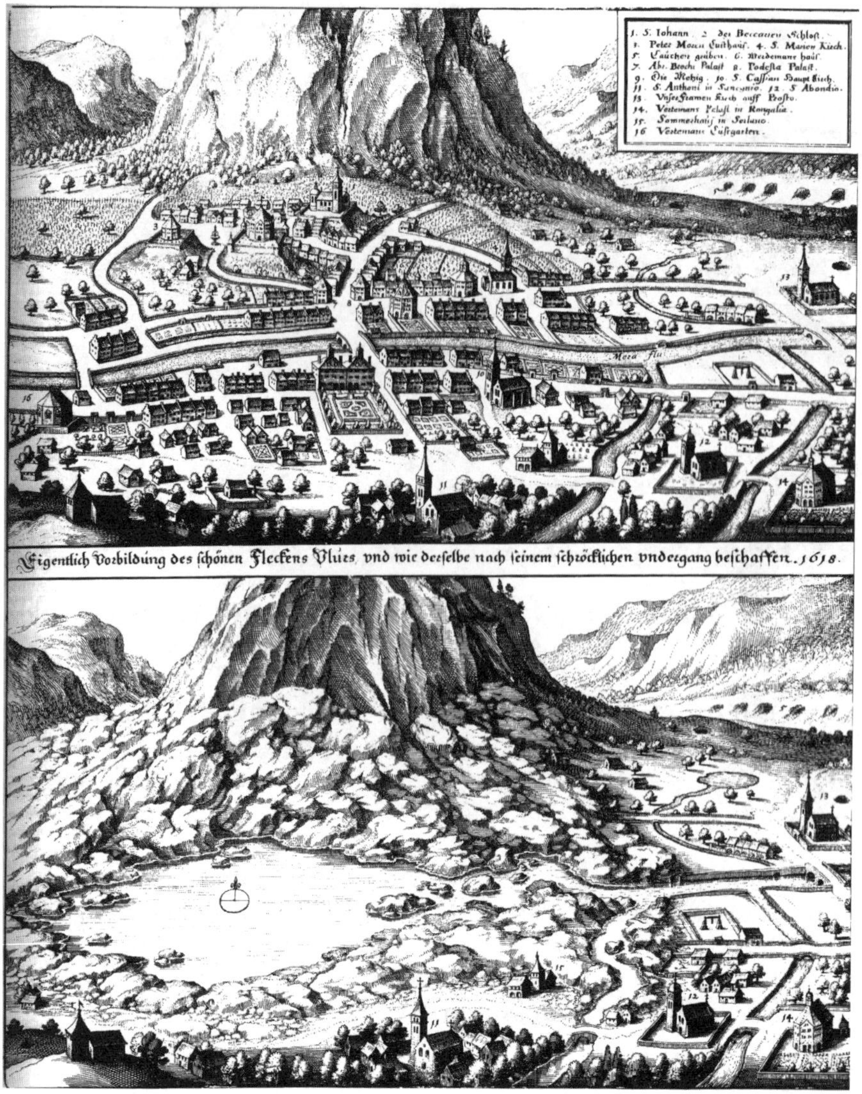

Abb. 47: Illustration (Kupferstich) im Theatrum Europaeum, Bd. 1, Erstausgabe, Frankfurt 1635 von Matthaeus Merian

5.3. Zur Deutung des Bergsturzes von Plurs

Anders als der große Mönchsbergsturz wurde der Bergsturz von Plurs durch eine Prodigie angekündigt: Am Unglückstag soll ein Bauer in den Wald gegangen sein, um eine Tanne zu fällen. Als er merkte, *„daß der Grund under ihm gewichen“*[406], ließ er von seiner Arbeit ab, um die Bewohnerinnen und Bewohner von Plurs vor dem *„kuenfftigen Undergang“*[407] zu warnen. Diese schenkten ihm jedoch keinen Glauben, sondern schlugen ihn nieder.[408] Sie sollten ihre Überheblichkeit mit ihrem Leben bezahlen. Der Bergsturz von Plurs wurde später ähnlich wie der große Mönchsbergsturz als Zeichen Gottes gedeutet:

> *„...Es ist nicht mueglich zubeschreiben / den unaußsprechlichen gewalt Gottes / so er den 25. diß Abends Erbaermlicher weiß in disem Thal an dem Flecken Plurs erwiesen / in dem sich ein theil von einem Berg herab gelassen / welcher gerad auff Plurs geschossen ...“*[409]

> *„... was fuer eine schwaere und sehr erschroeckenliche Ruten und Straff / der Allmaechtige gerechte Gott / uber die Eynwohner zu Plurs habe ergehn lassen.“*[410]

Diese Zitate zeigen, dass das Unglück als Gottes Gewalt, d. h. als Strafe für den unsoliden Lebenswandel der Menschen, begriffen wurde. Gleichzeitig wurde der Bergsturz aber auch als Warnung des Allmächtigen ausgelegt. Als der Fluss Mera durch den Bergsturz gestaut worden war; dürften sich die Menschen an eine Erzählung der Bibel erinnert und in dem Naturspektakel voll Panik eine weitere Strafe Gottes gesehen haben:

> *„...Man weißt noch wol vo(n) dem Sündfluß /*
> *der auch ka(m) durch ein Wasserfluß /*
> *das Gott die Welt wolt straffen /*
> *ist doch so eylends nit geschehen /*

406 Bericht aus Cleven, 26. August 1618, zitiert nach Falappi, Relazioni su Piuro dopo la frana, 121.
407 Ebenda.
408 Vgl. ebenda.
409 Anonyme Relation, Chiavenna, 26. August 1618, zitiert nach Falappi, Relazioni su Piuro dopo la frana, 114.
410 Schreiben von einem Diener aus Graubünden, 6. September 1618, zitiert nach Falappi, Relazioni su Piuro dopo la frana, 120.

> *als dises so man jetzt hat gsehe(n) /*
> *ein wunder uber die massen. ...*"[411]

Die Tatsache, dass es zu keinen Überschwemmungen gekommen war, wurde als Wunder und Gnade Gottes verstanden.

Wie schon beim großen Mönchsbergsturz verfassten die Zeitgenossen mitunter auch dann Darstellungen, wenn sie selbst nicht vom Bergsturz von Plurs betroffen, sondern erst durch Berichte über das Unglück unterrichtet worden waren. Der Problematik dürften sich die Verfasser zumindest zum Teil bewusst gewesen sein:

> „*...Es ist zwar nicht recht / wann man unbesinnter weise gleich einer jeden newen Zeittung oder Geschrey Ohren und Glauben gibt / ja ohne fernere nachforschung dasselbig weiters reden un(d) außspreiten darff: aber das ist noch ein groessere Suend / wann die offenbaren Gericht unnd Straffen Gottes geleugnet / verworrffen und vernichtet werden / so man auch von denselbigen nur nichts hoeren will. ...*"[412]

Auch Peter Schmidt schilderte in der „Warhafften und erschrecklichen Newen Zeitung" zunächst das Ereignis und fügte hinzu, dass seine Ausführungen „*Allen frommen Christen zu einer trewhertzigen Warnung in Druck befördert worden*"[413] sind. Die Zeitgenossinnen und Zeitgenossen waren angesichts der Katastrophe bestrebt, ihr Leben nach den Geboten Gottes auszurichten, um diesen zu besänftigen:

> „*...Gott der Allmaechtig verleyhe / daß wir durch solchen seinen schroecklichen Zorn moegen zu wahrer Buß belehrt un(d) bewegt werden / damit wir im in die Ruthen fallen / auff das er uns nit in dergleichen seinem Grim(m) bloetzlich auffraffe / umb Christi seines lieben Sons willen / Amen.*"[414]

---

411 Rottweyl, Warhaffte erschröckliche und unerhörte Newe Zeytung, Hohenems 1618, zitiert nach Falappi, Relazioni su Piuro dopo la frana, 117.

412 Johann Georg Gross, Basilea 1618, zitiert nach Falappi, Relazioni su Piuro dopo la frana, 119.

413 Peter Schmidt, Warhaffte und erschreckliche Newe Zeitung, Halle in Sassonia 1618, zitiert nach Falappi, Relazioni su Piuro dopo la frana, 111.

414 Ebenda.

Genau wie beim großen Mönchsbergsturz wurden die Menschen von den Verfassern der Schriften aufgefordert zu beten, um Gott milde zu stimmen und weiteres Unheil zu verhindern:

> *„O lassendt unss beten, doch gantz inbrünstig, das Gott seinen grossen Zorn stille, und unss nicht nach unserem verdienen straffe, sonder mit den augen seiner barmhertzigkeit anseche, und vor weiterem unfall gnedig behüette, Amen.“*[415]

Gott dürfte stets als allmächtig und zugleich als tröstlich erlebt worden sein, so wurden auch Psalmen in Umlauf gebracht um den Menschen Mut zuzusprechen:

> *„Von dem erschrocklichen undergang dess Fläcken Plurss in Puendten: Bericht Warnung und Trost Gestellt Durch Johan. Georg. Grossen H. Schrifft D. und Pfarr. Bey St. Peter in Basel. Psalm. 46.v.2.3. Gott ist unser zuversicht und staercke: ein Huelff in noethen die sehr bequem ist. Darumb foerchten wir uns nicht wann sich gleich die Erde von ihrer stett bewegte: und die Berg ins Meer hinein suncten: wann gleich sein Wasser brauset und wallet: und von seiner ungestuemigkeit die Berge bebeten. Sela.“*[416]

Im Unterschied zum großen Mönchsbergsturz wurde in den ausgewerteten Quellen keine natürliche Ursachenforschung des Unglücks betrieben. Dies lässt sich vermutlich dadurch erklären, dass es kaum Überlebende der betroffenen Ortschaften gab, die eine genaue Aufklärung der Katastrophe gefordert hätten.

5.4. Zur Bewältigung des Bergsturzes von Plurs

Wie nach dem großen Mönchsbergsturz wurde auch nach dem Bergsturz von Plurs rasch mit den Aufräumungsarbeiten begonnen. Wenngleich es in Plurs, anders als in Salzburg, kaum Überlebende gab, so galt es zumindest die Toten zu bergen. Um die Verwaltungstätigkeit im Katastrophengebiet wiederaufnehmen zu können, war es nötig, die erbberechtigten Hinterbliebenen ausfindig zu machen. Hierbei dürfte sich der Druck

415 Bergsturzbericht des Fortunatus Sprecher von Bernegg, zitiert nach Kahl, Plurs, 250.

416 Gross, Basilea 1618, zitiert nach Falappi, Relazioni su Piuro dopo la frana, 118.

von Hardmeyer als hilfreich erwiesen haben. Er stellte, wie bereits erwähnt, eine „katastermässige Rekonstruktion zur Lage einzelner Grundstücke“[417] dar, die es erlauben sollte, die einzelnen Besitztümer in den Trümmerfeldern auszumachen, um den Wiederaufbau der verschütteten Stätten voranzutreiben.

Um Unglücksfälle wie den Bergsturz von Plurs und den großen Mönchsbergsturz zu bewältigen und weitere derartige Ereignisse zu verhindern, suchten die Zeitgenossinnen und Zeitgenossen Trost und Hilfe im Gebet. Die Menschen wurden in den Berichten häufig aufgefordert Gott anzurufen.

In Salzburg kamen zudem die „Bergputzer“ zum Einsatz. In den für diese Arbeit ausgewerteten Darstellungen zu Plurs fanden sich keine Hinweise auf eine ähnliche Bewältigungsmaßnahme nach dem Bergsturz.

---

417 Kahl, Plurs, 257.

6. Resümee

Ziel war es, Bergstürze in der Stadt Salzburg und insbesondere den großen Mönchsbergsturz aus einer neueren kulturgeschichtlichen Sicht retrospektiv zu analysieren. Hierfür waren umfassende Recherchen in Archiven unumgänglich; außerdem wurden geologische Kenntnisse miteinbezogen.

Der Mönchsberg ist aus der zähen Salzburger Nagelfluh aufgebaut, der Kapuzinerberg aus Dolomitgestein. Letzteres ist sehr brüchig, deshalb kam es, anders als beim Mönchsberg, zu vielen, allerdings nur kleinen Massenbewegungen. Nachrichten über Gesteinsbewegungen des Mönchs- und Kapuzinerbergs sind spärlich und finden sich erst ab dem Jahr 1493 bzw. 1695. Die zeitliche Differenz von über 200 Jahren lässt sich anhand eines Vergleichs von Ansichten der Stadt Salzburg aus dem 16. bis 19. Jahrhundert erklären: Im Unterschied zur Gstättengasse war die Steingasse bis zum Beginn des 17. Jahrhunderts noch nicht flächendeckend besiedelt. Sie wurde durch umliegendes braches Land geschützt. Es kann davon ausgegangen werden, dass Häuser und Menschen nur selten von herab fallenden Steinen betroffen waren; vermutlich gibt es aus diesem Grund keine Berichte über Gesteinsbewegungen des Kapuzinerbergs bis zum Ende des 17. Jahrhunderts. Ab dem 18. Jahrhundert wurde die Steingasse dichter besiedelt, seit dieser Zeit liegen auch Meldungen über Steinablösungen vor.

Das folgenschwerste Unglück, das als „großer Mönchsbergsturz“ in die Geschichte Salzburgs einging, ereignete sich im 17. Jahrhundert. Am 16. Juli 1669 stürzte zwischen 2 und 3 Uhr morgens eine Felswand des Mönchsbergs auf geschätzte 13 Gebäude der Gstättengasse. Als Helfende versuchten die Opfer zu bergen, löste sich ein weiterer Teil des Berges und verschüttete auch diese. Erst nach einigen Tagen war es möglich, das Ausmaß der Katastrophe zu erfassen – die Markus-Kirche, das Kirchlein zu „Unserer Lieben Frau am Bergl“, das Priesterseminar und, wie bereits erwähnt, an die 13 Häuser der Gstättengasse waren zerstört worden. Es gab über 220 Tote zu beklagen.

Diese Erläuterungen zum großen Mönchsbergsturz stimmen mit dem bisherigen Forschungsstand der alten Stadtgeschichtsschreibung von Hübner, Zillner und Zauner bzw. Pezolt und Martin überein, doch erlaubten es umfassende Archivrecherchen, den bisherigen Forschungsstand deutlich zu erweitern.

So wurden bildliche Darstellungen ausgehoben und einer vergleichenden Analyse unterzogen. Hierbei ließ sich feststellen, dass der von Matthäus Merian 1644 angefertigte Kupferstich „Saltzburg“ anderen Kupferstechern als Vorlage gedient haben dürfte. Hinsichtlich der schriftlichen Darstellungen konnten bisher in der Forschung zum großen Mönchsbergsturz unberücksichtigte Totenroteln, barocke Chroniken und Diarien gefunden und einer quellenkritischen Untersuchung zugeführt werden. Da die Quellen größtenteils von Vertretern der Kirche angefertigt worden waren, wurde der Schwerpunkt auf die kirchlichen Institutionen und die Auswirkungen auf diese gelegt. Weiters sind in den Quellen die Namen der Kirchenvertreter, die von dem Unglück betroffen waren, genau vermerkt, so ist es möglich, den Ausbildungsweg der Alumnen des Priesterseminars nachzuzeichnen.

Anhand eines Vergleiches der Eintragungen von 1659 bis 1679 in den Sterbebüchern der Dompfarre Salzburg konnte gezeigt werden, dass die überlieferte Zahl von über 200 Todesopfern durchaus realistisch ist, dass sich aber die Bergung der Umgekommenen über Jahre hinzog.

Im Unterschied zu einem zeitgenössischen Flugblatt, das mit Auslassungen an Beginn und Schluss 1922 von Franz Martin ediert worden war, wurde der große Mönchsbergsturz in einem zweiten Flugblatt, das hier erstmals einer quellenkritischen Untersuchung zugeführt wurde, mit dem Bergsturz von Plurs verglichen. Er wurde deshalb auch in dieser Arbeit als Vergleichsbeispiel herangezogen. Die katholisch geprägte Stadt Plurs lag im italienischsprachigen Bergell und zählte im 17. Jahrhundert zum Untertanenland von Graubünden. Sie war 1618 gemeinsam mit dem Dorf Chilano durch den Bergsturz vollständig zerstört worden.

Bei näherer Betrachtung ließen sich Gemeinsamkeiten zwischen den beiden extremen Naturereignissen feststellen: Plurs bildete im 17. Jahrhundert eine kleine Handelsstadt, die direkt an den Fuß des Monte Conto, ähnlich wie Salzburg an den Fuß des Mönchsbergs, gebaut war. Beide Berge, die aus kompaktem Fels aufgebaut sind und somit zu größeren Gesteinsabbrüchen neigen, dienten den Stadtbewohnerinnen und Stadtbewohnern als Rohstofflieferanten. In Salzburg wurden Bau- und in Plurs Lavezsteine gewonnen. Durch die Errichtung von Steinbrüchen wurde der Hangfuß der Berge abgebaut; dies führte zur Destabilisierung der darüber liegenden Felsschichten. Das Zusammenspiel von Kluftbildungen und starken Niederschlägen gilt als vorbereitender bzw. auslösender Faktor des großen Mönchsbergsturzes und des Bergsturzes von Plurs.

Schriftliche und bildliche Quellen zeigen, dass die beiden Bergstürze mit Schrecken wahrgenommen wurden. Es waren die Unerwartetheit des Unglücks, das Zerstörungsausmaß und die große Opferzahl, die den Zeitgenossinnen und Zeitgenossen zu schaffen machten. Die Bevölkerung Salzburgs war bestrebt, die Ursache des Mönchsbergsturzes in Erfahrung zu bringen. Sie griff auf rationale Erklärungsversuche wie auch auf symbolische Deutungsweisen zurück. Auffallend ist, dass alle Quellen, die sich dem Deutungsaspekt widmen, einen Bezug zu Gott aufweisen. Gott wurde sowohl als „barmherziger Vater“ als auch als „strenger Richter“ erlebt. Unterschiedliche Deutungsmuster wurden häufig miteinander kombiniert. Dies bedeutet, dass die Betroffenen den großen Mönchsbergsturz zwar mit Gott in Verbindung brachten, mitunter aber zugleich nach natürlichen Ursachen des Unglücks suchten. Im Unterschied zum großen Mönchsbergsturz wurde in den ausgewerteten Quellen zum Bergsturz von Plurs keine natürliche Ursachenforschung des Unglücks betrieben. Dies lässt sich vermutlich dadurch erklären, dass es kaum Überlebende der betroffenen Ortschaften gab, die eine genaue Aufklärung der Katastrophe gefordert hätten.

Hinsichtlich der Bewältigung wurde rasch mit den Aufräumungsarbeiten begonnen. Es galt Verletzte und Tote zu bergen. Zudem suchten die Zeitgenossinnen und Zeitgenossen Trost und Hilfe im Gebet. Für Salzburg wurden zudem inschriftliche Quellen herangezogen, die vor allem den Aspekt der mentalen Bewältigung berühren. Hierzu zählen u. a. Gedenktafeln, die heute im St. Sebastiansfriedhof und direkt an der Außenmauer der Markus-Kirche zu finden sind. Weiters kamen die „Bergputzer“ zum Einsatz. Sie klopften die Stadtberge nun häufiger auf losen Fels ab. Durch ihre Arbeit konnten gröbere Unglücke verhindert werden.

Abschließend lässt sich sagen, dass sich die Methodik der neueren Kulturgeschichte, deren Ziel es ist, verschiedene Ansätze – in unterschiedlicher Stärke – zu thematisieren, als wohl effizienteste Herangehensweise erwiesen hat, um den großen Mönchsbergsturz in seinem Facettenreichtum zu rekonstruieren und zu analysieren.

Die im Anhang befindliche Sammlung an Quellen zum großen Mönchsbergsturz kann als Ausgangsbasis für weiterführende bzw. vergleichende Studien herangezogen werden.

7. Anhang

7.1. Transkription und Übersetzung der Beschreibung des großen Mönchsbergsturzes aus dem Tagebuch Amand Pachlers

Salzburg, Archiv St. Peter, HS. A. 54

[p. 92]
Julius 1669
Mons in Gstetten ruptus
16. Julij miserabile rursus et inauditum spectaculum Salisburgi contigit, dum ingens latus Montis Monachorum in Gstetten solutum cecidit et contrivit 14 domos, totum Seminarium Alumnorum cum annexa ecclesia S(ancti) Marci, a Marco Sittico olim erecta pro Fratribus Misericordiae. In qua terribili ruina, cum facta esset mane circa mediam tertiam, ubi omnes homines somno sepulti iacebant, personae ultra 250 contritae et saxis horrendis contectae atque sepultae miserabiliter fuerunt. In seminario vices absentis Regentis R(everendi) P(atris) Ludovici Engl Melicensis agebat R(everendus) P(ater) Bernardus Kimpfler e Burano monasterio; quem pridie visitaverat ad coenam invitatus R(everendus) P(ater) Amandus Probost ex eodem Burano monasterio, qui missus Salisburgum fuerat ad curam animarum suscipiendam. Qui dum eadem nocte mansisset apud P(atrem) Bernardum in Seminario, simul ambo corruente toto Seminario luctuosissime oppressi et contriti fuere, quorum corpora eadem die effossa, Bura(num) per aquam remissa sunt. Praefectum Seminarij agebat R(everendus) P(ater) Wolfgangus è Weichenstephano monasterio, qui similiter cum undecim alumnis et 4 sacerdotibus stipendiariis eadem ruina perierunt; quatuor alumni evaserunt. Pauci, qui in illis domibus habitabant, advertentes periculum fugerunt. Quam horribilis haec tragoedia fuerit, nullus calamus explicare potest. Neque adhuc finis malorum:
[p. 93]
Nam mons usque ad Hospitale civicum minitatur ruina. Deus vertat omnia in bonum! et misereatur nostri.
R(everendus) P(ater) Romanus Molitor nostri monasterij professus in hanc ruinam hoc epitaphium fecit:

Übersetzung

Bergsturz in der Gstätten
Am 16. Juli hat sich wieder ein schreckliches und unerhörtes Schauspiel in Salzburg ereignet, das eine gewaltige Wand des Mönchsbergs löste und in die Gstetten stürzte. Dabei zerstörte der Bergsturz 14 Häuser, das ganze Zöglingsseminar mit der anschließenden St. Markus-Kirche, die einst von Markus Sittikus für die Barmherzigen Brüder errichtet worden war. Bei diesem schrecklichen Bergsturz, der sich um halb drei Uhr in der Früh ereignete, als alle Menschen im Schlafe lagen, wurden mehr als 250 Personen zerdrückt, von den schrecklichen Felsen bedeckt und jämmerlich begraben. Im Seminar hatte anstelle des hochwürdigen Regens Pater Ludovicus Engl aus Melk der hochwürdige Pater Bernardus Kimpfler aus dem Kloster Michaelbeuern die Leitung inne, diesen hatte am Vortag der hochwürdige zum Essen eingeladene Pater Amandus Probost aus ebendiesem Kloster Michaelbeuern besucht, welcher nach Salzburg geschickt worden war, um die Seelsorge zu übernehmen. Da dieser in dieser Nacht bei Pater Bernardus im Seminar geblieben war, wurden beide zur selben Zeit, als das ganze Seminar einstürzte, in sehr trauriger Weise erdrückt und zermalmt; ihre Körper wurden am selben Tag ausgegraben und nach Michaelbeuern auf dem Wasserweg zurück geschickt. Der hochwürdige Pater Wolfgangus aus dem Kloster Weihenstephan übte im Seminar das Amt des Praefekts aus; er kam gleich wie elf Zöglinge und 4 Priesteramtskandidaten bei demselben Bergsturz um; vier Zöglinge entkamen. Wenige, welche in jenen Häusern wohnten, konnten, als sie die Gefahr erkannten, fliehen. Wie schrecklich diese Tragödie war, kann keine Feder erklären. Auch war dies nicht das Ende des Unglücks, weil der Berg bis hin zum Bürgerspital abzustürzen drohte. Möge Gott alles zum Guten wenden und sich unser erbarmen! Der hochwürdige Pater Molitor, ein Professe unseres Klosters, hat zu diesem Bergsturz folgendes Epitaph geschrieben:
[p. 93]

„Sta Viator, nec mirare, si in saxum obrigeas.	„Bleib stehen, Wanderer und wundere dich nicht, wenn du zu Stein erstarren solltest.
Sin uspiam, hic dura cernuntur fata.	Wenn irgendwo, dann er- fährt man hier das harte Los.
Heu!	Wehe!
Quanti casus humana rotant!	Wie große Unglücksfälle beunruhigen das Menschengeschlecht!
Praesertim ubi mons et mors simul irruunt saxeo agmine.	Besonders dort, wo Berg und Tod gemeinsam mit der steinernen Heerschar einfallen.
Hi pessimi aediles extruunt, ubi destruunt:	Diese unheilvollen Aedile bauen auf, in dem sie zerstören:
Hem! artis Ectypon.	Ach! Ein dröhnendes Monument der Kunst.
16. Julij in Platea Gstetten Per effusa montis viscera	Am 16. Juli ist in der Gstättengasse Indem sich die Glieder des Berges ergossen,
Saxorum rudis indigestaque moles ruit, & omnia diruit, Mediam partem è medio tollens.	eine rohe & ungeordnete Felsmasse niedergestürzt und hat alles zerstört, die Hälfte (der Menschen) aus unserer Mitte reißend.
Alumnorum Seminarium est Libitinae lararium.	Das Seminar der Zöglinge ist die Hauskapelle der Leichengöttin Libitina.
Deiparae Sacellum mortis refert macellum.	Die Kapelle der Muttergottes wird zum Fleischmarkt des Todes.

Cum	*Domibus Domesti*	Mit	Den Häusern gehen die Einwohner unter
	Parentibus liberi		den Eltern ihre Kinder
	Dominis famuli		den Herren ihre Diener

Vitali prius, tum lethali
somno sepulti
Terram premunt.

Zuerst im lebendigen, nun im
tödlichen Schlaf bestattet liegen
sie unter der Erde.

Aequali sorte,
inaequali pondere,
Suis, heu! fatis obruti.

Mit dem gleichen Schicksal,
aber mit ungleicher Last,
sind sie, ach!, bedeckt mit
ihrem Los.

Coniugibus thalamum in
tumulum,

Cunis, canis, lectum in
lethum
Vertit dura sors.

Das harte Schicksal hat den
Ehepaaren das Ehezimmer zum
Grab,
den Säuglingen und den Hunden die Schlafstätte zum Grab
verwandelt.

[p. 94]
Quam posteritati saxea
fama loquetur.

Wie der Nachkommenschaft
die Erzählung des Felsens
überbracht wird.

Tu
Qui montis hiatus
et inclusa
spectas funera,
Dic adgemiscens:
Judicia Dei
abyssus multa!"

Du
der du die Kluft des Berges
und die Gräber der
Verschütteten schaust,
sag seufzend:
Die Urteile Gottes sind
vielfach unergründlich!"

Atque haec tanta infortunia spectare debuit pientissimus Princeps et archiepiscopus Maximilianus Gandolphus anno primo sui regiminis, cuius misercordias in afflictos et pauperes, enarabit aliquando Ecclesia Salisburgensis. Facta tam gravi ruina montis iussi visitari montem nobis vicinum, an non Monasterio nostro quid simile minetur; et repertum est supra Eremitorium B(eati) Maximi ingens saxum, ruinae proximum, uti et minores crustae et prominentes lapides, qui vicinis aedibus et sepulturis jezign [sic!] Eremitorio ruinam et interitum minitabantur, quos deponi curavi, non parvis expensis. Vide infra in Augusto. ...

ÜBERSETZUNG

Und dieses so große Unglück musste der sehr fromme Fürsterzbischof Maximilianus Gandolphus im ersten Jahr seiner Regentschaft ansehen – über seine Barmherzigkeit gegenüber den Bedrückten und Armen wird einst die Kirche von Salzburg erzählen. Nach diesem so großen Bergsturz befahl er den uns benachbarten Berg zu besichtigen, ob nicht unserem Kloster (= St. Peter) etwas Ähnliches drohe, und es wurde oberhalb vom Eremitorium des seligen Maximus ein riesiger Felsbrocken entdeckt, der abzustürzen drohte, wie auch kleinere Felsbrocken und herausragende Steine, welche sowohl den benachbarten Gebäuden und Gräbern, dem jetzigen Eremitorium, mit Absturz und Zerstörung drohten. Um diese zu beseitigen war ein nicht geringer Aufwand nötig. Siehe dazu im Monat August ...

7.2. Transkription und Übersetzung des Berichtes über den großen Mönchsbergsturz von Senior Wolfgang Wernauer

AES, Priesterhaus Catalogus Ordinandorum 1669-1736 der Alumnen im Priesterseminar I. 10/81.

L i b e r   p r i m u s
In Nomine Domini.
Anno 1624. die 18 octobris ex mandato Illustrissimi Archiepiscopi Paridis etc. translatum est Seminarium Archiepiscopale ad S(anctum) Marcum sub P(atre) Carolo J a c o b monacho Andecensi Rhetiae [?] professi ord(inis) et tunc temporis viceregente.

Anno a Partu Virgineo 1669. Mensis Septembris, 15. die

Archiepiscopale seminarium a S(ancto) Marco translatum est ad Collegium D(ivi) Caroli. Causam inquiris tantae mutationis lector? Saxa, lapidesque interroga, et dicent tibi. Ubi montes ruunt ne fugae causam quaeras. Heu ingens cecidit moles e Monachorum monte (vulgo Minichsperg) et praeter totum Seminarium eiusque capellam D(ivo) Marco sacram, atque ad 30 personas eiusdem loci (quarum nomina paulo infra reperientur), 13 domos alias unacum pluribus hominibus miserabiliter contrivit. Non potuit alio tanta oppressorum multitudo sepulchrali saxo contegi. Unacum apprecor vobis pii manes, ne adeo contritos et sub monte humiliatos despiciat Deus. Vestrum ego Wolffgangus Wernauer (qui pro tempore senior haec rudi minerva annotavi.) nunquam non recordabor precibus et sacrificijs.

Agebat tunc admodum reverendi et clarissimi P(atris) Ludovici Engel, viri magni momenti, Seminarij regentis Viennae tunc morantis vices admodum reverendus et clarissimus Pater Benedictus Abelzhauser e ordine Sancti Benedicti monachus Seitenstettensis, [p. 2] sacratissimae Theologiae Doctor, Sacrae Scripturae et controversiarum fidei Professor ordinarius. Verum deo, Deipara Einsidlensi propitijs (ad quam recte iis canicularibus, quibus hic casus contigit, pervenit praefatus Pater Benedictus, commissa prius eisdem sua salute et itinere (quod iam iam ob defectum eidem Patri interea succedentis impediebatur) vitam suam salvavit, oppresso ilius loco R(everendo) P(atre) Bernardo Kimpfler Monasterij Burani ad sanctum Michaelem professo et in ipsius absentia vice Regente unacum confratre P(atre) Amando Probst pernoctante ibidem, sed nunquam amplius evigilante.

Tertius ex Benedictino ordine, qui huic ruinae succubuit, erat R(everendus) P(ater) Wolffgangus ex Monasterio Weichenstephanensi, vir magnae spei et probae vitae atque dominorum Alumnorum praefectus.

Domesticum ordinem Alumnorum accipe.

....

[p. 3]

Anno 1669. 15. Julij

Sub Regente ac simul inspectore Seminarij R(everendo) admodum et eximio P(atre) Ludovico Engel, ordinis S(ancti) Benedicti exempti monasterij Mellicensis in inferiori Austria professo, eminentissimorum Cardinalium, celsissimorum Principum Salisburgensium Guidobaldi Thunensis et Maximiliani Gandolphi Kuenburgensis a consilijs consistorialibus in Alma et celeberrima Universitate Benedictina Salisburgensi sacrorum canonum Professore ordinario primario sequens Alumnorum ordo domesticus tenebatur:

1. *Franciscus Monte, Roveretanus Tyrolensis, diaconus et senior, theologus.*
2. *Joannes Paulus Pfisterer, Salisburgensis, absolutus theologus, jurista, diaconus.*
3. *Martinus Spetl, Salisburgensis, theologus subdiaconus*
4. *Marcus Joannes Wolff(gangus) Pleiner, Rotwilanus, Suevus, theologus.*
5. *Georgius Schnell, Salisburgensis, minorista, theologus.*
6. *Virgilius Jerger, Salisburgensis, minorista, theologus.*
7. *M. Christophorus Khrumpenstetter, Forbachensis Austriacus, theologus.*
8. *Mauritius Stänol, Ottinganus Salisburgensis, theologus.*

[p. 4]

9. *Joannes Zotner, Salisburgensis, theologus, minorista.*
10. *Carolus Haslacher, Halensis Salisburgensis, minorista, theologus.*
11. *Georgius Schleindl, Perdorffensis Salisburgensis, minorista, theologus.*
12. *M. Achatius Rösch, Abbtenauensis Salisburgensis, minorista theologus †.*
13. *Franciscus Mayr, Salisburgensis, theologus.*
14. *Nobilis Gaudentius Stabe de Casuna de Ainsberg, Tyrolensis, physicus.*
15. *Georgius Grueber, Tambscoviensis*[418] *Salisburgensis, physicus.*

Sed ecce unius noctis miranda huius ordinis metamorphosin! Nam 16. Julij dicti anni 1669 post horam secundam mane tota moles de monte monachorum delapsa est, quae praeter 13 inquam domos, totum Seminarium Archiepiscopale oppressit et totaliter delevit. Oppressi sunt praeter supra praefatos Philippus Terg sacerdos condicionem expectans, Martinus Seidl, Leonhardus Spindler, Georgius Wall sacerdotes senes. Evasere ex hoc casu quatuor tamen Alumni (erant autem eorum 15) Georgius Schleindl, Joannes Zotner (uterque brevi post factus Minoristae in Wels, sed ille professionem non emisit) Georgius Schnell et Achatius Rösch, [p. 5] ita ut Zotner et Schleindl se ipsos e lapidum et lignorum strue

418 Aus Tamsweg.

extricarint, reliqui duo post mediam horam ab hominibus sint extracti.

Mansere porro miserabili hoc in casu servus Seminarij, coquus, eius uxor et filia, item famula, duo convictores, duae discipulae coquere discentes, soror coqui. Item Christianus Schwarz, Augustanus Suevus, iam iam Alumnus investiendus.

Caeterum quatuor superstites Alumni per duos menses convictores erant in Civitate apud dominam Hanin viduam.

Übersetzung

Erstes Buch

Im Namen des Herrn etc.

Im Jahr 1624 am 18. Oktober ist das Erzbischöfliche Priesterseminar auf Befehl des hochverehrten Erzbischof Paris [Lodron] etc. unter dem Pater Carol Jacob, Mönch und Ordensprofesse[419] des Klosters Andechs in Rätien und zu der Zeit Vizeregens, verlegt worden.

Im Jahre der jungfräulichen Geburt (Jesu Christi) 1669, am 15. September, wurde das erzbischöfliche Seminar von St. Markus zum Kollegium des Heiligen Carolus verlegt. Suchst du nach dem Grund einer solchen Veränderung, Leser? Frag die Felsen und Steine, sie werden ihn dir sagen. Dort, wo die Berge herabstürzen, suche nicht nach der Ursache der Flucht. Ach, eine riesige Wand ist vom Mönchsberg (im Volk Minigsperg) (herunter gestürzt) und hat nebst dem ganzen Seminar und seiner dem Heiligen Markus geweihten Kapelle an die 30 Personen an diesem Ort (deren Namen etwas weiter unten verzeichnet sind) sowie 13 andere Häuser zusammen mit vielen Menschen elendiglich zerdrückt. Nicht anderswie konnte eine so große Zahl an Zerdrückten mit einem Grabstein bedeckt werden. Ich bitte zusammen mit euch, ihr frommen Hinterbliebenen, möge Gott die so Erdrückten und unter

419 Professe: Ein Professe ist jemand, der sein Ordensgelübde („Profess" von lat. professio = Bekenntnis) bereits abgelegt hat. Er richtet nun sein Leben nach den Geboten Gottes aus und erfüllt die Ordensregeln, zu diesen zählen: *stabilitas loci*, Ortsgebundenheit, die nur Vorgesetzte aufheben können sowie *conversio morum*, Änderung der Sitten und Gewohnheiten.

dem Berg Begrabenen nicht bestrafen. Ich, Wolfgang Wernauer (welcher derzeit Senior ist und dies plump notierte) werde immer in Gebeten und Heiligen Messen euer gedenken.

Es bekleidete damals anstelle des ganz hochwürdigen und des erhabensten Paters Ludovicus Engel, eines Mannes von großer Bedeutung, der sich damals in Wien aufhielt, Pater Benedict(us) Abelzhauser aus dem Orden des Heiligen Benedikt, Mönch des Klosters Seitenstetten, [S. 2] Doktor der hochheiligen Theologie, ordentlicher Professor der Heiligen Schriften und Fundamentaltheologie (das Amt des Regens des Seminars). Durch die Gnade Gottes und durch die Fürsprache der Muttergottes von Einsiedeln – zu der der erwähnte Pater Benedikt zurecht in dieser Zeit, als sich das Unglück ereignete, kam; ihnen hatte er seine Gesundheit und seine (Rück-)Reise anvertraut, an der er wegen einer Krankheit, die demselben Pater zustieß, gehindert wurde – rettete er sein Leben, während an seiner Stelle der hochwürdige Pater Bernard Kimpfler, ein Professe des Klosters Michaelbeuern und in seiner Abwesenheit Vizeregens, zusammen mit dem Mitbruder Amand Probst, welcher dort übernachtete und niemals mehr aufwachte, erdrückt wurde.

Der Dritte aus dem Benediktinerorden, welcher diesem Bergsturz erlag, war der hochwürdige Herr Wolfgang Rudolph aus dem Kloster Weihenstephan[420], ein Mann von großer Hoffnung und rechtschaffenem Leben und Präfekt der Alumnen.

Siehe jetzt das Namensverzeichnis der Alumnen im Haus.

...

[S. 3]

Im Jahr 1669. 15. Juli

Unter dem Regens und Aufseher des Seminars, dem hochwürdigen und vorzüglichen Pater Ludwig Engl aus dem Orden des Hl. Benedict, eines Professen des exemten Klosters Melk in Niederösterreich, ordentlicher Professor des Kirchenrechts an der ehrenwerten und berühmten Benediktineruniversität, unter den Konsisto rialversammlungen der hervorragendsten Kardinäle und

420 Befindet sich in Bayern, heute Stadtteil der Großen Kreisstadt Freising.

hochwürdigsten Salzburger Fürstbischöfe Guidobald Thun und Maximilian Gandolph von Khuenburg, waren folgende Alumnen im Namensverzeichnis des Hauses verzeichnet:

1. Franciscus Monte aus Rovereto, Tirol, Diakon und Senior, Theologe.
2. Joannes Paulus Pfisterer aus Salzburg, fertiger Theologe, Jurist, Diakon.
3. Martin(us) Spetl aus Salzburg, Theologe, Subdiakon.
4. Marcus Joannes Wolff(gangus) Pleiner aus Rotweil, Schwabe, Theologe.
5. Georg(ius) Schnell aus Salzburg, Minorit, Theologe.
6. Virgil(ius) Jerger aus Salzburg, Minorit, Theologe.
7. M. Christopher(us) Khrumpenstetter aus Formbach, Österreich, Theologe.
8. Mauritius Stänol aus Otting, Salzburg, Theologe.

[S. 4]

9. Joannes Zotner aus Salzburg, Theologe, Minorit.
10. Carol(us) Haslacher aus Hallein, Salzburg, Minorit, Theologe.
11. Georg(ius) Schleindl aus Berndorf, Salzburg, Minorit, Theologe.
12. M. Achatius Rösch aus Abtenau, Salzburg, Minorit Theologe †.
13. Franciscus Mayr aus Salzburg, Theologe.
14. Der Adelige Gaudentius Stabe de Casuna de Ainsberg, Tirol, Physiker.
15. Georg(ius) Grueber aus Tamsweg, Salzburg, Physiker.

Aber siehe, in einer einzigen Nacht nahm dieser Orden eine andere Gestalt an! Nämlich am 16. Juli des genannten Jahres 1669 nach zwei Uhr am Morgen ist die ganze Wand vom Mönchsberg abgestürzt, welche außer 13 Häusern, sage ich, das ganze Erzbischöfliche Seminar erdrückt und völlig zerstört hat. Über die Genannten hinaus wurden der Priester Philip Terg, der auf die Einteilung durch den Erzbischof gewartet hatte, sowie die alten Priester Martin(us) Seidl, Leonhard(us) Spindler und Georg(ius) Wall verschüttet. Lediglich vier Alumnen entkamen dem Unglück (es waren aber 15): Georg(ius) Schleindl, Joannes Zotner (beide wurden kurz danach

Minoriten[421] in Wels, aber der Zweitere hat sein Gelübde nicht gehalten), weiters Georg(ius) Schnell und Achatius Resch, [S. 5] und zwar dergestalt, dass Zotner und Schnell sich selbst aus der Masse der Steine und Hölzer herausgewunden haben, während die übrigen zwei nach einer halben Stunde von Menschen geborgen wurden.

Desweiteren sind bei diesem beklagenswerten Unglück der Diener des Seminars, der Koch, seine Frau und Tochter, ebenso eine Dienerin, zwei Inwohner, zwei (weibliche) Kochlehrlinge und die Schwester des Kochs (unter den Schuttmassen) verblieben. Ebenso Christian(us) Schwarz aus Augsburg, ein Schwabe, ein in Kürze einzukleidender Alumne. Im Übrigen waren die vier übrig gebliebenen Alumnen durch zwei Monate Inwohner bei der Witwe Frau Hanin in der Stadt.

7.3. Transkription und Übersetzung des Berichtes über den großen Mönchsbergsturz von Pater Benedikt Abelzhauser

Salzburg, Diözesane Priesterhausbibliothek, Handschrift[422], alte Signatur B

Nomina, cognomina, patria, aetas Tyronum suscipiendorum in Alumnatu archiepiscopali 1672

[p. 1]

In nomine Domini.

Anno a partu virgineo 1669, 15 septembris archiepiscopale seminarium a S(ancto) Marco translatum est ad Collegium D(ivi) Caroli. Causam inquiris tantae mutationis? Lapides interroga, et dicent tibi. Ubi montes ruunt, ne fugae causam quaeras. Cecidit, heu! ingens moles e Monachorum monte (vulgo Minigsperg) et praeter totum seminarium eiusque capellam, D. Marco sacram, atque ad 30 personas eiusdem loci (quarum nomina in senioris alumnorum libro annotata invenies), 13 alias domos unà cum pluribus hominibus miserabiliter contrivit. Non potuit alio tanta oppressorum multitudo sepulchrali saxo contegi. Unicum apprecor vobis, pii manes, ne adeo contritos et sub

421 Minorit ist die Bezeichnung für einen Angehörigen eines der drei Zweige der Ordensfamilie des Hl. Franz von Assisi.

422 Der Bericht baut weitgehend auf dem des Seniors des Seminariums der Alumnen, Wolfgang Wernauer, auf und bezieht sich auch explizit darauf.

monte humiliatos despiciat Deus. Vestrum nunquam non recordabor precibus, sacrificiis, qui et ipse vicinus fui ruinae. Agebam admodum reverendi et celsissimi P. Ludovici Engl, seminarii regentis vices, qui tunc Viennae morabatur, sed Deo ac Deiparâ Einsidlensi propitiis (ad quam recte iis canicularibus [quibus][423] *hic casus contigit, perveni*[424]*, commissa prius eisdem mea salute et vulnere*[425]*, quod iam iam ob defectum, mihi interea succedentis impediebatur) vitam meam salvavi, oppresso mei loco R(everendo) D(omino) Bernardo Khimpfler monasterij Burani ad S. Michaelem professo et in mea absentia vice-regente, una cum confratre P(atre) Amando Probst, pernoctante ibidem, sed nunquam amplius evigilante.*

[p. 2]

Tertius e benedictino ordine, qui huic ruinae succubuit, erat R(everendus) D(ominus) Wolfgangus Rudolphus e monasterio Weichenstephanensi, vir magnae spei et probae vitae atque alumnorum praefectus. Caetera in citato senioris libro legere est.

Evaserunt ex hoc casu 4 tantum alumni (erant autem eorum 15) N. Schleindl, Joannes Zotner (uterque brevi post factus Minorita in Wels, sed ille professionem non enixsit) Georgius Schnell et Achatius Resch ita, ut Zotner et Schnell seipsos e lapidum et lignorum [strue][426] *tunc extricarint, reliqui duo post mediam horam ab hominibus sint extracti.*

D(ominus) Achatius Resch mox in Collegio S. Caroli constitutus est alumnorum senior et magno zelo ac vigilantia etiam-num hoc officium implet.

Sequentes studiosi intra dictum Collegium (nam ex diruto loco non nisi quatuor salvati sunt et duobus factis religiosis, Resch solum remansit et Schnell, qui posterior Anno 1670. 7 decembris ad cooperaturam in Zell dioecesis salisburgensis est egressus) ad seminarium sunt assumpti. Primus Joannes Beckh Aenipontanus Tyrolensis 22. Martij Anno 1670 th(eologus); secundus Mathaeus Aigner Mylldroffensis, Salisburgensis th(eologus); tertius Simon Widhölzl Pfaffenhovensis, Boius, logicus. Quartus Wolfganus Passauer Kezingensis, Boius, logicus. Quintus Ferdinandus Keler Ginzburgensis, Suevus, logicus. Sextus

---

423 Gemäß der Vorlage ist *quibus* nach *canicularibus* zu ergänzen.

424 Nach der Vorlage zu schließen muss es *perveni* heißen, da dort erwähnt wird, dass Benedictus Abelshauser gekommen sei (*pervenit*).

425 In der Vorlage steht stattdessen *itinere*.

426 Ergänzt auf der Basis der Vorlage.

Paulus Schwaiger Joannensis, Salisburgensis, logicus. Omnes [p. 3] *eodem die et anno quo primus indutique habitu allumnorum. ...*

Scriptor horum fuit P. Benedictus Abelzhauser, monachus benedictinus, professus in monasterio Seittenstettensi Austriae Inferioris, alumnorum regens in Collegio S. Caroli, et ad S. Marcum aliquot mensibus subregens, doctor theologiae, S. Scripturae et Controv(ersiarum) ... Professor. Resignavit hoc officium et domum prior factus, abiit Anno 1672. ad finem Januarii.

Übersetzung

Namen, Beinamen, Herkunft und Alter der im erzbischöflichen Haus der Alumnen aufzunehmenden Schüer, 1672

[S. 1]

Im Namen des Herrn

Im Jahre der jungfräulichen Geburt (Jesu Christi) 1669, am 15. September, ist das erzbischöfliche Seminar von St. Markus zum Kollegium des Heiligen Carolus verlegt worden. Suchst du nach dem Grund einer solchen Veränderung? Frag die Steine, sie werden ihn dir sagen. Dort, wo die Berge herabstürzen, suche nicht nach der Ursache der Flucht. Ach, der Berg fiel! Eine riesige Wand ist vom Mönchsberg (im Volk Minigsperg) (herunter gestürzt) und hat nebst dem ganzen Seminar und seiner dem Heiligen Markus geweihten Kapelle an die 30 Personen an diesem Ort, deren Namen der Alumnen du im Verzeichnis des Seniors der Alumnen verzeichnet findest sowie 13 andere Häuser zusammen mit vielen Menschen elendiglich zerdrückt. Nicht anderswie konnte eine so große Zahl an Zerdrückten mit einem Grabstein bedeckt werden. Nur eine einzige Sache erbitte ich mir von euch, ihr frommen Hinterbliebenen, möge Gott die so Erdrückten und unter dem Berg Begrabenen nicht bestrafen. Ich erinnere mich an euch immer durch Gebete und heilige Messen, da ich selbst Nachbar des Sturzes war. Ich bekleidete das Amt des Regens des Seminars anstelle des ganz hochwürdigen und des erhabensten Paters Ludovicus Engl, der sich damals in Wien aufhielt, aber durch die Gnade Gottes und durch die Fürsprache der Muttergottes von Einsiedeln[427]

427 Wallfahrtsort in der Schweiz.

– zu der ich zurecht in dieser Zeit, als sich das Unglück ereignete, kam; ihnen habe ich meine Gesundheit und meine (Rück-)Reise[428] anvertraut, an der ich wegen einer Krankheit, die mir inzwischen zustieß, gehindert wurde – habe ich mein Leben gerettet, während an meiner Stelle der hochwürdige Pater Bernard Kimpfler, ein Professe[429] des Klosters Michaelbeuern und in meiner Abwesenheit Vizeregens, zusammen mit dem Mitbruder Amand Probst, welcher dort übernachtete und niemals mehr aufwachte, erdrückt wurde.

[S. 2]

Der Dritte aus dem Benediktinerorden, welcher diesem Bergsturz erlag, war der hochwürdige Herr Wolfgang Rudolph aus dem Kloster Weihenstephan[430], ein Mann von großer Hoffnung und rechtschaffenem Leben und Praefect der Alumnen.

Das Übrige ist im schon zitierten Buch des Seniors zu lesen. Lediglich vier Alumnen entkamen diesem Unglück (es waren deren aber 15): N(ikolaus)[431] Schleindl, Joannes Zotner (beide wurden kurz danach Minoriten[432] in Wels, aber der Zweitere hat sein Gelübde nicht gehalten), weiters Georg(ius) Schnell und Achatius Resch, und zwar dergestalt, dass Zotner und Schnell sich selbst aus der Masse der Steine und Hölzer herausgewunden haben, während die übrigen zwei nach einer halben Stunde von Menschen geborgen wurden.

Der Herr Achatius Resch wurde bald im Collegium des Heiligen Carolus als Senior der Alumnen[433] eingesetzt und erfüllt noch heute mit großem Eifer und mit großer Wachsamkeit dieses Amt.

Die folgenden Studenten sind in dem genannten Collegium in das Seminarium aufgenommen worden (weil nämlich aus dem zerstörten Ort nicht mehr als vier gerettet worden sind und nachdem zwei Ordensleute geworden sind, verblieben nur Resch und Schnell, von welchen der Letztere im Jahre 1670 am 7. Dezember

428 Da *vulnere* keinen echten Sinn ergibt, ist wohl von der Lesart *itinere* der Vorlage auszugehen.

429 Siehe Fußnote 419.

430 Befindet sich in Bayern, heute Stadtteil der Großen Kreisstadt Freising.

431 In der Vorlage lautet der Vorname *Georg(ius)*.

432 Siehe Fußnote 421.

433 Vertreter des Regens und Subregens, mündliche Mitteilung von Ivo Pomper, 24. 07. 07.

das Amt des Kooperators in Zell am See in der Diözese Salzburg antrat).

Der Erste, Joannes Beckh aus Innsbruck in Tirol, (trat) am 22. März im Jahr 1670 (ein), ein Theologe; der Zweite, Mathaeus Aigner, aus Mühldorf in Salzburg[434], auch Theologe; der Dritte, Simon Wildhölzl aus Pfaffenhofen in Bayern, ein Logiker. Der Vierte, Wolfgang Passauer, aus Kezingen, Bayern, ein Logiker. Der Fünfte, Ferdinand Keller, aus Ginzburg, Schwaben, ein Logiker. Der Sechste, Paulus Schwaiger, aus St. Johann in Salzburg, ein Logiker.

Alle sind am gleichen Tag und im gleichen Jahr [d. h. am 22. März 1670] mit dem ersten Alumnus eingekleidet worden. ...

Schreiber dieser Zeilen war Pater Benedikt Abelzhauser, Benediktinermönch, Professe im Kloster Seitenstetten in Niederösterreich, Regens der Alumnen im Collegium des Heiligen Carolus, und beim Heiligen Markus einige Monate Subregens, Doktor der Theologie und Professor der Heiligen Schrift und Fundamentaltheologie.

Zum Prior (seines Klosters) ernannt, verließ er dieses Amt und Haus und starb im Jahre 1672 Ende Januar.

7.4. Transkription und Übersetzung der Beschreibung des großen Mönchsbergsturzes von Chronist Bernhard Viechter

Salzburg, Archiv St. Peter, HS. A. 145 fol. 331v.

A(nn)o 1669:
...mense Julio contigit illa miserabilis ruptura et casus montis monachorum ind der Gstöttn allhie zu Salzburg, de quo plura diariu(m) fol. 92 quo casu territus abbas noster iussit visitare per perperitos montem nobis prominente(m) et inventum e(st) supra Eremitoriu(m) ingens saxum casui proximum, uti et minores crustae et prominentiae sepulturis et vicinis aedibus interitum minitantes. Ideo abbas no(ster) mense Augusto iussit

den Berg abzuraumen, so gekhostet von von 20. Juli an bis 31 Augusti 77 Fl. 44 x. – fol. 94 et 95.

434 Befindet sich heute in Oberbayern und ist die Kreisstadt des gleichnamigen Landkreises.

ÜBERSETZUNG

Im Monat Juli ereignete sich jener jämmerliche Bergsturz des Mönchsbergs in der Gstöttn allhie zu Salzburg, über welchen das Tagebuch auf fol. 92 (erzählt). Durch diesen Unglücksfall verschreckt befahl unser Abt, den uns nahen Berg durch erfahrene Sachverständige zu besichtigen und dabei wurde oberhalb des Eremitoriums ein riesiger dem Absturz naher Felsen gefunden, ebenso auch kleinere hinausragende Steine, welche den Grabstätten und den benachbarten Gebäuden mit dem Untergang drohten. Daher hat unser Abt im Monat August befohlen den Berg abzuräumen; dies verursachte Kosten von 20. Juli an bis 31. August in der Höhe von 77 Gulden, 44 Kreuzer – siehe fol. 94 et 95 (des Diariums).

7.5. Transkription und Übersetzung der Beschreibung des großen Mönchsbergsturzes von Joseph Mezger

Joseph Mezger, Historia Salisburgensis. Hoc est: Vitae Episcorum Et Archiepiscorum Salisburgensium, [Salzburg] 1692, 893.

Rupifragium anno MDCLXIX die 16. Julii

Majus illud & famosius à ruprifragio Salisburgo damnum. Montis Monachorum latus, quod plateæ Gstöttensi imminet, pede per accolarum excavationes in dies magis magísq(ue) debilitato, intra secundam & tertiam horam matutinam diei 16. Julij repentè solvi cœpit, & ingenti subsidentium saxorum ruina totum Archiepiscopale Seminarium cum æde D(omino) Marco sacra, ac anteriori parte Sacelli B(eatae) Virg(inis) simúlque tredecim domos evertit. Ultraducenta capita haec ruina involuit, inter quæ Alumni sedecim, & tres PP. (=Patres) Benedictini: quatuor ex Alumnis vivi è ruinis extracti, & servati fuêre. Nec uno actu tragoediam Libitina absolvit; duplici ictu opus erat in tot funera, primum quippe montis lapsum, exiguo pòst intervallo consecuta est nova saxorum depluentium grando, quæ complures spectandi aut juvandi gratiâ præsentes oppréssit. Mœsti convices hoc epicedion pijs cæsorum manibus posuerunt.

[Zum Wortlaut der daran folgenden Wiedergabe des Epitaphs vgl. oben S. 162-164]

ÜBERSETZUNG

Eine größere und bedeutendere Katastrophe rührt vom Salzburger Bergsturz her. Nachdem der Mönchsberg am Fuß durch die Aushöhlungen der Einwohner von Tag zu Tag brüchiger geworden war, begann sich die Seite, welche über die Gstättengasse hereinragt, während der zweiten und dritten Stunde am 16. Juli plötzlich zu lösen und verschüttete mit einem gewaltigen darauf folgenden Felssturz das ganze Erzbischöfliche Seminar zusammen mit der dem Heiligen Markus geweihten Kirche sowie mit dem vorderen Teil der Kapelle der Heiligen Jungfrau gemeinsam mit dreizehn Häusern. Über 200 Menschen wurden dadurch verschüttet, unter ihnen waren 16 Alumnen und drei Benediktinerpatres: Vier von den Alumnen wurden lebend aus den Trümmern gezogen und gerettet. Doch nicht in einem Akt hat Libitina die Tragödie abgewickelt, ein doppelter Schlag war notwendig für so viele Leichen: Zuerst ereignete sich nämlich der Bergsturz und nach einer kurzen Zeit folgte ein neuer Hagel an herabfallenden Felsstücken, der sehr viele Menschen, die als Zuschauer oder Helfer anwesend waren, erdrückte. Traurig haben die Mitbürger die folgende Inschrift für die fromme Schar an Getöteten aufgestellt.

[Zum Wortlaut der daran folgenden Wiedergabe des Epitaphs vgl. oben S. 162-164]

7.6. Transkription der Totenrotel von Bernhard Kimpfler und Amand Probost und Übersetzung der auf den großen Mönchsbergsturz bezogenen Teile

Salzburg Archiv St. Peter, HS. A 555, rot. 144

Non simplices ferimus ad vos lacrumas, néque fere notam huc usque Fatorum in nos volentiam. Fidem forsitan negabitis, aut in tales nostros casus icisse fœdus, majus equidem solito auxilium flagitamus; prout nempè mortalium invasit hostis qui cottidiano quasi odio & usu sagacior, postquam in singulos hactenus specula emisit: quò simul plures nunc fundat, ex fundâ montes jacit. Audite & adhorrescite. R. P. BERNARDUS KIMPFLER[435] *pro*

---

435 „f“ wurde nachträglich eingefügt.

Archiepiscopalium Alumnorum per vacationes duntaxat, Regente (ut vocant) tertius ipse, ac lubens in infaustam suam, atque à duobus antea recusatam vicem sublectus est. quanto minus, quàm manifesto fato? Paucis post diebus, R. P. AMANDUS PROBOST Salisburgum pro curâ animarum subit. O incuriam! Vesperi Confratrem è cæteris semper unicum in Clericali illâ domo salutat: atque ut non satis diu amico potitum se testaretur, etiam noctu manet. dulcem demum invicem somnum comprecantur, eapiúntque nunquam eheu! posthac expergefuturi. Ecce enim. XVII.^{mo} Calendas Sextiles surgentis diei tertiâ, terra movet[436]*, & mons à Monachis nominatus hic duabuscum sacris ædibus multas adsitas domos, quas protegere debuisset, tantâ ruinâ obtegit, ut ne appareat fuisse. Ingens hominum frequentia, Salisburgi certè pars aliqua, uno simul non tumulo, sed monte sepulta est Sexus, ætas, conditio, meritum, omnia citra discrimen cecidêre, nunquam aliàs clariori, magisve compendioso miseræ mortalitatis exemplo. Laboriosis mox ligonibus item est in viscera terræ: & vesperi circa septimam ambo nostri Patres inde recepti. Modus hic & ordo mortis est, cùm dies cœpit, & jamjam fuit, ut evigilarent; suprema illos nox cepit, ut obdormirent: diurnas quando horas complere soliti in lucem venerunt, (quod iterum miremur) umbræ simul & lumina. Enimvero religiosa pietas, omni illâ mole, quin eluceret, premi, aut extingui haut potuit. En grave à manu tam Amandâ, quàm Reverendissimâ testimonium. P. BERNARDUS magno contritionis signo repertus est, indutus S. Scapulari, complicatis ad pectus manibus imaginem B.mæ Virginis MARIAE pectore tenus complectens arcto sinu, ut vix avelli posset. P. AMANDUS impetu lapidis fractâ dorsi spinâ velut complicatus in ruinâ repertus est. Unicum id ante omnia expediit, mente, quàm membris, prius conteri; Matrémque Clementiæ firmiter in pectore ferre, qui & illi vellet perpetuum cordi esse. Sufficiant pia haec iudicia, quò calamitosum licet genus mortis minus adominemini. Contritis tritissima ad cœlum via est. Vixit P. BERNARDUS annos XXXV; AMANDUS XXVVIII. in religione ille supra X. annos octo; hic unum: in Sacerdotio alter XI. iste IV. utérque exemplari semper innocentiæ curâ operatus est. Natura ambobus ad omne lucrum Talenta dedit, nisi quantocius, & altùm defodienda: Virtus eò meliora superfudit, quò*

436 Eventuell als Hinweis auf ein Erdbeben zu deuten, das den Bergsturz auslöste.

citius cœlo digna. Quisquis non invidus BERNARDUM vidit, libenter vidit: alter Nomine proprio AMANDUS fuit. Mira quanta inter ambos animi conjunctio; & quod in isthac rarissimè contingit, pro familiaritate, mutuam invicem, singularèmque solvêre reverentiam. Vnde quomodo in vitâ suâ dilexerunt se, ita & inmorte non sunt separati. Uti nec olim in vitâ, nec nuper in morte, ita utíque nec modò in beatâ requie! P. BERNARDUS in fatales illas tenebras brachiis illigatam fidissimam semper, & consuetam suam secum Ducem habuit, ne erraret. P. AMANDUS pridie suum è mortalibus abitum ad S. Petrum veluti claves & ostium cœli in crastinum pactus, pane & vino sacrificavit: & ambulavit in fortitudine cibi illius, usque ad MONTEM DEI. Scitis Confœderati Colend.^mi^, non facilè evenire, ut arenâ sabulóque contectis pulvisculus non hæreat; & vero cœlestibus nihil deterreo misceri. Quare piâ manu excutite, purósque nostros Patres ad Divos emittite. Datam opem pari quondam operâ compensaturi Deum interim precamur, ut fœdus minori aliquando causâ, ac mitiori necessitate à Nobis reposcatis. Burae S. Michaêlis, 21. Julii, Anno 1669.

Rev(erendissi)^mæ^ & Amplißimæ Dominationi Adm(odum) R(everendissimi) & R(everendissimae) D(omini) P(atres) Addictissimi Confœderati

MICHAEL ABBAS,
ALPHONSUS PRIOR,
& Conventus.

Übersetzung

Von keinen einfachen Tränen berichten wir euch und von einer bisher weithin unbekannten Gewalt des Schicksals gegen uns. Vielleicht schenkt ihr dem (Folgenden) keinen Glauben (oder glaubt), dass wir zu einem derartigen Unglück einen Vertrag (mit dem Bösen) geschlossen haben. Wir fordern freilich eine größere Hilfe als gewöhnlich, da uns ja der Feind des Menschengeschlechts heimgesucht hat, der gleichsam verschlagener als der täglich gewohnte Hass ist, nachdem er bisher seine Pfeile nur gegen Einzelne ausgesandt hatte. ... Hört und erschaudert: Der ehrwürdige Pater Bernardus Kimp(f)ler ist anstelle des Regens der erzbischöflichen Alumnen für die Vakanz erwählt worden, der Dritte in diesem Amt zu seinem Unglück, das zwei andere[437] vorher verweigert haben. Wohl nur deswegen weil sein Schicksal feststand?

Nur wenige Tage später kommt Amandus Probost zur Seelsorge nach Salzburg. Oh welch ein Leichtsinn! Am Abend besucht er den einzigartigen Mitbruder zu Hause und um zu bezeugen, dass er nicht lang genug als Freund bei ihm gewesen sei, bleibt er auch über Nacht. Sie bitten schließlich gegenseitig um einen süßen Traum und erlangen letztendlich, nie wieder aufzuwachen. Siehe da, nämlich am 17. Tag vor den Kalenden des August (= 16. Juli) zur dritten Stunde am Morgen bewegt sich die Erde und der nach den Mönchen benannte Berg. Dieser bedeckt viele dort befindliche Häuser gemeinsam mit zwei geweihten Gebäuden, die Häuser, die er eigentlich hätte beschützen sollen, mit einem so großen Bergsturz, dass es schien, dass es (die Gebäude) nie gegeben habe. Eine riesige Anzahl an Menschen, mit Sicherheit ein nicht unerheblicher Teil Salzburgs, ist gemeinsam nicht in einem Grab, sondern unter einem Berg begraben worden. Alle verloren ihr Leben ohne Unterschied des Geschlechts, des Alters, der Lebensumstände und der Verdienste. Niemals gab es anderswo ein augenscheinlicheres und umfassenderes Beispiel der beklagenswerten Sterblichkeit. Mühsam ging man bald mit Schaufeln daran, die Leichen aus den Erdmassen zu befreien und am Abend um die siebte Stunde wurden unsere beiden Patres dann gefunden. Auf folgende Art und Weise sind sie zu Tode gekommen: Als der Tag schon angebrochen war und es schon zu dämmern begann, hat die äußerste Nacht sie eingefangen, damit sie entschlafen. In der Zeit, als sie gewöhnlich die täglichen Gebetsstunden erfüllten und das Tageslicht erblickten, kamen, was wiederum verwunderlich ist, zugleich Schatten und Licht. Denn ihre Frömmigkeit und Religiosität konnte durch jenen großen Bergsturz weder erdrückt noch ausgelöscht werden, vielmehr erstrahlt dadurch ihre Frömmigkeit. Ach, was für ein schwerwiegendes Zeugnis aus der Hand des Amandus wie auch des hochverehrten [Bernardus]. Und der Pater Bernhard wurde mit großen Verletzungen aufgefunden, bekleidet mit dem heiligen Scapular mit vor dem Herzen überkreuzten Händen, das Bild der seligsten

437 Gemeint ist wohl, dass Benedikt Abelshauser und Wolfgang Wernauer nicht in Salzburg waren.

Jungfrau Maria vor dem Herzen umarmend mit festem Griff, sodass es kaum entrissen werden könnte. Pater Amandus wurde verschüttet vom Bergsturz mit einer durch den Steinschlag gebrochenen Wirbelsäule aufgefunden.

Allein das hilft besonders, mehr im Geist als in den Gliedern zermalmt zu werden, weiters das Bild der gütigen Gottesmutter fest am Herzen zu tragen ... Die Zermalmten müssen jetzt den betrüblichen Weg zum Himmel antreten.

Pater Bernhard wurde 35 Jahre alt, Amandus 28. Bernhard war 18 Jahre im geistlichen Stand, Amandus eines. Bernhard war elf Jahre Priester, der andere vier und beide waren von einer beispielhaften Sorge um einen sündenfreien Lebenswandel. ... Jeder der Bernardus nicht voll Neid sah, begriff freilich: Der Zweite hatte sogar den sprechenden Namen Amandus [der Liebenswerte].

7.7. Transkription der Totenrotel von Wolfgang Rudolph und Übersetzung der auf den großen Mönchsbergsturz bezogenen Teile

Salzburg Archiv St. Peter, HS. A 555, rot. 148

Non amplius, eheu! parturiunt Montes, ut nascatur ridiculus Mus, Sed tanquam pertæsi antiquæ hujus næniæ, pro Majestate Conditoris, ostentant, quid valeant in ridiculos homines. Stant, & nativo suo robore frmantur in omnem vim. Dissiliunt, crepant, fluunt sicut cera à facte ignis, ad omnem Divinæ Nemesis nutum. Diceres eo consilio, contra naturam suam, in cælum attolli, ut ad Judicantis imperium intenti, ponderosa sua capita in Cervicem illorum hominum subito casu deponerent, quos feralis Mortis sententia tangeret, premeret suprema hora. Heu! quid unquam, aut uspiam homini tutum, quando Montes illi, qui præterito bello Germanico toties receperant fugam nostram, jam ipsi armantur in miseros mortales? si in ipso Juvavio diducta in orbem mortis homicidia in unum aliquem angulum juvat cogere, & tanquam ab unâ cervice, plus quam Neroniana crudelitate, multa capita uno ictu demetere? ô quam nulla saxis pietas est! nam & innoxiè offendentes usque ad sanguinem lædunt; & non læsi innocents cum nocentibus prosternunt, opprimunt, ac pænè anteqam moriantur, sepeliunt. Imperio jam explorata & deplorata res est, quantam hominum stragem ediderit pars una Montis (sic dicti) Monachorum, Salisburgo adjacentis. Nam à reliquo, eóque solidiore, saxo divulsa, tantâ pernicitate & impetu, in subjectas domos, proximúmque Archiepiscopalium Alumnorum Seminarium irruit, ut vix ulli evadendi spatium concederet. In hanc cædem nox ea, quæ 16. diem Julij præcessit, à Parcis decreta, jamque dormientibus hora secunda fluxerat, cum subitò ingenti fragore (Mons, an Mors?) trecentis circiter hominibus graviter incubat, & ad æternam diem evigilare facit. Dubites tamen, an tam tumultuaria irruptio dormientium quietem interruperit, aut continuârit. Involuit hæc ruina, suo ante lecto, ut fato, involutum charissimum quoque Confratrem nostrum, RR. P. F. WOLGANGUM RVEDOLPH, & è tenebris ad Umbras detrusit. Is cum absolutis Philosophicis, domi primum DEO Missæ Sacrificium duos ante annos obtulisset, Salisburgum ad Theologica studia remissus, dum nihil remissè agit, Archiepiscopali Seminario Prafectus est. & volebat quidem & ipse, his litterarum ferijs, pulverem Scholasticum proficiscendo excutere; sed eorum, quibus domestica disciplina curæ erat, voluntate retentus, domi excussit animam; factus scilicet obediens usque ad mortem. Itaque Sacerdotem, verè Religiosum, annis, non amplius, duobus, totidémque mensibus: Religiosum, pium & omnibus numeris absolutum, septem: hominem verò universim 27. egit, & jam cælo maturus, iniquo huic sæculo (quamvis, heu! Nimis iniquâ forte) subtractus est, cum omnem ætatem bonis virtutibus adimplesset, &, præter magnum sui desiderium, eam nobis spem reliquisset, quod suomet obedientiæ triumpho sepultus, inter Beatorum Monarchorum Choros æternas loquetur Victorias.

Præcesit hunc, & ad magnum Patremfam(ilias): post II^{mam} Vespertinam Feriæ tertiæ paschatis silentio abijt, Rel. F. LEONARDVS MAYR, Commissus noster, rationem utíque& ipse redditurus villicationis (transactæ vitæ) suae. an male diffamatus apud Ipsum, tanquam dissipâsset bona sua? Sacramentum est. Nos moribundum, & abitum jam jam meditantem Sacrà exomologesi iteratò absolvimus, ne rigido exactori, Deo, quidquam deberet: cælesti pane pavimus, ne longam æternitatis viam ingressus deficeret, qui plumbeo gressu & difficili anhelitu, jam graviter incederet in hac vitâ: S. item oleo probè perunximus, ut leviores etiam maculas aboleremus: & sic placidè obdormientis animam solitis precibus Deo, Corpus terræ postea commendavimus.

Sic ergo Seminarij Salisburg: Præfectu à Præfecturâ suâ miserabiliter dejectus, & Leonardus Villicus noster à villicatione suâ amotus, utrique ad rationem reddendam evocati, cum effodere de thesauro meritorum Christi nil amplius valeant, ut solvere possint, si quid debent cælesti Patrifam(ilias): mendicando ad vos, Colendissimi DD. Confœderati, veniunt, & stipem ostiatim exigunt. Vos misericordes in miseros este, & largam eleemosynam ad Aras duobus his Fratribus de misericordia, pro more vestro, porrigite. Nos vadimonio vobis inde tenebimur, spondemusque cuncta in solidum data occasione soluturos. Dedimus in Monasterio nostro Weichen-Stephan, die Assumptioni B.V. Mariæ Sacro, 1669.
Rev(erendissi)^{ma} Nob(ilis) & Ampl(issi)^{ma} Admod(um) R(everendissimis) Reverendissimi)^{mis} Dom.^{bus} Vestris Addictissimi
F(ratres) GREGORIUS ABBAS / STEPHANUS PRIOR, totúsque onventus.

ÜBERSETZUNG

...Dieser Bergsturz verschüttete auch auf seinem Bett unseren hochgeschätzten Mitbruder Pater Wolfgang Ruedolph und stieß ihn aus der Dunkelheit zu den Schatten. Nachdem er das Studium der Philosophie beendet hatte, brachte er zu Hause vor zwei Jahren sein erstes Messopfer dar, kehrte dann nach Salzburg zum Theologiestudium zurück und war im Erzbischöflichen Seminar Präfekt. ... Er war bis zum Tode gehorsam. Ein wahrlich frommer Priester war er zwar nicht mehr als zwei Jahre, aber schon seit sieben Jahren lebte er im Geiste Gottes und dem weltlichen Leben abgekehrt. Er war ein Mensch von 27 Jahren und schon reif für den Himmel und wurde dieser ungerechten Welt ... entzogen, da er sein ganzes Leben mit guten Eigenschaften erfüllte und uns, mit Ausnahme seines großen Wunsches, jene Hoffnung hinterließ, dass er durch seinen persönlichen Triumph des Gehorsams bestattet unter den ewigen Chören der seligen Mönche von Siegen sprechen werde.

...

[Es folgt die Todesmeldung zu Frater Leonhard Mayr, der für die Aufsicht der klösterlichen Güter zuständig war. Kein Bezug zum Bergsturz.]

...

Weihenstephan, 15. August 1669, verfasst von Abt Gregor und Prior Stephan im Namen des gesamten Konvents.

Ware und Eigentliche Abbildung der Ertz-Bischoflichen Residenz-Statt Saltzburg.

Kurtzer / doch warhaffter Bericht / von dem unlängst den 6. 16. Julii An. 1669. zu Saltzburg unversehens beschehenen traurigen Bergfall / wie sich derselbige mit grossem Schrecken und entsetzen der Innwohner begeben / und viel hundert Personen jämmerlich theils beschädiget / theils gar zu todt geschlagen hat.

DJe Stadt Saltzburg / welche vor uralten Zeiten Juvania / das ist Helffenberg / genennet / aber von dem Attila zerstöret worden / hat bißher bey etlichen hundert Jahren dermassen zugenommen / daß sie zu unsern Zeiten für der schönsten und festesten Städte eine in Teutschland gerühmet wird. Sie hat aber bey ihrem grossen Flor und Aufnehmen / zu verschiedenen mahlen / so wohl durch Glut / als durch Flut / auch zimliche Anstösse und Schaden erlitten. Insonderheit aber hat sich am jüngstverwichenen 6/16. Julij dieses lauffenden 1669. Jahrs wiederum ein sonderbares / und fast dem in A. 1618. den 4. Sept. N. oder 25. Aug. A. Cal. in Graubünden im Flecken Plurs nicht gar ungleiches Unglük daselbst zugetragen / in dem ermeldten Tags / da der Morgen anbrechen / und zwischen 2. und 3. Uhren das Liecht aus der Finsternis wieder herfür blicken wolte / jedermänniglich aber dem Schlaff annoch ergeben war / ein gantz unvermuhteter / aber dermassen grosser und starker Fall sich begeben / daß die Stadt / und alle deren Gebäu und Häuser / auch was auswendig der Mauren gewesen / nicht anderst / als wie von einem erschrecklichen Erdbeben erschüttert und zerrüttet wurden. Es ist aber bald darauf noch ein ander und stärker Fall und Knall erfolget / und zugleich mit demselben / der nechst dem Thor bey Millen gelegene Berg / mit solcher Geschwindigkeit und grausamen Gewalt / darnider gesunken / daß er alles / was er angetroffen / zerschmettert / zerknirscht / und tief in die Erden geschlagen. Was das für ein Schrecken und Entsetzen verursacht / ist leicht zugedenken. Wann etwa ein Donner und Ungewitter sich zuvor am Himmel hätte merken lassen / darüber den Leuten mehrmaln eine fast unerträgliche Forcht erwecket wird / weil sie sich augenbliklich / der durchdringenden Stralen halber / eines oder des andern Unfalls besorgen müssen / so würde bey solcher vermuhteten Gefahr der Schrecken nicht zubeschreiben seyn; Aber so unversehens und gleichsam nicht wissend / woher? mit einem solchen Krachen / Erschüttern und Darniderschlagen berücket werden / daß muß ja ein Schrecken über alle Schrecken gewesen seyn. In einem Augenblicke waren 14. schöne Häuser / das so genannte Seminarium, und zwo Kirchen / deren eine gantz von Marmor aufgeführet gewesen / dermassen ruinirt / daß der Jenige / so die Gassen und den Platz / darauf diese Gebäu gestanden / ehdessen nicht gesehen / nicht meinen solte / daß jemaln etwas allda were erbauet gewesen. Weder Holtz noch Werksteine waren übrig zu sehen / sondern alles war von den Steinen des Berges überschüttet / und an statt der vorhin herrlichen Gebäu nunmehr ein grosser Berg zuschauen. Es blieb auch die Mauren der Stadt nicht unbeschädiget / sondern ein grosses Stük derselben / von der Seiten gegen dem Berge / zimlich weit in die Saltza hinausgeworffen. Da die Leute / über solchem Geprassel erwecket / und aus dem Schlaf ermuntert / von dieser Begebenheit gehöret / voller Angst und Zittern zugelauffen / und endlich aus Mitleiden / ihren Nachbauren / und Landsleuten zu helffen / Hand anlegen wollë / sind sie eben dieses Unglücks so gar theilhaftig worden / daß / in dem etzliche 1000. Centner schwere Steine jähling hernider geschossen / ihrer mehr dann 100. jämmerlich zerquetschet / todt geschlagen / und das geringste von ihnen nicht mehr gesehen worden. Dann es überfiel sie der Jammer so plötzlich / daß nicht einer mehr entweichen kunte. Was von Menschen in den überrumpelten Häusern und Wohnungen gewesen / ist / wie leicht zu erachten / meistentheils alsobald todt geblieben / doch sind etzliche in den Kellern und anderswo verfallene Personen aus dem erbärmlich geführten Geschrey und kläglichem Heulen vernommen worden / daß sie noch bey Leben seyen / allein die Menge der fürgefallenë Steine hat den Weg verleget / daß man ihr Winseln und Wehklagen zwar mit grossem Hertzenleid gehöret / aber sie zu retten / keine Müglichkeit seyn wollen. Unter denen Häusern / die also verwüstet worden / ist auch eines / daß etwa vor 2. Jahren ebenmässig von diesem Berge samt 5. Personen / so dazumal ümkommen sind / darnieder geschlagen / seither aber der Zeit wieder aufgebauet worden. In dieses Hauses Keller sollen sich über 50. Personen retirirt haben / aber mit vergeblicher Hofnung der Hülffe. Dann ob man zwar anfangs sie heraus zu zihen beschäftiget gewesen / sind doch die meinsten todt / und mit zerquetschten Köpffen heraus gebracht worden. In dem Seminario sind allein 22. Personen todt geblieben / ihrer 4. aber mit kümmerlicher Mühe lebendig / noch wenig andere aber sehr beschädiget herfür gezogen worden. Die völlige Anzahl derer / die bey diesem Unwesen zu grunde gangen / ob sie wohl nauf 300. Personen geschäzet wird / ist sie doch noch weit darüber / indem nicht allein in manchem Hause 5.6.7.8. und mehr Einwohner / zu denen noch ihre Angehörige zu rechnen / sich enthalten / sondern auch von denen die retten und helffen wollen / die Menge nicht gering gewesen / darunter doch die meiste todt seyn und das Leben lassen müssen. Von den Beschädigten / die man heraus gezogen / mögten gar wenige die Hofnung haben / daß sie restituiret / und völlig zu recht gebracht werden solten. Man hat ihrentwegen in die Klöster geschickt / und damit sie vor ihrem Verscheiden / beichten und communiciren mögten / geistliche Personen und Beichtvätter erfordern lassen. Es sind aber auch diese zum Theil übel zugerichtet / und insonderheit ein Franciscaner unter währendem Beichthören halb todt geschlagen / ingleichen 3. Benedictiner und etzliche andere Priester so hart getroffen worden / daß sie gleich an der Stätte ihren Geist aufgegeben haben.

Der Berg / darvon dieses Unglük entstanden / ist nicht von oben herab / sondern aus der Mitte heraus gebrochen / und fallend worden / hat sich aber dermassen abgeschelet / daß der obere Teihl nunmehr gleichsam schwebet / und einer gantzen Gassen lang fast wie ein zerbrochenes Gewölb aussihet / da man augenbliklich förchten muß / bevorab / wegen der Klüfte / die sich erzeigen / daß es ferner einen Riß tuhn / und noch mehr schaden anrichten dörfte / welches GOtt in Gnaden verhüten und abwenden wolte.

Auf des Herrn Ertzbischofs Fürstl. Gnaden ergangenen Befehl haben die Innwohner von dem Ort / da man die Gefahr / leider! also erfahren / sich erheben / Ihre Wohnungen verlassen / und biß au den Spital innerhalb der Stadt das Retirade nehmen müssen / damit Sie also für ferner besorglichem Unheil desto sicherer weren / und dergleichen niemand weiter betreffen möge. GOtt aber / der dißmahl dieses Unglük über diesen Ort / und über diese Leute verhänget / behüte uns und jedermänniglich / daß wir nicht andermals in dergleichen oder noch grösser Jammer gerahten. Absonderlich wolle Er unsere Hertzen neigen / daß wir uns bekehren von Sünden / das Leben bessern und frömmer werden. Meinet ihr / daß die / auf welche der Thurn zu Siloha (der Berg zu Saltzburg) fiel / seyen schuldig gewesen für allen / die zu Jerusalem (in unserm Teutschen Vatterlande) wohnen? Ich sage nein; sondern so ihr Euch nicht bessert / werdet ihr auch alle also ümkommen.

Luc. XIII. v. 5.

Zufinden bey Paulus Fürsten / Kunst- und Buchhändler seel. Wittib und Erben

Abb. 48: Anonymes Flugblatt (Transkription, siehe Kap. 7.8.)

7.8. Transkription eines anonymen Flugblattes[438]

Salzburg, Bibliothek des Salzburg Museums, Inv. Nr. 63/52 sowie Germanisches Nationalmuseum Nürnberg, Inv. Nr. HB 19815, Kapsel 1370.

Ware und Eigentliche Abbildung der Ertzbischoflichen Residenz-Statt Saltzburg

Kurtzer / doch warhafter Bericht / von dem unlängst den 6. 16. Julii[439] An. 1669. zu Saltzburg unversehens beschehenen traurigen Bergfall / wie sich derselbige mit grossem Schrecken und entsetzen der Inwohner begeben / und viel hundert Personen jämmerlich theils beschädiget / theils gar zu tode geschlagen hat.

Die Stadt Saltzburg / welche vor uralten Zeiten Juvania[sic!] / das ist Helffenberg / genennet / aber von dem Attila zerstöret worden / hat bißher bey etlichen hundert Jahren dermassen zugenommen / daß sie zu unsern Zeiten für der schönsten und festesten Städte eine in Teutschland gerühmet wird. Sie hat aber bey ihrem grossen Flor und Aufnehmen / zu verschiedenen mahlen / so wohl durch Glut / als durch Flut / auch zimliche Anstösse und Schaden erlitten. Insonderheit aber hat sich am jüngst verstrichenen 6/16. Julii dieses laufenden 1669. Jahrs wiederum ein sonderbares / und fast dem in A. 1618. den 4. Sept. N. oder 25. Aug. A. Cal. in Graubünden im Flecken Plurs nicht gar ungleiches Unglük daselbst zugetragen / in dem ermeldten Tags / da der Morgen anbrechen / und zwischen 2. und 3. Uhren das Licht aus der Finsternis wieder herfür blicken wolte / jedermänniglich aber dem Schlaff annoch ergeben war / ein gantz unvermuhteter / aber dermassen grosser und starker Fall sich begeben / daß die Stadt / und alle deren Gebäu und Häuser / auch was aufwendig der Mauren gewesen / nicht anderst / als wie von einem erschrecklichen Erdbeben erschüttert und zerrüttet wurden. Es ist aber bald darauf noch ein ander und stärker Knall und Fall erfolget / und zugleich mit demselben / der nechst dem Thor bey Millen gelegene

438 Wenn über den Buchstaben a, o und u ein e geschrieben wurde, wird dies als ä, ö bzw. ü in der Transkription wiedergegeben.

439 16. Juli 1669 nach dem neuen (Gregorianischen) Kalender/6. Juli nach dem damals in den protestantischen Ländern noch üblichen alten (Julianischen) Kalender.

Berg / mit solcher Geschwindigkeit und grausamen Gewalt / darnider gesunken / daß er alles / was er angetroffen / zerschmettert / zerknirscht / und tief in die Erden geschlagen. Was das für ein Schrecken und Entsetzen verursacht / ist leicht zugedenken. Wann etwa ein Donner und Ungewitter sich zuvor am Himmel hätte mercken lassen / darüber den Leuten mehrmaln eine fast unerträgliche Forcht erwecket wird / weil sie sich augenbliklich / der durchdringenden Stralen halber / eines oder des andern Unfalls besorgen müssen / so würde bey solcher vermuhteten Gefahr der Schrecken nicht zubeschreiben seyn; Aber so unversehens und gleichsam nicht wissend / woher? Mit einem solchen Krachen / Erschüttern und Darniderschlagen berücket werden / daß muß ja ein Schrecken über alle Schrecken gewesen seyn. In einem Augenblicke waren 14. schöne Häuser / das so genannte Seminarium, und zwo Kirchen / deren eine gantz von Marmor ausgeführet gewesen / dermassen ruinirt / daß de Jenige / so die Gassen und den Platz / darauf diese / Gebäu gestanden / ehdessen nicht gesehen / nicht meinen solte / daß jemaln etwas allda were erbauet gewesen. Weder Holtz noch Werksteine waren übrig zu sehen / sondern alles war von den Steinen des Berges überschüttet / und an statt der vorhin herzlichen Gebäu nunmehr ein grosser Berg zuschauen. Es blieb auch die Mauren der Stadt nicht unbeschädiget / sondern ein grosses Stük derselben / von der Seiten gegen dem Berge / zimlich weit in die Saltza hinausgeworffen. Da die Leute / über solchem Geprassel erwecket / und aus dem Schlaf ermuntert / von dieser Begebenheit gehöret / voller Angst und Zittern zugelauffen / und endlich aus Mitleiden / ihren Nachbauren / und Landsleuten zu helffen / Hand anlegen wolle / sind sie eben dieses Unglücks so gar theilhaftig worden / daß / in dem etzliche 1000. Centner schwere Steine jähling hernider geschossen / ihrer mehr dann 100. jämmerlich zerquetschet / todt geschlagen / und das geringste von ihnen nicht mehr gesehen worden. Dan(n) es überfiel sie der Jammer so plötzlich / daß nicht einer mehr entweichen konnte. Was von Menschen in den überrumpelten Häusern und Wohnungen gewesen / ist / wie leicht zu erachten /meistentheils alsobald todt geblieben / doch sind etzliche in den Kellern und anderswo verfallene Personen aus dem erbärmlich geführten Geschrey und kläglichem Heulen vernommen worden / daß sie noch bey Leben seyen / allein die Menge der fürgefallene Steine hat den Weg verleget / daß man ihr Winseln und Wehklagen zwar mit grossem Hertzenleid gehöret / aber sie zu retten / keine Müglichkeit seyn wollen. Unter denen Häusern / die also verwüstet worden / ist auch eines / daß etwa vor 2. Jahren ebenmässig von diesem Berge samt 5. Personen / so dazumal umkommen sind / darnieder geschlagen / seither aber der Zeit wieder aufgebauet worden. In dieses Hauses Keller sollen sich über 50. Personen retirirt[440] haben / aber mit vergeblicher Hofnung der Hülffe. Dann ob man zwar anfangs sie heraus zu zihen beschäftiget gewesen / sind doch die meinsten todt / und mit zerquetschten Köpffen heraus gebracht worden. In dem Seminario sind allein 22. Personen todt geblieben / ihrer 4. aber mit kümmerlicher Mühe lebendig / noch wenig andere aber sehr beschädiget herfür gezogen worden. Die völlige Anzahl derer / die bey diesem Unwesen zu grunde gangen / ob sie wohln auf 300. Personen geschäzet wird / ist sie doch noch weit darüber / indem nicht allein in manchem Hause 5. 6. 7. 8. und mehr Einwohner / zu denen noch ihre Angehörige zu rechnen / sich enthalten / sondern auch von denen die retten und helffen wollen / die Menge nicht gering gewesen / darunter doch die meiste todt seyn und das Leben lassen müssen. Von den Beschädigten / die man heraus gezogen / mögten gar wenige die Hofnung haben / daß sie restituiret / und völlig zu recht gebracht werden solten. Man ha[t] ihrerwegen in die Klöster geschickt / und damit sie vor ihrem Verscheiden / beichten und communiciren mögten / geistliche Personen und Beichtvätter erfordern lassen. Es sind aber auch diese zum Theil übel zugerichtet / und insonderheit ein Franciscaner unter währendem Beichthören halb todt geschlagen / ingleichen 3. Benedictiner und etzliche andere Priester so hart getroffen worden / daß sie gleich an der Stätte ihren Geist aufgegeben haben.

Der Berg / darvon dieses Unglük entstanden / ist nicht von oben herab / sondern aus der Mitte heraus gebrochen / und fallend worden hat sich aber dermassen abgeschelet / daß der obere Theil nunmehr gleichsam schwebet / und einer gantzen Gassen lang fast wie ein zerbrochenes Gewölb aussehet / da man augenbliklich förchten muß / bevorab / wegen der Klüfte / die sich erzeigen / daß es ferner einen Riß tuhn / und noch mehr

440 zurückgezogen

Schaden anrichten dörfte / welches GOtt in Gnaden verhüten und abwenden wolte.

Auf des Herrn Ertzbischofs Fürstl. Gnaden ergangenen Befehl haben die Innwohner von dem Ort / da man die Gefahr / leider! also erfahren / sich erheben / Ihre Wohnungen verlassen / und biß an den Spital innerhalb der Stadt das Retirade nehmen müssen / damit Sie also für ferner besorglichem Unheil desto sicherer weren / und dergleichen niemand weiter betreffen mögte. GOtt aber / der dißmahl dieses Unglück über diesen Ort / und über diese Leute verhänget / behüte uns und jedermänniglich / daß wir nicht andermals in dergleichen oder noch grösser Jammer gerahten. Absonderlich wolle Er unsere Hertzen neigen / daß wir uns bekehren von Sünden / das Leben bessern und frömmer werden. Meinet ihr / daß die / auf welche der Thurn zu Siloha (der Berg zu Saltzburg) fiel / seyen schuldig gewesen für allen / die zu Jerusalem (in unserm Teutschen Vatterlande) wohnen? Ich sage nein; sondern so ihr Euch nicht bessert / werdet ihr auch alle also umkommen.

Luc. XIII.v.5.

Zufinden bey Paulus Fürsten/Kunst- und Buchhändler seel. Wittib und Erben.

Eigentliche Abbildung und Außführlicher Bericht von dem kläglichen und sehr erbärmlichen Berg-Fall / bey der in gantz Teutschland wol bekannten und sehr berühmten

Stadt Saltzburg /

Welcher sich Leider mit grosser Bestürtzung der Saltzburgischen Innwohner zugetragen / und was bishero weiter davon zu melden dieses 1669. Jahrs.

Extract aus einem Schreiben von hoher Hand aus Saltzburg datirt den 13. Julij 1669.

Mein Herr!

Der unglückliche Zustand darinnen wir leyder insgesamt allhier zu Saltzburg anjetzo stecken / ist mit Worten nicht genugsam zu exprimiren noch mit der Feder zubeschreiben / ...

Der dich O Saltzburg hat bisher in Gnad erhalten /
Der wolle auch jetzund gantz hülffreich ob dir walten /
Er stehe dir hinfort in Angst und Nöhten bey /
Er mache dich auch bald von allem Unglück frey.

Erklärung des Kupffers.

A. Der Berg so sich in der Mitte heraus gegeben.
B. Die Häuser / welche der Berg überfallen.
C. Die zwey Kirchen / so in Grund geschlagen und bedecket.
D. Das Thor bey Millen / wo die Gefahr am grösten / allwo es die Stadt-Mauer in die Saltze geworffen.

Abb. 49: Weiteres anonymes Flugblatt (Transkription, siehe Kap. 7.9.)

7.9. Transkription eines weiteren anonymen Flugblattes[441]

Salzburg, Bibliothek des Salzburg Museums, Inv. Nr. 809/49. Das Flugblatt wurde mit Auslassungen an Beginn und Schluss ediert bei Franz Martin, Eine Zeitung über den großen Bergsturz v. 1669, in: Mitteilungen der Gesellschaft für Salzburger Landeskunde 62 (1922), 27-32.

Eigentliche Abbildung und Ausführlicher Bericht von dem kläglichen und sehr erbärmlichen Berg=Fall / bey der in gantz Teutschland wol bekannten und sehr berühmten Stadt Saltzburg / Welcher sich leider mit grosser Bestürtzung der Saltzburgischen Innwohner zugetragen / und was bishero weiter davon zu melden dieses 1669. Jahrs.

Extract aus einem Schreiben von hoher Hand aus Saltzburg datirt den 18. Julii 1669.

Mein Herr!

Der unglückliche Zustand darinnen wir leyder insgesamt allhier zu Saltzburg anjetzo stecken / ist mit Worten nicht genugsam zu exprimiren noch mit der Feder zubeschreiben / das immerwehrende tägliche Heulen und Schreyen in der gantzen Stadt lautet so erbärmlich / daß es niemand mit hertzlichen Seufftzern und heissen Thränen genugsam beklagen kan. O des unglückseligen Saltzburg! welches man vor Zeiten das irrdische Paradeiß zu nennen pflegte / das ist von GOtt vor kurtzverwichnen Tagen gar in einen elenden / betrübten und kümmerlichen Stande gesetzet worden. Dann den vergangenen 16. dieses Monats geschah zu Morgens frühe zwischen zwey und drey Uhren / da noch jederman in guter Ruhe lag / ein so grosser und starcker Fall / davon sich nicht allein in der Stadt / sondern auch ausserhalb derselbigen die Häuser hefftig erschüttert und beweget / nicht anders als wann ein erschröckliches Erdbeben vorhanden wäre; und solcher Fall und Knall geschah bald darauff und zum andernmahl noch stärcker / in deme sich gleich bey dem Thor nechst bey Millen der Berg ausgeschöllet / mit hefftigem Gewalt heruntergestürtzet und plötzlich viel

441 Wenn über den Buchstaben a, o und u ein e geschrieben wurde, wird dies als ä, ö bzw. ü in der Transkription wiedergegeben.

Häuser samt allem was darinnen gewesen zerschmettert / zerknirschet und tieff in die Erde geschlagen worden. In deme nun jedermann voll Schrecken und Angst zulieffe / in Meinung denen elenden Leuten die das Unglück so urplötzlich betroffen zu hülffe zukommen; Ach! da wiederfuhr ihnen eben der jenige Jammer / der die andern überfallen hätte / dann kein einiger (!) Mensch konnte mehr entweichen / weil etliche 1000. Centner schwere Stein geling herunter geschossen kommen / die sie alle / derer in die 100. und mehr waren / auff einmal zerquetschet und zerschlagen / daß man von niemand nicht das geringste mehr gesehen. Ja der Schade hat nicht allein diese elende andern zu Hülffebegierige Menschen betroffen / sondern der grosse Steingewalt hat 15 schöne Häuser / samt dem Seminario und zweyen Kirchen / deren eine gantz von Marbel erbauet gewesen / tieff in die Erde geschlagen / und die gantze Ringmauer ziemlich weit in die Saltza hinausgeworffen. Die Gasse und der Platz wo das Seminarium und besagte zwo Kirchen gestanden / sein also gäntzlich geruiniret / daß einer / der nicht zuvor Häuser und Kirchen daselbst prächtig erbauet hätte stehen gesehen / nicht anders meinen sollte / es wäre sein Lebtag kein Gebäu daselbst gewesen / also gar keine Mauer / noch Holtzwerck einiges Hauses ist mehr anzutreffen / sondern es ist alles mit den Steinen überschüttet / und an statt der herrlichen Gebäu ein überaus grosser Berg zu sehen; dabey dieses wol zu mercken / daß sich der Berg davon dieses Unglück entstanden / nicht von oben herab / sondern aus der Mitte heraus begeben / so / daß sich jetzo oben eine gantze Gassen lang der Berg heraus begiebt / von welchem noch ein grosser Schaden / wo GOtt nicht gnädige Hülffe thut / zu beförchten. Und ist billich vor ein hohes und grosses Wunder zuhalten / daß in deme / wie gemeldet / sonst alles so erbärmlich zu Grunde gangen / doch das Bildnus unserer lieben Frauen / so auff dem Altar gestanden unverletzet in der Grösse als es zuvor gewesen / unter dem Berg hervor sihet. Nun jetzund ist es umb die elenden Leute zu thun die in den Kellern und anderswo verfallen / noch bey Leben sein / und ein erbärmliches Geschrey treiben / denen man doch die geringste Hülffe nicht erzeigen kan / weil den grossen Steinhauffen hinweg zu raumen unmöglich / und man also solch Heulen / Winseln und Wehklagen mit grossem Hertzenleid anhören muß. Und ob gleich vermuhtet wird als seyn in die 300 Personen allda zu Grunde gegangen / so ist es doch noch viel zu wenig / weil an diesem Ort jedermann seinen Nechste erretten wollen / auch offt in einem Hause 5. 6. 7. 8. und mehr Einwohner sich auffgehalten. In dem eintzigen Seminario sein 10. Personen alsobald todt geblieben / ihrer zween aber sein noch mit geraumer Müh lebendig heraus gebracht / auch etliche andere sehr beschädiget hervor gezo (!) worden. Man hat in solchem Zustand in alle Clöster nach Beicht=Vättern vor die Beschädigten geschicket / und ob deren gleich sehr viel sein / so hat man doch bey den wenigsten Hoffnung / daß sie werden auffkommen und zur Genesung gelangen. Unter andern ist auch ein Franciscaner unter wehrender Beicht hören halb tod geschlagen worden / ingleichem 3. Benedictiner und mehr andere Priester / davon sie gleich an der Stätte ihren Geist auffgegeben.

Man hat sich über das höchlich zu befürchten / daß sich nicht der gantze Berg also schöllen möchte / dann an etlichen Orten ist er also zersprungen / und zeigt solche Klufften / daß gleichsam augenscheinliche Gefahr vorhanden. Es hat zwar eben dieser Berg vor 4. Jahren auch ein Haus niedergeschlagen / welches sint der Zeit wieder auferbauet worden / und doch jetzo wiederum gantz und gar ruiniret ist. In desselbigen Hauses Keller / will man sagen / sollen sich über die 50. Personen reteriret haben / man höret sie auch wol kläglich winseln / kan ihnen aber nicht die geringste Hülffe mehr gethan werden / wegen der gar zu grossen in unzehlicher Menge liegenden Steine / man hat zwar anfangs etliche heraus gezogen / doch die meisten tod / mit gantz zerquetschten Köpffen. So haben auch die Innwohner biß hinein zu den Spital aus Befehl deß Fürsten ausziehen und ihre Wohnungen verlassen müssen / weil so grosse Gefahr vorhanden, an selbigem Ort stehen anjetzo in die 40. Häuser gantz ledig / hänget auch der Berg so erschröcklich herüber / daß man durch etliche Minen selbigen herunter zu bringen vielfältig und ernstlich versuchet / es ist aber bis auf diese Stunde / nichts Hauptsächliches ausgerichtet worden: Man vermeinet gäntzlich es sey eine Augenscheinliche Straff Gottes / weil nicht die Frömmesten an demselben Ort gewohnet / sondern meistentheils gemeines Gesindlein / derer / wie man sihet / anjetzo viel Frommer mit entgelten müssen.

Es ist auch schwerlich zu hoffen / daß an vor einer Jahresfrist durch dieses Thor in die Stadt soll hinein gehen können. Ein rechtes Mitleiden ist mit dem guten Fürsten zuhaben / welcher nun diese kurtze Zeit seyt Ostern / weil ich mich allhier auffhalte / sehr grosse Unglück erlitten und ausgestanden. Die neulich verwichne Pfingsten sein ihme 62. Personen in einem Schiffbruch darauff gegangen und ertruncken / welches Elend ich mit eignen Augen angesehen; so sein ihme auch vor wenig Wochen seine beste und schönste Pferde plötzlich darauff gegangen. Ja welches ohne Entsetzen nicht kan vernommen werden / so hat sich auch ohngefehr vor 8. Tagen ein überaus abscheuliches Spectacul bey dem Linzer Thor sehen lassen / welches man zwar verschweigen und gantz nicht will auskommen lassen / weil die Innwohner ihnen allerley traurige Einbildungen und Gedancken darüber machen. Man sagt vor eine gewisse Warheit / daß sich bey obgedachtem Thor haben drey unglaublich lange Kohlschwartze und abscheuliche Männer auf dreyen übernatürlich grossen Kohlschwartzen Pferden sehen lassen / welche unter der Wacht ein solch grausen / zittern / schrecken und entsetzen verursachet / daß solche so bald sie die Gespenster gesehen / ausgerissen und geflohen. So bald sie aber zu dem Thor kommen / seyen sie verschwunden / und haben ein Zeichen von einem Huf=Eisen hinterlassen / welches man nicht erkennen können / ob es von einem Roß oder Camel / oder einem andern Thier gewesen. Ferner ist zu Lauffen 3. Meilwegs von hier noch etwas klägliches vorgegangen. Es ist nemlich 8. Nächte nacheinander eine Leich=Procession gesehen worden, von lauter Geistern / welche mit langen schwartzen Mänteln bekleidet gewesen / und ohne unterlaß geklaget / geheulet / und geweinet. Solches Spectacul haben über 100. Personen gesehen / die sich an die Fenster gemachet / welche hierüber hefftig erschröcken / und es ihren Verwandten so beweglich beygebracht / daß jetzo der meiste Theil sich nicht will trösten lassen.

Der gute Fürst selbst hat sich nunmehr mit grossem Entsetzen von dannen begeben / da inzwischen die Maurer ein sonderlich Instrument gebrauchen / den Berg ledig zu machen / und also dieser Augenscheinlichen Gefahr auf unterschiedliche Weise und Wege zu begegnen / endlich auch durch GOttes gnädige und Vätterliche Hülffe los zu werden / den Erfolg lehret die Zeit. Sonsten kan ich bey Gelegenheit dieses nicht gäntzlich unterlassen / etwas weniges von der weitberühmten

Stadt Saltzburg anzuhengen / hoffe es werde dem Herrn / und einem jeden dem diß mein Schreiben vorkommen wird / nicht unannemlich fallen. So ist demnach diese Ertz=Bischöffliche Residentz=Stadt an der Saltza gelegen / und vor Zeiten Juvania (!) / zu Teutsch Helffenburg oder Helffenberg genennet worden / soll zu Zeiten Käisers (!) Hadriani oder wie etliche wollen des M. Aurely Antonini schon erbauett gewesen seyn / welche aber hernachmals im Jahr Christi 476. von den Heydnischen / Teutschen verheeret und zu Grund gerichtet worden / also daß die Stadt bis auf St. Ruprechts Zeiten öde gelegen / auf dessen sonderlichen Antrieb sie von den Bayerischen Fürsten wieder erbauet worden ist. Diese herrliche und wie hier zu ersehen vortreffliche Stadt hat zwar zum öffteren unterschiedliche Zufälle gehabt / und sonderlich Anno 1167. 1270. und 1380. hat sie durch Feuer mercklichen Schaden erlitten / wie auch Anno 1386. 1567. 69. und 72. hat sie grosse Wassergüsse erdulden und über sich müssen ergehen lassen; doch ist ihr jederzeit wieder aufgeholffen worden / also daß wir das Vertrauen zu unserm GOtt haben / Er werde sie in dieser erschröcklichen und äussersten Gefahr auch dißmal nicht verlassen / deswegen ich zum Beschluß also seufftze.

Der dich O Saltzburg hat bisher in Gnad erhalten /
Der wolle auch jetzund gantz hülffreich ob dir walten /
Er stehe dir hinfort in Angst und Nöhten bey /
Er mache dich auch bald von allem Unglück frey.

Erklärung des Kupffers.

A. Der Berg so sich in der Mitte heraus gegeben.
B. Die Häuser / welche der Berg überfallen.
C. Die zwey Kirchen / so in Grund geschlagen und bedecket.
D. Das Thor bey Millen / wo die Gefahr am grösten / allwo es die Stadt=Mauer in die Saltze geworffen.

7.10. Transkription eines handschriftlich erhaltenen Vortrags über die Arbeit der Bergputzer von Ludwig Pezolt

AStS PA 442, Vortrag im technischen Club 1893 (Schriftenreihe Ludwig Pezolt)

Techn. Club
1100
21/7 89te[n]
Salzb. Bergputzer v. L. Pezoldt

Die eigenthümliche zwischen die Felsen des Schloss= Mönchs= und Kapuzinerbergs eingekeilte Lage der Stadt Salzburg hatte in alten Zeiten auch ihre Gefahren für die Bewohner derselben durch die sich ablösenden größeren und kleineren Felsstücke. Die größte Katastrophe war wol der schreckliche Bergsturz in der Gstötten im Juli 1669, welcher die St. Markus-Kirche, das hoch fürstliche Seminar, die Kapelle am Bergl und 13 Häuser zerstörte, wobei 220 Personen zu Grunde giengen. Kleinere Ablösungen aber wiederholten sich sehr häufig und machten die Sicherung der Bewohner durch Abarbeitung der gefahrdrohenden Felsstellen notwendig.

Da die erwähnten Berge zum Theil dem Hof, der Landschaft und hinsichtlich eines Theiles des Mönchsberges der Stadt gehörten, anderseits auch die Sicherheit der öffentlichen Strassen und der steuerbaren Gebäude verfassungsgemässe Pflicht der Stadtbehörden ist, wie sich der Baudirektionsrath Hagenauer in dem Berichte der königl.Local-Bau-Inspekzion vom 4. Dezember 1813 ausdrückt, so hatten auch der Hof, die Landschaft und der Magistrat durch ihre Bauämter und auf deren Kosten die sogenan[n]te Bergskarpierung besorgen zu lassen.

Nach einer alten Observanz /: St. K. Re. 1778 Seite 240 u 241 :/ wurden zu der Bestreitung der Abräumungskosten nach Bergstürzen aber auch noch die der Gefahr unterworfene Nachbarschaft herangezogen, so dass auf jedem Theil ein Viertel der Kosten entfiel, die später, wahrscheinlich in Folge der fast alljährlich eingetretenen Fels- und Steinabstürze am Kapuzinerberge angeordnete Einrichtung, das dieser Berg, wo an seinem Fuße Gebäude stehen auf Kosten der Kam[m]eral = Landschaftlichen und städt. Bauamtes jährlich einmal, gewöhnlich im Frühjahre von eigenen Bergfahrern bestiegen wird, dehnte sich dann auch auf den Mönchsberg aus.

Nach Aufhebung der Landschaft und durch den Übergang ihrer Objekte an das Kam[m]eral Aerar giengen auch an das letztere die Verpflichtungen der Landschaft über. Die von städt. Arbeitern besorgte Bergskarpierung wurde nun zu zwei Dritttheilen vom Kam[m]eralaerar bestritten das auf die Gemeinde entfallende Drittel betrug circa 700 fl. (Gulden). Seit dem Jahre 1870 sind diese nunmehr als eine der Gegenleistungen für die Überlassung des Mirabellschlosses, des Kapuzinerberges und des Monikahornwerkes allein von der Stadtgemeinde übernom[m]en worden.

Im städt. Archive finden wir mehrfache Nachrichten über Bergarbeiten im Bereiche der Stadt.

Schon im Jahre 1574 ist in der Kam[m]er=Raitung ein Betrag von 4 Schilling für einen Tagwercher so man ober dess Klausenthors herabgelassen auf des herrn Bürgermeisters Befehl ausgezahlt worden.

Viel größere Kosten erheischte die Abräumung des Gstötten= oder Windischberges im Jahre 1624 mit 297 fl. 3 ß 18 d, im Jahre 1625 mit 301 fl. 4 ß 8 d.

Zu Ende des vorigen und im Beginne dieses Jahrhunderts häufen sich die Anzeigen über notwendige Vorkehrungen gegen Steinablösungen und wirklich eingetretene Steinabstürze. Die Untersuchung der Berge und die Beseitigung der gefährlichen Stellen besorgen die Bergfahrer, welche sich mittels Seiles über den Felsabhang hinablassen, die kleinen, leichtloszunehmenden Steine mit dem Beile lostrennen, Bäume und Gesträuche an gefährlichen Steinpartien beseitigen, die Aushöhlungen mit trockenem Mauerwerk dicht ausmauren, ein Verfahren, welches wie der ~~kurfürstliche~~ [im Original durchgestrichen, Anm. K. H.] Rath und Polizeidirektor Carneri bei einer am 21. März 1807 vergenom[m]enen Commission vor dem Linzerthore bemerkte in Tirol gehandelt wurde und gute Wirkung leistete.

Die verschiedenartige Gestaltung des gefährlichen Gesteines machte natürlich auch die verschiedenartigsten Sicherheits-Maßregeln nöthig.

Bei größeren Abbrüchen wurden die Gebäude und Communikazionen am Fuße derselben zuvorderst mit Eilbretterwänden, sogenannten Fängern geschützt, hinter welchen sich die abfallenden Steine einbetteten. Zuweilen wurden die lockeren „Palfen" mit Bäumen unterpölzt und wie im Jahre 1813 in der Steingasse beim Wirtshause zur Pelzhütte die Gasse mit einer Stein- und

Schotterrolle (Rutsche) überbrückt, mittelst welcher der Abfall gefahrlos über die Häuser in die Salzach geleitet wurde.

Wiewohl um diese Bergabfahrer die [davor Buchstabe L gestrichen] Natur und Lage der Salzburger Berge kennende Leute waren, so traute man ihnen doch zuweilen nicht die volle Kundigkeit der Gefahr zu, vielmehr man besorgte, dass sie diese größer machten um anhaltende Arbeit zu gewinnen und ließ, wie in den Jahren 1802 und 1813 die gefährlichen Stellen durch Halleiner Bergarbeiter untersuchen, im Jahre 1813 wurde auch ein Vorgeher vom Untersberg zugezogen.

Wiewohl sichere Nachrichten darüber nicht vorliegen, ist zu schließen, dass diese Bergabfahrer, welche stets Arbeiter der früher erwähnten Bauämter waren, aus den Steinbrechern, Steinmetzern oder Maurern gewählt wurden.

Eine eigene Genossenschaft der Bergputzer scheint nirgends auf, auch in den Bürgerbüchern scheinen keine Personen unter solcher Benen[n]ung auf. Sie waren aber von den bezeichneten Behörden aufgenom[m]ene Arbeiter, welche bei Bedarf zur Bergskarpierung verwendet wurden, und für diese anstrengendere und gefährlichere Leistung besseren Lohn erhielten.

Auch von einer eigenen Ordnung der Bergputzer ist mir nichts bekannt geworden.

Nach den verschiedenen Vorrichtungen wurden die Bergputzer in die Abfahrer, die Seilhalter, welche das Seil an dem auf der Höhe des Berges eingetriebenen Pflocke zu halten oder nachzulassen haben, die Loser, welche an der Kante des bezüglichen Felsens das Signal der Abfahrer abzunehmen und den Seilhaltern mitzutheilen, endlich die Aufpasser, die am Fuße der gefährdeten Stellen das Publikum zu warnen haben. Früherer Zeit schickte der bezügliche Abfahrer seinen Namen dem bezüglichen Signal „Nachlassen“ oder „Halt“ voraus. Nun ist der Name dieser Abfahrer auf die bezüglichen Seile übergegangen. Die gegenwärtig benützten drei Seile heißen nämlich Brandauer, Hauser und Jäger.

7.11. Artikel über die Salzburger Bergputzer aus der Realiensammlung der Bibliothek des Salzburg Museums

Salzburger Volksblatt, Donnerstag den 23. Mai 1912, 1-2.

Bergputzer
von Gottfried Denemy

Mit dem Beginn des Frühlings, der in unseren Landstrichen wohl nur selten mit dem „Frühlingsanfang" des Kalenders zusammenfällt, erscheint in unserer Alpenstadt, zugleich mit der Schwalbe und dem Star, hoch in den Lüften noch ein anderer Frühlingsbote: der „Bergputzer". Man sieht ihn dann – gewöhnlich arbeiten ihrer drei in kurzen Abständen nebeneinander – von 6 Uhr morgens bis 6 Uhr abends an den Wänden des Mönchs= oder Kapuzinerberges hängen.

Die ganze Gruppe, den Aufseher eingerechnet, besteht aus 10 bis 12 Leuten: den drei „Abfahrern", den zu diesen gehörigen drei „Ablassern" und den letzteren zugeteilten Ersatzarbeitern. Ferner dem „Loser", der am Rand des Absturzes kauert und den jeweiligen Zuruf des Abfahrers aufnimmt und den Leuten an den Seilen weitergibt; schließlich ist noch der „Warner" da, der das „Putzen" in den an das Gewände angebauten Häusern ansagt und die Vorübergehenden vor Steinschlag warnt.

Die gefahrvollste Arbeit hat sachgemäß der „Abfahrer" auszuführen. Er hat die hohen, lotrecht abfallenden Wände der Stadtberge, die aus Konglomerat und dolomitischen Kalken bestehen, von locker oder brüchig gewordenen Gesteinsmassen zu säubern. Aber er ist furchtlos und schwindelfrei, auch ist das Seil fest und „sein" Ablasser vorsichtig und verlässlich; als echter Sohn der Berge findet er Freude an seinem gefährlichen Handwerk. So klingt auch der Ruf, den er nach aufwärts schickt, stets fröhlich, seine Bewegungen sind rasch und lustig stößt er sich oft klafterweit von der Wand ab.

Die Ausrüstung des Abfahrers besteht in einem langstieligen Pickel und einem über handbreiten Leibriemen aus schwerem Rindsleder, durch den das Seil mit dem kurzen Querholz, welch' letzteres ihm als Sitz dient, gezogen ist. Sein Widerpart ist der „Ablasser", der oben auf dem Plateau das Seil hält. Er ist die Gelassenheit selbst. Das „Gestämm" zwischen den Zähnen, hält er mit nervigen Händen ruhevoll das dicke, mehrfach um einen in die Erde gerannten Pflock gewundene Seil. Er wendet keinen Blick von diesem und auf den Anruf läßt er es nur langsam durch die Hände gleiten, hängt doch das Leben seines Kameraden nur an diesem „Faden", und auch er war einstmals „Abfahrer". Bemerkenswert ist, daß die Geschlechtsnamen, die die Abfahrer ihren jeweiligen Rufen: „Nachlassen!" und „Haltaus!" beisetzen, n i c h t die Namen ihrer derzeitigen Ablasser, sondern jene längst verstorbener Bergputzer, sind.

Nach den Aufzeichnungen des städtischen Archivs werden die beiden Stadtberge – vermutlich infolge eines Bergsturzes – seit dem Jahr 1778 regelmäßig befahren. Die betreffenden Steinbrecher wurden früher aber nur zeitweilig angestellt. Als die Stadtgemeinde 1870 den Kapuzinerberg übernahm, wurden von ihr die bisher in landesfürstlichen Diensten gestandenen Bergputzer ständig übernommen. Die damaligen Abfahrer, denen auch die Seile gehörten, hießen: Brandauer (Johann Georg Brandauer, der von 1845-1876 Bergputzer war, ist ein Oheim des in Salzburg wohlbekannten Leopold Brandauers, zurzeit Restaurator in Morzg), Jäger, Hauser; ihre Namen blieben bis auf den heutigen Tag für die Benennung der einzelnen Seile.

Hat der Abfahrer die ganze Höhe der Wand abgesucht und abgeklopft und das lockere bzw. brüchig gewordene Kleingestein abgeschlagen, ist er dann am Fuß derselben angekommen, so beginnt seine luftige Fahrt von neuem. Er muß zu diesem Behuf den Berg neuerlich besteigen, denn ein Emporwinden des Befahrers wäre zu umständlich und wegen der häufigen Ausbauchungen des Gewändes meistens auch unausführbar. Im übrigen benützen die Ablasser diesen Zeitausfall, um die mit dem Eisenschuh und –hut versehenen Ablasspflöcke im Boden entsprechend weiterzurücken. Ist der ganze Berg auf diese Weise umfahren, so ist für den flüchtigen Beobachter die Arbeit scheinbar beendigt, für den Bergputzer beginnt jetzt erst ihr wichtigster Teil.

Auf seinen verschiedenen Fahrten ist er auf umfangreiche brüchige Stellen im Kalkgestein oder auf einzelne mächtige Blöcke und größere Geröllmassen im Konglomerat gestoßen, die nur mehr lose im Kitt haften. Er hatte diese Orte von Fall zu Fall mit Farbe gekennzeichnet und ihnen gilt seine nunmehrige Arbeit. Sie werden eingeplankt und regelrecht abgebaut und vorsichtig zu Tal geschafft. Bei größeren Gesteinsmengen geschieht dies durch eigens zu diesem Zwecke aufgestellte Holzröhren.

Diese Arbeit ist ebenso schwierig, als mühevoll und zeitraubend. Sie erstreckt sich daher über die ganze gute Zeit, von der Schneeschmelze angefangen, bis eben der Winter seine Eiszapfen wiederum an die Wände des Mönchs= und Kapuzinerberges hängt.

Bilder-Woche der „Tages-Post", 9. Jahrgang, Nr. 22
Linz an der Donau, Sonntag den 29. Mai 1932,

Die Salzburger „Bergputzer"
von Ulf Seidl.
(mit einer Zeichnung des Verfassers.)

Der Fremde, der im Mai nach Salzburg kommt, kann sich bei seinem Rundgang durch die Altstadt zunächst die langgezogenen, lauten Rufe nicht erklären, die aus der Luft zu kommen scheinen: „Jaaaga laaa' naa'" („Jaga, laß nach!"). Endlich entdeckt er die Rufer an der Steilwand des Mönchsberges, an einem langen Seil hängend. Es sind „Bergputzer", eine Eigentümlichkeit der alten Bischofstadt.

Mit dem „Bergputzen" haben in Salzburg schon die Römer begonnen. Sie haben die Steilwände des Mönchsberges „skarpiert" (behauen), um sie unbesteiglich zu machen, denn der Konglomeratriegel des Mönchsberges mußte dem römischen Juvavum in Westen und Süden ebenso die Stadtmauer ersetzen, wie später dem erzbischöflichen Salzburg. Dadurch entzog man auch die auf den Wiesenflächen des Mönchsbergplateaus weidenden Viehherden, die lebende Proviantkammer der Stadtbevölkerung im Falle einer Belagerung, einem etwaigen Zugriff des Feindes. Die Erzbischöfe setzten diese Skarpierungsarbeiten fort, so daß der Berg immer mehr zur Mauer zugerichtet wurde und im Laufe der Jahrhunderte jenes bizarre Aussehen bekam, das er heute zeigt.

Waren es zur Zeit der Römerherrschaft und im Mittelalter militärische Gründe, die das Behauen der Mönchsbergwände notwendig erscheinen ließen, so zwingen heute Sicherheitsgründe, dieselben alljährlich zu „putzen". Der Mönchsberg, der in Kriegszeiten der Stadt und ihren Bewohnern Schutz bot, wurde nämlich auch wiederholt ihr Verderben, wie eine bis in unsere Tage hereinreichende Unglückschronik zu berichten weiß.

Schwalbennestern gleich kleben die Häuser der westlichen Zeile der Gstättengasse an der Mönchsbergwand, auf die Festigkeit des Gesteins vertrauend. Wie oft dieses Vertrauen auch getäuscht wurde und die niederstürzenden Gesteinsmassen Häuser und Inwohner unter ihren Trümmern begruben, sobald die Erinnerung an die Katastrophe verblaßt war, erhoben sich an derselben Stelle wieder neue Häuser aus dem Schutt. Hier mag wohl auch die Not geboten haben, die innerhalb der von dem Schanzkleide eingeschnürten Stadt eine freie Wahl der Baustelle nicht zuließ. Die älteste Nachricht über einen Bergsturz vom Mönchsberg stammt aus dem Jahre 1493; sieben weitere Bergstürze erfolgten bis 1765; die letzte Steinablösung erfolgte im Jahre 1886, doch forderte dieselbe zum Unterschied von allen früheren keine Opfer an Menschenleben.

Den verheerendsten Bergsturz meldet die Chronik vom Jahre 1669. In der Nacht vom 15. zum 16. Juli dieses Jahres stürzte ein beträchtlicher Teil der Mönchsbergwand in die Tiefe und zermalmte fünfzehn Häuser, zwei Kirchen, das Priesterseminar und einen Teil der Stadtmauer. Über zweihundert Menschen lagen damals unter den Trümmern begraben, und als Bürger zur Hilfe herbeieilten, erfolgte ein neuer Bergsturz und erschlug auch diese. Der Schutthaufen war so hoch, daß man über ihn auf das Mönchsbergplateau steigen konnte, und es dauerte zehn Jahre, bis er ganz weggeräumt war.

Seit diesen Katastrophen wird der Mönchsberg alljährlich im Frühjahr von bergsachverständigen Steinbrechern, im Volksmund „Bergputzer“ genannt, „befahren“, untersucht und „geputzt“. So uralt das Gewerbe der Salzburger Bergputzer ist, so ursprünglich und primitiv sind die dabei verwendeten Vorrichtungen. Ein starkes Seil läuft, zweimal herumgewunden, um einen mit Eisen beschlagenen Seilpflock, der am Rande des Berghanges in den Boden gerammt ist. Zum hängenden Seilende ist ein armdicker Holzknebel befestigt. Auf ihm sitzt der „Abfahrer“, das Seil zwischen den Beinen, mit Hüftgurt und Ring an diesem versichert. Oben halten zwei Männer, die „Seilhalter“, das Seil, vorne an der Bergkante steht der „Loser“ (Horcher), der die Befehle des Abfahrers bezüglich Nachlassen und Anhalten des Seiles an die Seilhalter weitergibt. So gleitet der Bergputzer die

Mönchsbergwand hinunter, stemmt sich mit den Füßen vom Felsen ab, pendelt zwischen Himmel und Erde nach rechts und nach links, bearbeitet mit seiner schweren Spitzhaue das Gestein und bezeichnet Stellen, die einer besonderen Maßnahme bedürfen, mit weißen Kreuzen. Ist der Abfahrer unten (zumeist auf einem Hausdach) angelangt, muß er, um neuerdings abfahren zu können, zu Fuß auf den Mönchsberg steigen, denn die primitive Vorrichtung erlaubt das Aufziehen eines Mannes nicht. Die Arbeit des Bergputzers ist gefährlich und erfordert hervorragende turnerische Geschicklichkeit. Die drei Abfahrer heißen Brandauer, Jäger und Hauser. Mancher, der den langgezogenen Ruf „Jaaaga laaa' naa"" aus seiner Kindheit kennt und ihn heute noch hört, mag sich wundern, was für rüstige Leute diese Bergputzer heute sein müssen, daß sie in ihren alten Tagen noch diesem anstrengenden Beruf gerecht werden. Diese Namen aber sind längs auf die Seilzüge übergegangen, „weil sie sich so gut rufen lassen"; den wirklichen Brandauer, Jäger und Hauser deckt seit Jahrhunderten der kühle Rasen.

Salzburger Volksblatt, Mittwoch, 21. April 1937, 9.
Bergsturzgefahr am Mönchsberg

VOR FÜNZIG JAHREN

Das war eine Aufregung in der Sitzung des Salzburger Gemeinderates am 2. Mai, als der Leiter des städtischen Bauamtes Oberingenieur D a u s c h e r, berichtete, daß die Müllner Hauptstraße zwischen dem Klausentor und dem Mödlhamerkeller von einem Bergsturze unmittelbar bedroht sei! Die Erinnerung an jenen verheerenden Felssturz vom Mönchsberg wurde wieder wach, dem in der Nacht des 16. Juli 1669 die alte Markuskirche in der Gstättengasse, ein Alumnat, dreizehn Häuser und über 300 Menschen zu Opfer gefallen waren.

DIE BERGPUTZER MELDEN...

Anfangs April hatte der Vorarbeiter der städtischen Bergskarpierungs=Partie gemeldet, daß an der bezeichneten Stelle eine größere Felsmasse abzustürzen drohe. Es begab sich nun am 6. April eine Kommission der städtischen Bausektion und des Stadtbauamtes an Ort und Stelle und stellte fest, daß in etwa drei Viertel=Höhe der Felswand mehrere große Felsblöcke fast ohne Auflager lose hingen und die Passage der Müllner Hauptstraße und des Franz=Josef=Kais zwischen Klausentor und Mödlhamerkeller schwer bedrohen. Wegen Gefahr im Verzug wurden sofort Absperrungsmaßnahmen getroffen. Ferner wurde in der Gemeinderatssitzung vom 12. April die partienweise Abtragung dieser lockeren Felsmassen beschlossen. Die Arbeiten würden, so meinte man, da eine Sprengung untunlich sei, wohl acht Wochen dauern und etwa 800 Gulden kosten. Rascheste Durchführung der Arbeiten wurde zugesagt.

Bevölkerung und Gemeindeväter wurden bald ungeduldig. Man wünschte, daß mehr Arbeitskräfte herangezogen werden, die Arbeitszeit verlängert und untersucht werden möge, ob man nicht doch mit Dynamit rascher zum Ziele gelangen könne. Also begaben sich am 22. April die Vertreter des Stadtbauamtes, die Mitglieder der Bausektion und Hauptmann des Geniestabes H e n t s c h l und Pionierhauptmann S z i b e n l i t z t – damals Erzieher der Kinder des Großherzogs von Toscana -, welche beide Herren gerade in der Sprengtechnik reiche Erfahrungen gesammelt hatten, an Ort und Stelle und besichtigten eingehend die bösen lockeren Felsen. Sie kamen zu dem Ergebnis, daß diese Felsen, drei überhängende große Blöcke, die vollständig durch Furchen und Risse zerklüftet wären, absolut mit dem Absturze drohen und mit aller Vorsicht auf mechanischem Wege abgetragen werden müssten. Für eine Sprengung könne kein Mensch die Verantwortung übernehmen. Wegen der Enge des Raumes sei eine Vermehrung der Zahl der Arbeiter, die an Seilen hängend nebeneinander arbeiten müssten, ausgeschlossen. Auch eine Verlängerung der Arbeitszeit, die ohnehin von 5 bis 12 und von 1 bis 7 Uhr dauere (also dreizehn Stunden!), sei ausgeschlossen. So blieb alles beim alten [sic!]!

Alarm!

Da kam am 30. April der Vorarbeiter der Bergputzer zu Oberingenieur D a u s c h e r und meldete ihm, daß er sich nicht mehr getraue, die Skarpierer an die Arbeitsstelle abfahren zu lassen, denn die abzuarbeitenden Felsmassen seien schon so gelockert, daß ihr Absturz i n j e d e r M i n u t e erfolgen könne. In diesem Falle könnten aber, da auch die oberen Felspartien, an denen die Leute befestigt seien, durch und durch brüchig erscheinen, die Arbeiter in die Tiefe mitgerissen werden. Dauscher berichtete in der Gemeinderatssitzung vom 2. Mai, er habe natürlich die sofortige Einstellung der Arbeiten verfügt. Dann hätte er sich – und mit ihm Gemeinderat E n g l – an Seilen in die Wand hinabgelassen; dabei hätten sie die Schilderung des Vorarbeiters vollauf bestätigt gefunden; der Absturz könne in der Tat jeden Moment erfolgen, da die Felspartien gänzlich losgelöst seien und keinen Halt mehr haben. In der gefährdeten Straße liege das Hauptrohr der Gasleitung, so daß im Falle der Katastrophe, bei der das Hauptgasrohr wahrscheinlich durch abstürzende Felstrümmer zertrümmert würde, die Stadt Salzburg gänzlich ohne öffentliche Beleuchtung wäre. Ferner liege in der Straße auch das Rohr der Fürstenbrunner Wasserleitung, so daß auch die Wasserversorgung von Mülln gefährdet sei.

Die Situation war kritisch: Gesprengt konnte nicht werden, ein Weiterarbeiten der Bergputzer war unmöglich und hoch oben hing absturzdrohend der Felsen. Nach längerem Redewechsel beschloß der Gemeinderat, einen Sachverständigen von der k. k. Geologischen Reichsanstalt in Wien zwecks genauer Untersuchung des Mönchsberges zu erbitten, die Müllner Hauptstraße im gefährdeten Teile zum Schutze der Gas= und Wasserleitungsrohre mit alten Eisenbahnschwellen und Faschinen zu polstern und die sofortige Ausführung der Fürstenbrunner Wasserleitung durch das Neutor über die Riedenburg nach Mülln zu genehmigen.

Zeit lassen!

Man war nervös geworden in der guten Stadt Salzburg. Die bedrohte Stelle war ja in weitem Umkreise abgesperrt, aber auch weitab von der Gefahr ging man gewissermaßen mit eingezogenem Kopf herum, immer darauf gefaßt, den Donner der niederstürzenden Felsmassen zu vernehmen. Und man wartete. Teils auf den Bergsturz, der ja „jede Minute niedergehen“ konnte, teils auf den Sachverständigen der Geologischen Reichsanstalt. Beide ließen sich Zeit! Es regnete! (Bekanntlich ein Umstand, der das Abrutschen lockerer Gesteinsmassen befördern kann.) Der Herr Sachverständige schrieb, bei Regen könne er nicht arbeiten, man solle ihm schreiben, wenn's wieder schön würde. Es hörte auf zu regnen, der

Sachverständige kam. Und endlich am 23. Mai – über drei Wochen waren die Felsmassen schon bereit, „jede Minute" abzustürzen – traf das Gutachten des Direktors S t u r von der Geologischen Reichsanstalt ein.

Der Mönchsberg im allgemeinen, so meinte der Sachverständige, sei brav und fest und besonders die Strecke vom Neutor bis zum Klausentor sei vollständig gesunder Konglomerat=Fels; die längs der Gstättengasse vorhandenen Keller zeigen keine bedenklichen Spalten und Klüfte und erscheinen vollkommen trocken. An der bedenklichen Stelle außerhalb des Klausentores aber seien zwei etwa zehn Meter hohe und ebenso breite, flache, scheibenförmige Felsteile, knapp nebeneinander in zirka 40 Meter Höhe an der Wand klebend, durch Risse von der Steilwand so weit losgetrennt, daß in der Tat der Absturz j e d e n M o m e n t erfolgen könne. Sie müssten unbedingt herabgebracht werden. Da aber die Festigkeit der Haupt= und Gesteinmasse konstatiert sei, könne man durch Anwendung kleiner, in die Klüfte zu placierender Schießpulver=Patronen den Zusammenhang der schon haltlosen Felsenpartien ohne Gefahr lockern und die Felsen so in kleinen Mengen nach und nach zum Absturz bringen.

Also geschah es. Die Arbeiten wurden wieder aufgenommen, kleine Detonationen pufften los, Felstrümmer stürzten herab, ohne Schaden anzurichten. Aber einmal, am 30. Mai, polterte doch ein gröberer Block zu Tal und traf das Hauptrohr der Gasleitung. In der Nacht vom 30. zum 31. Mai brannten 170 Straßenlaternen – und wahrscheinlich noch viel mehr Lampen in Privatwohnungen – nicht. Da die Gasgesellschaft schuldtragend war, weil sie, obwohl gewarnt, zu geringe Schutzmaßnahmen getroffen hatte, erwog der Gemeinde-rat ihre Haftbarmachung. Die Müllner Hauptstraße mußte aber die ganze Zeit über für den Verkehr gesperrt bleiben, und dadurch erlitten natürlich die Geschäftsinhaber in jener Gegend beträchtlichen Schaden. Sie suchten darum um generellen Steuernachlaß bei der Gemeinde an, die aber erklärte, d i e s e m Ansuchen nicht Folge leisten zu können; wo aber besonderer Schaden und wirkliche Notlage nachgewiesen sei, werde die Stadtgemeinde auf individuelle Gesuche Steuernachlässe gewähren.

DIE LETZTE SPRENGUNG

Der Juni war längst ins Land gezogen. Noch immer wurde an der Mönchsbergwand gearbeitet. In der Gemeinderatssitzung am 20. Juni interpellierte GR. Direktor S c h m u e d den Bürgermeister, wann denn die Bergskarpierungs=Arbeiten endlich beendet sein würden, und GR. J o r e s ersuchte, gleich nach dem Abschlusse der Arbeiten mit der Fortschaffung der Schuttmassen zu beginnen, damit die Straße bald frei werde. Tatsächlich fand tags darauf, am 21. Juni, die l e t z t e S p r e n g u n g statt.

Die Anrainer der Mönchsbergwand fühlten sich von einem – recht klotzigen und groben – Damoklesschwert befreit, das fast ein Vierteljahr drohend über ihrem Haupte gehangen war. In den letzten Jahren sind wieder einige Male größere Gesteinsmassen, die abzustürzen drohten, aus der Mönchsbergwand (unterhalb der Bürgerwehr und oberhalb des alten Bürgerspitals) entfernt worden. Es ging mit viel weniger Aufregung ab, als vor fünfzig Jahren. Sind nun unsere Nerven besser geworden oder ist das Vertrauen in unsere technische Ausrüstung gestiegen, die uns in den Stand setzen würde, der Gefahr zu begegnen? M.

Neue Freie Presse, Wien, Freitag, 18. März 1938, 6.

Die „Bergputzerei“ in Salzburg beginnt

Mit dem Eintritt der günstigen warmen Jahreszeit beginnt in Salzburg eine ganz seltsame Arbeitsgruppe ihre Tätigkeit. Mit schweren langen Seilen bewehrt, ziehen sie hinauf auf den Mönchsberg und den Kapuzinerberg zum „Bergputzen“.

Im Laufe des Winters kann es durch den Einfluß des Frostes und der Niederschläge möglich sein, daß sich dieser oder jener Stein in der Felswand lockert. Das könnte jedoch in weiterer Folge dazu führen, daß der Stein später in die Tiefe saust und so manches Unheil anrichtet. Besonders in jenen Gebieten ergäbe sich eine kritische Situation, in denen die Häuser am Fuße der Felswände unmittelbar an diese angebaut sind. Hier würde wohl so manches Dach den schweren Steinen nicht standhalten können.

Um jede derartige Gefahr nunmehr zu bannen, gehen bereits mit Anbruch des Frühjahres die „Bergputzer“ ans

Werk. Eine solche Putzpartie besteht aus sieben Männern. Ist sie oben an der Felswand angekommen, werden die drei mitgebrachten Seile um Bäume gelegt, die genügend stark sind, um einen Mann zu tragen. Drei Mann lassen sich nun an der Felswand herab. Sie sitzen auf einem Querholz, das am Ende des Seiles befestigt ist und stemmen sich mit den Beinen gegen die Felswand. Drei weitere Männer stehen jeder breitspurig hinter je einem Baum und halten ein Seil in Händen, das sie auf Kommando etwas nachlassen und wieder festhalten. Der siebente Mann von der Partie hat die Kommandoübertragung vorzunehmen. Er liegt an der obersten Kante der Felswand flach auf dem Bauch und nur der Kopf blickt in den Abgrund. Ihm rufen die einzelnen Arbeiter, die auf den Seilen an der Felswand hängen, zu, ob das Seil weiter nachgelassen werden soll oder ob sie länger an einer Stelle verweilen müßten. Es gibt nämlich nur ein Abwärtsgleiten oder Stehenbleiben, ein Hinaufziehen ist bei diesen einfachen Vorrichtungen nicht möglich.

Die Felswände werden von den Bergputzern mit H ä m m e r n a b g e k l o p f t und sobald ein lockerer Stein entdeckt ist, wird dieser von dem Arbeiter losgeschlagen und in einen Sack gesteckt, den er mit sich führt. Handelt es sich um größere Partien des Gesteins, die gelockert sind, dann muß ein eigenes Gerüst errichtet werden, und besondere Arbeitspartien werden mit der Entfernung dieses Materials, beziehungsweise mit der Ausmauerung der Felswand betraut.

Auf diese Weise sorgen die Bergputzer für die Sicherung der an den Felswänden befindlichen Gebiete gegen Steinschlag, und tatsächlich hat sich diese Einrichtung seit Jahren ausgezeichnet bewährt.

Salzburger Landeszeitung, Samstag, 13. Mai 1939, 5.

Bei „Jager und Brandauer“ am Mönchsbergfels
Bergputzen, eine einmalige und seltsame
Einrichtung – Zur Zeit wird geklopft
(Eigener Bericht der Salzburger Landeszeitung)

Leuchtendes Grün der Blätter und des jungen Grases umsäumen die schmalen Wege, die den Wald auf der Höhe des Mönchsberges durchziehen. Auf felsigem Grund führt einer dieser Pfade in seinem Verlauf an der Bürgerwehr vorbei bis an die senkrechte Felsmauer über dem Neutor heran und gewährt einen wunderschönen Ausblick auf die Stadt, in deren Gewirr von kleinen und großen, wahllos ausstrebenden Hausdächern der in der Sonne glitzernde Bogen der Salzach Regelmäßigmäßigkeit zu bringen versucht.

Plötzlich dringt ein Ruf an das Ohr des in den Anblick der Stadt versunkenen Fußgängers. „J a g e r, l a ß n a c h!“ klingt es zuerst etwas hohl und fern, dann ist dieser seltsame Ruf gleich noch einmal deutlicher und näher zu hören. Man ist mit dem Denken über das soeben Vernommene noch nicht zu Ende, da erschallt in der Nähe ein anderer Ruf: „B r a n d a u e r, h a l t!“ Auch diese Worte werden von einer anderen Stimme wie im Echo wiedergegeben. Und in der darauffolgenden Stille ist nun ein Klopfen zu vernehmen, das aus der Tiefe der Felswand zu kommen scheint und bald einen dumpfen und hohlen Ton, bald einen harten hellen Klang verursacht.

Die geheimnisvollen Klopfer

Eben dieses Klopfen und Schlagen und die immer wiederkehrenden seltsamen Rufe erweisen sich auf der Suche nach den merkwürdigen Vorgängen, die mit den Signalen der unsichtbaren Männer irgendwie zusammen hängen, als richtungsgebend. Es ist allerdings notwendig, durch eine Lücke eines Holzzaunes in das Gestrüpp und in das Dickicht niederer Baumäste einzudringen, um nach wenigen Schritten vor einer Gruppe von Männern zu stehen, die hier seltsame Arbeiten verrichten. In kurzen Abständen voneinander sitzen zwei Männer auf einem in vielen Windungen aufgerollten Tau, dessen Enden durch ihre mehr als kräftigen Fäuste über einen armdicken, im Boden steckenden Holzpflock läuft und sich dann in gerader Linie durch das Gras verliert. Soeben ertönt der Ruf „J a g e r, l a ß n a c h!“, worauf einer der beiden das ungefähr drei Zentimeter dicke Hanfseil langsam durch seine Hand gleiten läßt, bis wieder die Worte „Jager, halt!“ ertönen. Damit hört das Gleiten des Seiles auf, während der andere Ruf „Brandauer, laß nach!“ den gleichen Vorgang bei dem zweiten Seilhalter verursacht. Folgt man dem Seil auf seinem Weg, so sieht man nach wenigen Schritten über den Rand der von Bäumen umrahmten Wiesenfläche auf die Stadt hinab – man steht knapp über der senkrechten Felsmauer des Mönchsberges. Die Rufe sind jetzt vollkommen deutlich aus der Tiefe zu hören und ertönen gleich darauf noch lauter aus dem Mund des über dem Abgrund in den Bäumen hängenden Mannes, der nichts anderes zu tun hat, den Ruf der schon nach kleiner Entfernung von der Felswand nicht mehr zu hören ist, an den Mann der Seiltrommel weiterzugeben.

Ein Berg wird geputzt

Diese beiden Männer sind die Helfer der sogenannten „Bergputzer", die, auf einem am Ende des Seiles befestigten Schemel sitzend, an der Felswand heruntergelassen werden, um mit einem Hammer das Gestein abzuklopfen und so festzustellen, ob an irgend einer Stelle durch einen lockeren Stein Gefahr für die darunterliegenden Häuser besteht. Selbstverständlich folgt dieser Feststellung die sofortige Beseitigung der gefährlichen Steine.

Diese Einrichtung der Bergputzer in Salzburg dürfte wohl die einzige in [der, Erg. K. H.] Welt bestehende Organisation sein. Der Ursprung dieser durch Stiftung geschaffenen kleinsten Arbeitsgemeinschaft, die heute unter der Leitung des Bauamtes der Stadt Salzburg ihre gefährlichen Arbeiten durchführt, ist auf den im Jahre 1637 [falsche Datierung, 1669, Anm. K. H.] erfolgten Felssturz am Mönchsberg über der Gstättengasse zurückzuführen, der eine große Zahl von Todesopfern, mehr als 200, forderte.

Nach diesem Unglück wurde diese einzig dastehende Organisation der Bergputzer ins Leben gerufen. Anfänglich aus zwölf Mann bestehend, die in drei Gruppen ihre gefährliche Arbeit verrichteten, wurde sie später auf acht Mann verringert, deren immer wieder nachfolgende Mitglieder heute noch die Sicherung der Felswände sowohl des Mönchsberges wie auch des Kapuzinerberges obliegt. Zwei Gruppen sind es heute, von welchen je einer der „Abfahrer", der eigentliche Bergputzer, an einem Seil heruntergelassen wird, während der zweite, der „Seilhalter" ist und der dritte als sogenannter „Loser" die Befehle des Abfahrers, das Seil nachzulassen oder zu halten, an den Seilhalter weiterzugeben hat. Der vierte ist als Aufpasser bei jeder Gruppe eingeteilt, um im gegebenen Fall helfend eingreifen zu können.

In jedem Jahr „Jager und Brandauer"

Der Vorgang ist nun so, daß oberhalb der zu untersuchenden Wand das 140 Meter lange Seil aufgelegt wird und in mehreren Windungen um einen starken Holzblock gezogen wird. Am Ende befindet sich ein kleiner Holzschemel in Gestalt eines größeren Brotweckens, auf dem der Abfahrer hinabgelassen wird. Er beginnt am Rand der Felswand die systematische Suche nach lockeren Steinen und zeigt nun das Anhalten oder Nachlassen des Seiles durch die Rufe an, die von dem Loser an den Seilhalter weitergegeben werden müssen. Dabei ist die oben erwähnte Namensgebung interessant, die bis jetzt jeder der Bergputzer von seinem Vorgänger übernommen hat. Der eine wird der „Jager" genannt, der andere heißt zur Unterscheidung der „Brandauer". Daher die Rufe, die ebenso durch Überlieferung erhalten geblieben sind: „Brandauer, halt!" oder „Jager, laß nach!". Ist der Bergputzer mit seiner Untersuchung am Fuße der Felswand angelangt, verläßt er seinen luftigen Sitz und gibt den Auftrag nach oben, das Seil aufzuziehen. Er selbst begibt sich zu Fuß wieder auf die Höhe des Berges.

Es ist selbstverständlich, daß diese Arbeiten, zu deren Ausführung persönlicher Mut, Zähigkeit und Ausdauer gehören, nur von Männern ausgeführt werden können, die dazu geeignet sind. So kam es, daß sich zeitweise die Ausübung dieses Berufes v o m V a t e r a u f d i e S ö h n e vererbte. In der manchmal überhängenden Wand schwebt der Bergputzer in 50 bis 120 Meter Höhe über der Erde und muß sich meistens durch Hin= und Herschwingen, wobei die größte Weite an einer Stelle am Mönchsberg sechs Meter beträgt, an seine Arbeitsstelle heranbringen. Außerdem muß bei der Ausführung dieser schweren Arbeiten jeder Handgriff aller vier Männer genau bedacht sein und jede Kleinigkeit genauestens beachtet werden. Die sorgfältigste Behandlung gilt hier natürlich dem Seil, das aus bestem Material hergestellt ist und spätestens nach dreijährigem Gebrauch ausgewechselt werden muß. Da sich die Hilfsmittel zu diesen Arbeiten genau so erhalten haben wie sie bei der Gründung dieser Einrichtung geschaffen wurden, sind die Vorrichtungen denkbar primitiv. So läuft das Seil bei der Arbeit des Bergputzers über den bloßen Waldboden und auch ungeschützt über die Kante der Felswand. Dazu ist jedoch zu sagen, daß der Beweggrund, die Hilfsmittel in ihrer ursprünglichen Form zu belassen, nur in der jahrhundertealten Erprobung und Erfahrung im Gebrauch gewesen ist. Es ist kaum anzunehmen, daß sich diese Hilfsmittel dieser kühnen Männer, die ihr Le-

ben zum Wohle und zum Schutz ihrer Nächsten jeden Tag aufs Spiel setzen, in Hinkunft ändern werden.
Lk.

Neues Wiener Tagblatt, Dienstag, 16. Mai 1939, 9.

Arbeitsplätze, hundert Meter über dem Abgrund
300 Jahre kämpfen die Salzburger
„Bergputzer" gegen Felsstürze

Als in Salzburg im Jahr 1637 [falsche Datierung, 1669, Anm. K. H.] ein ungeheurer Felssturz vom Mönchsberg 230 Todesopfer forderte, wurde die Organisation der „Bergputzer" ins Leben gerufen, die seither jedes Jahr von April bis Oktober die Felswände des Mönchs= und Kapuzinerberges genau untersucht und lockeres Gestein, das für die darunterliegenden Häuser eine große Gefahr bedeutet, entfernt.

Leuchtendes Grün der Blätter und des jungen Grases umsäumen die schmalen Wege, die den Wald auf der Höhe des Mönchsberges durchziehen. Auf felsigem Grund führt einer dieser Pfade in seinem Verlauf an der Bürgerwehr vorbei bis an die senkrechte Felsmauer über dem Neutor heran und gewährt einen wunderschönen Ausblick auf die Stadt, in deren Gewirr von kleinen und großen, wahllos ausstrebenden Hausdächern.

Plötzlich dringt ein Ruf an das Ohr des in den Anblick der Stadt versunkenen Fußgängers. „Jager, laß nach!" klingt es zuerst noch von fern. Kurze Zeit später hört man einen andern Ruf: „Brandauer, halt!" Auch diese Worte werden von einer anderen Stimme wie im Echo wiedergegeben. In der darauffolgenden Stille ist nun ein Klopfen zu vernehmen, das aus der Tiefe der Felswand zu kommen scheint und bald einen dumpfen und hohlen Ton, bald einen harten, hellen Klang verursacht. Man dringt durch eine Lücke eines Holzzaunes in das Dickicht niederer Baumäste ein und steht nach wenigen Schritten vor einer Gruppe von Männern, die hier seltsame Arbeiten verrichten. In kurzen Abständen voneinander sitzen zwei Männer auf einem in vielen Windungen aufgerollten Tau, dessen Enden durch ihre mehr als kräftigen Fäuste über einen armdicken im Boden steckenden Holzpflock läuft und sich dann in gerader Linie durch das Gras verliert.

Soeben ertönt der Ruf „Jager, laß nach!“, worauf einer der beiden das ungefähr drei Zentimeter dicke Hanfseil langsam durch seine Hand gleiten läßt, bis wieder die Worte „Jager, halt!“ zu vernehmen sind. Damit hört das Abrollen des Seiles auf, während der andere Ruf „Brandauer, laß nach!“ den gleichen Vorgang bei dem zweiten Seilhalter verursacht. Folgt man dem Seil auf seinem Weg, so steht man knapp über der senkrechten Felsmauer des Mönchsberges. Die Rufe sind jetzt vollkommen deutlich aus der Tiefe zu hören und ertönen gleich darauf noch lauter aus dem Mund des über dem Abgrund in den Bäumen hängenden Mannes, der nichts anderes zu tun hat, als den Ruf, der schon in geringer Entfernung von der Felswand nicht mehr zu hören ist, an den Mann der Seiltrommel weiterzugeben.

Diese beiden Männer sind die Helfer der sogenannten „Bergputzer“, die, auf einem am Ende des Seiles befestigten Schemel sitzend an der Felswand heruntergelassen werden, um mit einem Hammer das Gestein abzuklopfen und so festzustellen, ob an irgend einer Stelle durch einen abstürzenden oder lockeren Stein Gefahr für die darunterliegenden Häuser besteht. Selbstverständlich folgt dieser Feststellung die sofortige Beseitigung der gefährlichen Steine.

Es ist selbstverständlich, daß diese Arbeiten, zu deren Ausführung persönlicher Mut, Zähigkeit und Ausdauer gehören, nur von ausgewählten Männern ausgeführt werden können. So kam es, daß sich zeitweise die Ausübung dieses Berufes vom Vater auf die Söhne vererbte. In der manchmal überhängenden Wand schwebt der Bergputzer in 50 bis 120 Meter Höhe über der Erde und muß sich meistens durch Hin= und Herschwingen an seine Arbeitsstelle heranbringen. Jeder Handgriff bei der Ausführung dieser schweren Arbeiten erfordert genaue Ueberlegung. Die sorgfältigste Behandlung gilt hier natürlich dem Seil, das aus bestem Material hergestellt ist und spätestens nach dreijährigem Gebrauch ausgewechselt werden muß.

Münchner Neueste Nachrichten, Dienstag, 25. Juli 1939, 5.

Als der Mönchsberg zerbrach
Eine Erinnerung an Salzburgs schwerste Katastrophe
Eigener Dienst der M. N. N.
Salzburg, 24. Juli

Salzburg, das große Ereignisse sah, hat in seinen Mauern neben rauschenden Festlichkeiten, denkwürdigen Tagen, auch Not und Elend, Empörung gegen die geistlichen Landesherren, Hungersnot und Pest beherbergt; eines der größten Unglücke, von dem die Stadt im Laufe ihrer wechselvollen Geschichte heimgesucht wurde, war aber der große Bergsturz vom Mönchsberg 1669. Es sind nun 270 Jahre seit diesem Unglückstag vergangen.

Man schrieb den 16. Juli, als gegen 2 und 3 Uhr früh, wie die alten Chronisten melden, die Bewohner der Stadt Salzburg durch ein donnerähnliches Getöse aus ihrem Schlaf gerüttelt wurden. In jenem Stadtteil, wo sich heute die Gstättengasse befindet, die sich vom Gstättentor neben der Bürgerspitalskirche – auch Schleiferbogen genannt – am „Elektrischen Aufzug“ vorbei bis zu dem außerhalb der Ursulinenkirche gelegenen Klausentor hinzieht, hatten sich plötzlich g a n z e F e l s w ä n d e losgelöst und waren auf die Häuser und die Kirche niedergestürzt, die damals den Namen Markuskirche trug. Diese Kirche, dreizehn Wohnhäuser und ein Teil der Stadtmauer waren von den Felstrümmern verschüttet worden. Als hilfsbereite Helfer herbeigeeilt waren, löste sich, wie die Geschichte berichtet, neuerdings ein ca. 2000 Zentner schwerer Felsblock vom Mönchsberg los und begrub wiederum viele Menschen unter seinen Trümmern. Nicht weniger als 220 Menschen sind bei diesem gewaltigen Bergsturz inmitten der Stadt Salzburg ums Leben gekommen. Die Opfer dieser furchtbaren Katastrophe wurden zunächst auf dem damaligen Bürgerspitalsfriedhof beigesetzt.

Als dieser ausgelöst wurde, brachte man die zur Erinnerung an das Unglück errichtete Gedenktafel auf den stimmungsvollen St. Sebastiansfriedhof in der Linzer Gasse, wo sie neben der Gabrielskapelle, dem Mausoleum Wolf Dietrichs, aufgestellt wurde und bis heute zu sehen ist.

Salzburger Nachrichten. Freie Tageszeitung für die österreichischen Bundesländer, Freitag, 18. Juni 1971, Nr. 138, 27. Jahrgang

Verfasser dieses Beitrages ist der Student Josef Kemptner vom Institut für Publizistik an der Universität Salzburg. Die Arbeit über die Bergputzer verfaßte er im Zug seiner Teilnahme am journalistischen Proseminar.

ERINNERUNG AN DEN 16. JULI 1669 IN SALZBURG

Eine Gedenktafel an der Salzburger Ursulinenkirche erinnert an jene 220 Bürger dieser Stadt, die von einem Felssturz vom Mönchsberg entlang der Gstättengasse in der Nacht auf den 16. Juli 1669 erschlagen worden sind. Zwei Kirchen hat die Wucht des Felsen fast ganz, viele Häuser völlig zertrümmert. Dieser grauenvolle Unglückstag war keineswegs der einzige: schon 1493 hatte ein vom Mönchsberg stürzender Felsblock vier Menschen unter sich begraben. In den folgenden Jahrhunderten schlug die drohende, teilweise überhängende Wand entlang der „Gstätten" mehrmals zu: 1614 acht Tote, 1665/66 sechs Tote und 1694 ein zerstörtes Haus. Um solchen Schlägen steinerner Fäuste zu entrinnen oder sie zumindest rechtzeitig zu erkennen, gingen 1778 erstmals drei angeheuerte Salinenarbeiter aus Hallein daran, mit Seilen an den Salzburger Hausbergen herunterzufahren, um den Fels zu „putzen". Seit fast zwei Jahrhunderten „reiten" der Brandauer, Jager und Hauser – so hießen die ersten Bergputzer – auf ihren „Schimmeln" (spindelförmige, ca. 30 cm lange Holzsitze am Seilende) fest umgurtet die Wände über allen Häusern und Straßen herunter und sehen nach, ob nicht Kälte oder Nässe des letzten Winters Steine oder ganze Blöcke gelockert haben. Auch Sträucher müssen geschnitten werden, denn schon „eine Wurzel so dick wie ein Daumen vermag zentnerschwere Trümmer herauszutreiben" wie Hauser versicherte. Etwa 30 „Spione" wachen über jede Gesteinsverschiebung. Die Glasstreifen von 20 mal 3 cm, die über breitere Spalten geklebt sind, brechen, sobald die Blöcke in Bewegung geraten. Zwei Kontrollen im Jahr geben genauen Aufschluß über „Ruhe" oder „Unruhe" der Hausberge. Gerade das Konglomerat des Mönchsberges ist an manchen Stellen nur schlecht oder überhaupt leicht „verkittet". Seine 20 bis 25 Grad nach Südosten hin gerichteten Schichten neigen sich teilweise wie jäh abgebrochene, steinerne Wellen über die dicht an sie geschmiegten Häuser.

Der Bergputzer ist eine Seltenheit der Mozartstadt, „die" – so weiß einer von ihnen zu erzählen – „einmalig in ganz Europa dasteht". Überrascht blicken Touristen immer wieder die Felswände empor und wundern sich, woher denn das Geschrei über ihnen kommt. Erstaunt können sie bei genauerem Hinsehen drei Männer erkennen, die langsam an langen Seilen in geradezu spielerischer Leichtigkeit die Wände heruntergleiten, sich dabei immer wieder mit den Beinen vom Fels abstoßen, einige Meter seitwärts pendeln, mit einer Spitzhacke Stelle für Stelle abklopfen und losgelöste Steine in einen Kübel werfen, der an einem Seil baumelt.

Der Einheimische weiß Bescheid und erklärt ganz einfach: „Die Bergputzer sind wieder unterwegs." Immer acht Tage nach Ostern beginnen sie mit dem St.-Peter-Bezirk, säubern dann – mit kleinen Unterbrechungen – die Mönchsbergwand bis Mülln. Die über der Gstättengasse hängende Wand muß mit besonderer Vorsicht „herabgegangen" werden, denn herausgeschlagene, größere Steine dürfen auf keinen Fall entkommen. Sie müssen treffsicher im Kübel landen. Nach dieser Tour übersiedeln die Bergputzer Ende Juli zum Kapuzinerberg und schließlich Anfang Herbst zum Festungs- und zum Rainberg. Der Steilhang des Kapuzinerberges längs der Linzer Gasse und der Schallmooser Hauptstraße muß an manchen Stellen in zwei „Partien" bearbeitet werden. Dort reicht das 120 Meter lange Seil nicht. Also müssen sie im Bereich des Franziski-Schlössels zuerst bis zu dem etwa in der Mitte der Wand verlaufenden Jägersteig und dann mit der gleichen Seillänge bis zum Fuße des Bergs abfahren.

Die Sommermonate reichen für diese umfangreichen Arbeiten nicht aus. Größere Fälle, die einen Aufschub erlauben, verlegt man in den Winter. Kalt wird den Abfahrern dabei nicht, denn sie haben alle Hände voll zu tun. Über Auffangvorrichtungen hantieren sie geschickt mit Schremmhammer und Brecheisen und tragen in geduldiger Kleinarbeit ganze Blöcke in handgroßen Stücken ab. Im letzten Winter entfernten sie über dem Haus Glockengasse 6 einen guten Waggon voll Felsen vom Kapuzinerberg.

Um dieser Aufgabe gewachsen zu sein, müssen sich die elf Männer ihre Arbeit genau einteilen. Der Bergmeister überwacht „Loser" („losen" heißt hören) und Seilhalter. Die „Loser" schreien die Kommandos der drei Abfahrer an die Seilhalter weiter, die je nach Bedarf das zwei- bis dreimal um einen Pflock geschlungene Seil nachlassen oder anhalten. Der unten wartende Aufpasser sperrt auf einen schrillen Pfiff hin mit einem Polizisten für zwei, drei Minuten den Verkehr. Ein zweiter Pfiff nach oben – die Abfahrer halten kurz still, Mensch und Fahrzeug ziehen wieder unbeschadet vorbei.

Das Leben der Bergputzer hängt im wahrsten Sinne des Wortes an 3 cm dicken mit Perlon verstärkten Seilen, die um 10 cm dicke, 30 bis 40 cm in den Boden gerammte Pfähle gewunden sind. Der hinter dem Pflock stehende Seilhalter hat immer nur nach dem Ruf des „Losers“ das Seil nachzulassen oder festzuhalten.

Offensichtlich ist diese Arbeit „nicht jdermanns [sic!] Sache, denn er muß sich auf den anderen hundertprozentig verlassen können“. Persönliche Reibereien untereinander darf es auf keinen Fall geben.

Ihre Arbeit betrachten die Bergputzer als nicht Außergewöhnliches. Sie wundern sich nur, eine im Vergleich mit anderen, weniger gefahrvollen Berufen niedrige Gefahrenzulage zu bekommen. Jahraus jahrein klettern diese Männer für die Sicherheit Salzburgs, deren erste Bewohner einst am Fuße der Berge Sicherheit gesucht hatten. Damals boten Felsen Schutz vor Menschen, heute sorgen Menschen für Schutz vor Felsen.

7.12. Die Hangschutzverordnung

8. Ortspolizeiliche Verordnung
(Hangschutzverordnung)

Gemeinderatsbeschluss vom 22. November 1976 (Amtsblatt Nr. 23/1976), in der Fassung des Beschlusses vom 15. Dezember 1977 (Amtsblatt Nr. 25/1977)

Auf Grund der Bestimmung des § 38 Abs. 6 des Salzburger Stadtrechtes 1966, LGBI.Nr. 47/1966 i.d.F. LGBI.Nr. 16/1970, wird zur Abwehr bzw. Beseitigung von das örtliche Gemeinschaftsleben störenden Mißständen, nämlich der Gefährdung von Personen und der Beeinträchtigung von bebauten und unbebauten Grundstücken durch Steinschlag, Erdrutsch und ähnliche Ereignisse, die von Grundstücken infolge ihrer Eigenschaft als Hanggrundstück ausgehen können, unbeschadet bestehender Gesetze und Verordnungen des Bundes und des Landes verordnet:

§ 1

Die Eigentümer bzw. verfügungsberechtigten Besitzer oder Inhaber von Grundstücken, von denen Gefährdungen von Personen und Beeinträchtigungen von bebauten und unbebauten Grundstücken durch Steinschlag, Erdrutsch und ähnliche Ereignisse infolge ihrer Beschaffenheit ausgehen können (Hanggrundstücke), sind verpflichtet, ihre Grundstücke unter Berücksichtigung der örtlichen Verhältnisse dauernd zu überwachen und regelmäßig einer Überprüfung zu unterziehen. Erforderlichenfalls ist diese Überprüfung von einer Person durchzuführen, die die dazu notwendigen Kenntnisse, Fähigkeiten und Erfahrungen besitzt.

§ 2

Die Eigentümer bzw. verfügungsberechtigten Besitzer oder Inhaber von Grundstücken, von denen Gefährdungen der in § 1 angeführten Art ausgehen können, sind verpflichtet, Organen der Behörde das Betreten der Grundstücke sowie die Durchführung von Überprüfungen und die Vornahme geologischer und bodenkundlicher Aufschlußarbeiten zu gestatten.

§ 3

(1) Werden Gefährdungen festgestellt, so sind die Eigentümer bzw. verfügungsberechtigten Besitzer oder Inhaber eines solchen Grundstückes verpflichtet, die zur Abwehr oder Beseitigung der Gefahr notwendigen Maßnahmen unverzüglich zu veranlassen und der Behörde hievon Mitteilung zu machen.

(2) Die Behörde ist berechtigt, die Maßnahmen zu überprüfen und zu überwachen und allenfalls weitere Maßnahmen vorzuschreiben, wenn dies zur vollkommenen Abwehr oder Beseitigung der Gefahr erforderlich ist.

(3) Kommen die Eigentümer bzw. verfügungsberechtigten Besitzer oder Inhaber von Grundstücken ihren in Abs. 1 angeführten Verpflichtungen nicht nach, so hat die Behörde mit Bescheid die Ausführung der erforderlichen Maßnahmen innerhalb einer gleichzeitig zu setzenden angemessenen Frist vorzuschreiben.

§ 4

Die Behörde kann durch Bescheid vorbeugende Sicherungsmaßnahmen vorschreiben, wenn auf Grund der Beschaffenheit des Grundstückes mit dem Auftreten einer unmittelbar drohenden Gefahr (§ 1) gerechnet werden kann.

§ 5

(1) Das Anschneiden von Hängen, die Errichtung von unterirdischen Hohlräumen sowie andere sich auf die Sicherheit von Grundstücken auswirkende Maßnahmen und Handlungen, die geeignet sind, die in § 1 angeführten Gefährdungen oder Beeinträchtigungen hervorzubringen, sind untersagt.

(2) Die Behörde kann die Benützung von Grundstücken oder Grundstücksteilen, von denen Gefährdungen der in § 1 angeführten Art ausgehen, vorübergehend untersagen oder beschränken, soferne dies zur Abwehr bzw. Beseitigung einer unmittelbar drohenden Gefahr für das Leben oder die Gesundheit von Menschen unbedingt erforderlich ist.

§ 6

Die Behörde kann die Benützung gefährdeter Grundstücke oder Grundstücksteile bis zur Beseitigung der Gefährdung untersagen oder beschränken, soferne dies zur Abwehr bzw. Beseitigung einer unmittelbar drohenden Gefahr für das Leben oder die Gesundheit von Menschen unbedingt erforderlich ist.

§ 7

Zuwiderhandlungen gegen die Bestimmung dieser Verordnung bilden eine Verwaltungsübertretung und werden gemäß Art. VII EGVG 1950 bestraft.

§ 8

Von der Regelung durch diese Verordnung ausgenommen sind bundes- oder landesgesetzlichen Regelungen unterliegende Verkehrsflächen.

§ 9

Die Verordnung tritt gemäß § 19 Abs. 3 Salzburger Stadtrecht 1966 nach Ablauf des Tages, an dem das Stück des Amtblattes, das die Kundmachung enthält, herausgegeben und versendet wird, in Kraft.

7.13. Transkription von Ausschnitten einer Handschrift über die Geschichte des Salzburger Priesterseminars

Salzburg, Diözesane Priesterhausbibliothek, HS Hn816

Ignaz Fenninger (Alumnus m. p.), Ursprung Aufkommen und Geschichte des erzbischöflichen, jetzt k. baier. Priesterseminariums zu Salzburg nebst einem Kataloge der Alumnen in den verschiedenen Jahren ihrer Aufnahmsordnung nach gereiht, Salzburg im Monat Feb(ruar) 1826.

[S. 1] Im Jahre 1591 legte der grosse, aber lange Zeit verkannte Erzbischof Wolf Dietrich den ersten Grund zu einem Priesterseminar und bestimmte für die jungen Zöglinge 4 Lehrer zu folgenden 4 Gegenständen:Grammatik, Rhetorik, Dialektik und Kasuistik.

Dieses war nach dem Geiste der damals finstern Zeiten das ganze Studium. Der Platz des ersten Priesterseminars ist unbekannt: vermuthlich war es in dem sogenannten Kaiviertel: Soviel ist aber gewiss, dass der Erzbischof Paris [Lodron] die jungen Priestercanditaten den 18ten October 1624 in das Haus zum h. Markus versetzte, wo sie bis auf das Jahr 1668 verblieben. In diesem Jahre lösste sich von dem nahen Mönchsberge ein grosses Felsenstück los, stürzte über das Priester Haus und begrub 11 Alumnen, nur 4 hatten das Glück, mit dem Leben davon zu kommen, von denen 2, vermuthlich aus einem Gelübde den Orden der Minoriten in Wels antratten: die übrigen 2 aber als Georg Schnell – erster Vikar zu Filzmoos bey Radstadt im Jahre 1675, und Anton Rösch ab 1681 Pfarrer in Altenmarkt wurden nach 2 Monaten in das unterdessen im Pierglstein hergestellte Kollegium des h. Carolus Borromaeus versetzt. Es scheint, dass es mit gänzlicher Herstellung desselben längere Zeit hergegangen sein müsse; denn erst zwei Jahre darauf ao. 1670 wurden wieder 7 Candidaten, unter denen zwei Baiern, 1 Tiroler und 1 Günzburger waren, aufgenommen. Das Institut selbst aber wurde der Aufsicht der P. P. Professoren aus dem Orden des h. Benedikt, die, wie bekannt, schon damals auf der hiesigen hohen Schule alle Lehrkanzeln, die weltlichen Rechte ausgenommen, inne hatten, anvertraut.

Jährlich wurde die Zahl der ausgetrettenen Zöglinge mit neuen Subjekten aus verschiedenen Provinzen des deutschen Reiches ersetzt; ihre Anzahl belief sich in den darauffolgenden Jahren auf 138.

Gegen das Ende des 17ten Jahrhunderts erhielt dieses preiswürdige Institut seine damalige Ausdehnung und Festigkeit. Erzbischof Johan Ernest, ein gebohrner Graf von Thun war der grosse Mann, [S. 2] der das jetzige herrliche Priesterhaus auf eigene wahrhaft fürstliche Kösten erbaute, ihre Stiftung sowohl, als Anzahl der Zöglinge vermehrte |: auf 26 :| und ihnen seinen Konsistorial Kanzler *Franz Dreer* als Regenten, den Herrn Georg Lechner aber als Subregenten vorsetzte. Eine gewiss heilsame Anordnung! Künftige Volkslehrer können ja nicht so gut von meistentheils blos litterarischen religiösen Männern, als von erfahrnen Land- und menschenkundigen Weltpriestern zu ihrem Lehramte gebildet werden. Der erste Juny des Jahres 1699 war der feierliche Tag, an welchem 9 Alumnen ihre unbequeme und zuweit entfernte Wohnung in Pirglstein verliessen und in dem dermaligen Collegium der heiligsten Dreifaltigkeit, nebst 5 neu aufgenommenen Zöglingen ihren freudigen Einzug hielten.

Am 4 Dezember des nämlichen Jahres wurde die bestimmte Zahl von 26 Alumnen mit 12 neu aufgenommenen Candidaten, worunter der nochmals berühmte *Weissenbacher* war ergänzt.

Gewiss hat sich dieser Fürst ein bleibendes Denkmal in den dankbaren Herzen jedes Alumnen errichtet. Seit diesem für das salzburgische Priesterhaus merkwürdigem Zeitpunkte haben immer geschickte und gelehrte Weltpriester darüber die Aufsicht und Direction geführt, und grösstentheils mit Ruhm behauptet.

8. Quellenverzeichnis

Archiv der Stadt Salzburg (= AStS):

Handschriftlich erhaltener Vortrag von Ludwig Pezolt über die Arbeit der Bergputzer im technischen Club 1893 (Schriftenreihe Ludwig Pezolt): PA 442

Haunschmit-Akten (ungedr. Häuserchronik)

Kammeramtsrechnungen 1574

Kammeramtsrechnung 1671

Stadtratsprotokoll von 1668/69: BU 54

Bibliothek des Priesterseminars Salzburg:

Handschrift von Ignaz Fenninger: Ursprung Aufkommen und Geschichte des erzbischöflichen, jetzt k. baier. Priesterseminariums zu Salzburg nebst einem Kataloge der Alumnen in den verschiedenen Jahren ihrer Aufnahmsordnung nach gereiht, Salzburg im Monat Feb(ruar) 1826: HS Hn816

Bericht über den großen Mönchsbergsturz von Benedikt Abelzhauser: Nomina, cognomina, patria, aetas Tyronum suscipiendorum in Alumnatu archiepiscopali 1672, alte Signatur B

Bibliothek des Salzburg Museums, Salzburg:

Anonymes Flugblatt „Ware und Eigentliche Abbildung der Ertzbischoflichen Residenz-Statt Saltzburg“: Inv. Nr. 63/52

Anonymes Flugblatt „Eigentliche Abbildung und Ausführlicher Bericht von dem kläglichen und sehr erbärmlichen Berg=Fall / bey der in gantz Teutschland wol bekannten und sehr berühmten Stadt Saltzburg / Welcher sich leider mit grosser Bestürtzung der Saltzburgischen Innwohner zugetragen / und was bishero weiter davon zu melden dieses 1669. Jahrs: Inv. Nr. 809/49

Artikel über die Bergputzer aus der Realiensammlung

Kupferstich Salzburg Stadt „Deutlicher Abriß deß arbärmlichen Bergfalls über die hochlöbliche Ertzbischoffliche Statt Saltzburg geschehe(n) den 16. July Morgens früh 1669: Inv. Nr. 1143/49

Fotos der Bergputzer: Inv. Nr. 9229, 13802-13804

Landesarchiv Salzburg:

Doppler-Häuserchronik zur Gstättengasse und Steingasse Geheimes Archiv XXVII/12

Nachlass des Conrad Dorn: NL Dorn 5 (Gabrielskapelle/ Mausoleum), N Dorn 6 (Grabmalausstellung St. Sebastiansfriedhof)

Übernommene Bestände des Familienarchivs Kuenburg-Tamsweg: XXX K 26/2-K 27/1, 21 – 14/01, 21 – 14/03

Weichsteuer Raittung die auf Hochfürstl. Hoffmaisterey Gehörige Hoff. Burckhrecht Betreffent Hof Burckhrecht 1669, Neue Nr. 26

Archiv der Erzdiözese Salzburg (= AES):

Bürgerspitalsakten F 5/63

Priesterhaus Catalogus Ordinandorum 1669-1736 der Alumnen im Priesterseminar I. 10/81

Seelenbeschreibung 1647: 5/69/18

Sterbebuch 1, 2 und 4 der Salzburger-Dompfarre, Microfiches

Archiv des Landeskonservatorats Salzburg:

K.K. Landeskonservatorenamt für das Herzogtum Salzburg, Zahl 403/1916

Antrag Betreffs Ausgestaltung des Sebastiansfriedhofs

Archiv St. Peter, Salzburg:

Das Diarium des Abtes Amand Pachler: HS. A. 53 (1657-1664), HS. A. 54 (1665-1672)

Das Diarium des Abtes Beda Seeauer: HS. A. 67

Chronik des Bernhard Viechter: HS. A. 145

Totenroteln: HS. A. 555, rot. 144 (Kimpfler, Probost) und HS. A. 555, rot. 148 (Rudolph)

Hauptrechnungsbuch des Klosters St. Peter von 1669: HS. A. 763

Stiftungsbrief Max Gandolph Graf von Kuenburg, Salzburg 30. Juli 1669

Germanisches Nationalmuseum Nürnberg:

Anonymes Flugblatt „Ware und Eigentliche Abbildung der Ertzbischoflichen Residenz-Statt Saltzburg“: Inv. Nr. HB 19815, Kapsel 1370

Kupferstich Salzburg Stadt „Deutlicher Abriß deß arbärmlichen Bergfalls über die hochlöbliche Ertzbischoffliche Statt Saltzburg geschehe(n) den 16. July Morgens früh 1669“: Inv. Nr. HB 3885, Kapsel 1370

Kupferstich von Lucas Schnitzer „Ware und Eigentliche Abbildung der Ertzbischoflichen Residenz-Statt Saltzburg“ (1669/70) ohne Bezug auf den großen Mönchsbergsturz: Inv. Nr. 10370, Kapsel 1126

Sondersammlungen der Universität Salzburg:

Kupferstich von Matthäus Merian „Saltzburg“ (1644), unsigniertes Blatt aus Merians „Topographia Bavariae“:

G II1185

Kupferstich von Lucas Schnitzer „Ware und Eigentliche Abbildung der Ertzbischoflichen Residenz-Statt Saltzburg“ (1669/70) ohne Bezug auf den großen Mönchsbergsturz: G 1152III

9. Literaturverzeichnis

Gerhard ABELE, Bergstürze in den Alpen: ihre Verbreitung, Morphologie und Folgeerscheinungen, München 1974.

Gerhard AMMERER et al., Reise Stadt Salzburg. Salzburg in der Reiseliteratur vom Humanismus bis zum beginnenden Eisenbahnzeitalter (Schriftenreihe des Archivs der Stadt Salzburg 17), Salzburg 2003.

Gerhard AMMERER, Urbane Alltagskultur der Lodron-Zeit. Überlegungen und Quellen, in: Peter Keller et al. (Hg.), Erzbischof Paris Lodron (1619-1653). Staatsmann zwischen Krieg und Frieden (Mitteilungen der Gesellschaft für Salzburger Landeskunde, Ergänzungsband 20), Salzburg 2003, 88-94.

Daniela AUER, Geologisch-mineralogische Untersuchungen zum Bergsturz Schlossalm bei Bad Hofgastein (ungedr. naturwiss. Diplarb. Graz), Graz 2005.

Greg BANKOFF, Coming to Terms with Nature: State and Environment in Maritime Southeast Asia, in: Environmental History Review 19, 3 (1999), 17-37.

Greg BANKOFF, Cultures of Distaster. Society and natural hazard in the Philippines, London 2003.

Albert BARTELMESS, Leb- und Wachszelter, in: Reinhold Reith (Hg.), Lexikon des alten Handwerks. Vom Spätmittelalter bis ins 20. Jahrhundert, München 1990, 144-147.

Jacques BERLIOZ, Catastrophes naturelles et calamités au Moyen Age (Micrologus' Library 1), Turnhout 1998, 57-139.

Ernst BERNLEITHNER, Salzburg im Kartenbild der Zeiten. Mit 20 Kartenbeilagen, in: Mitteilungen der Gesellschaft für Salzburger Landeskunde 105 (1965), 1-46.

Karin BONVECCHIO, Nachkriegszeitliche Naturkatastrophen in Kärnten (ungedr. naturwiss. Diplarb. Graz), Graz 1999.

Hans-Peter BLÄUER, Der Bergsturz von Elm am 11. September 1881. Ursache und gesellschaftliche Bewältigung einer menschgemachten Naturkatastrophe, in: Christian Pfister (Hg.), Am Tag danach, Bern/Stuttgart/Wien 2002, 113-130.

Andreas BRANDT, Die Bergstürze an der Villacher Alpe (Dobratsch), Kärnten, Österreich. Untersuchungen zur Ursache und Mechanik der Bergstürze (ungedr. naturwiss. Diss. Hamburg), Hamburg 1981.

Ernst BUSS/Albert HEIM, Der Bergsturz von Elm den 11. September 1881, Zürich 1881.

Leopold VON CHIMANI, Meine Ferien=Reise von Wien durch das Land und Hallstadt, nach Salzburg, Berchtesgaden und Gastein, und von da zurück durch einen Theil der Steyermark. In topographischer, geschichtlicher, naturhistorischer, technischer, biographischer und pittoresker Beziehung. Im Jahre 1829 unternommen, Wien 1830 (Zweytes Bändchen).

Georg DEHIO (bearbeitet von Franz Martin), Handbuch der deutschen Kunstdenkmäler, Wien/Berlin 1933 sowie ²1938.

Georg DEHIO (bearbeitet von Karl Ginhart), Handbuch der Kunstdenkmäler in den Donau- und Alpengauen, Bd. 3: Salzburg/ Tirol/Vorarlberg, Wien/Berlin ³1946.

Georg DEHIO (bearbeitet von Inge Wegleiter), Die Kunstdenkmäler Österreichs, Salzburg/Wien ⁴1954.

Georg DEHIO (bearbeitet von Franz Fuhrmann), Die Kunstdenkmäler Österreichs. Salzburg Land und Stadt, Wien ⁵1963.

Walter DEL-NEGRO, Geologie von Salzburg, Innsbruck 1950.

Walter DEL-NEGRO, Geologie der österreichischen Bundesländer in kurzgefassten Einzeldarstellungen, Salzburg/Wien ²1970.

Walter DEL-NEGRO, Erläuterungen zur geologischen Karte der Umgebung der Stadt Salzburg 1:50.000. Mit 4 Abbildungen, Wien 1979.

Wilhelm DONNER, Beiträge zur Geologie der Stadt Salzburg (ungedr. naturw. Diss. Salzburg), Salzburg 1987.

Wolf R. DOMBROWSKY, Entstehung, Ablauf und Bewältigung von Katastrophen. Anmerkungen zum kollektiven Lernen, in: Christian Pfister/Stephanie Summermatter (Hg.), Katastrophen und ihre Bewältigung. Perspektiven und Positionen (Berliner Universitätsschriften, Bd. 49), Bern/Stuttgart/Wien 2004, 165-183.

Heinz DOPSCH/Robert HOFFMANN, Geschichte der Stadt Salzburg, Salzburg/München 1996.

Heinz DOPSCH, Kleine Geschichte Salzburgs. Stadt und Land, Salzburg 2001.

Conrad DORN, Der Friedhof zum hl. Sebastian in Salzburg, Salzburg 1969.

Arthur DÜRST, Johann Jakob Scheuchzer und die Natur-Histori des Schweitzerlands. Begleittext zur Faksimileausgabe in drei Bänden, Zürich 1978.

Max DVORÁK (Red.), Die kirchlichen Denkmale der Stadt Salzburg (mit Ausnahme von Nonnberg und St. Peter) (Österreichische Kunsttopographie, Bd. 9), Wien 1912.

Edith EBERS et al (Hg.), Der pleistozäne Salzachvorlandgletscher, München 1966.

Johann August EBERHARD, Handbuch der Aesthetik für gebildete Leser aus allen Ständen in Briefen herausgegeben (4 Teile), Halle 1807-1820.

Christof EXNER, Prähistorischer Bergsturz des Mauskarkogels bei Bad Hofgastein, in: Bad Gasteiner Badeblatt 12 (1952), 63-65.

Gian Primo FALAPPI, Relazioni su Piuro dopo la frana, in: Guido Scaramellini/ Günther Kahl/ Gian Primo Falappi, La frana di Piuro del 1618. Storia e immagini di una rovina, Piuro 1988, 107-374.

Donat FÄH et al., Earthquake Catalogue of Switzerland (ECOS) and the related macroseismic database, in: Eclogae geol. Helv. 96 (2003), 219-236.

Franz FUHRMANN, Der Kapellenbau in Salzburg zur Zeit des Erzbischofs Wolf Dietrich von Raitenau (ungedr. phil. Diss. Wien), Wien 1943.

Clifford GEERTZ, Dichte Beschreibung. Beiträge zum Verstehen kultureller Systeme, Frankfurt am Main 1987.

Domenico GISBERTI, Die Reise der durchlauchtigsten kurfürstlichen Familie von Bayern nach Salzburg anno 1670. Übersetzt, kommentiert und mit einer Einleitung versehen von Irene Schrattenecker (Schriftenreihe des Salzburg Museum 18), Salzburg 2008.

Monika GISLER, Historical Seismology in Switzerland. Reflections and Insights, in: Michael Kempe/Christian Rohr (Hg.), Coping with the Unexpected. Natural Disasters and Their Perception (Environment and History, Special Issue 9, 2), Strond/ Isle of Harris 2003, 215-237.

Bernd GOLAS, Der Eibseebergsturz. Eine geomorphologische Studie (ungedr. naturwiss. Diplarb. Innsbruck), Innsbruck 1996.

Hermann GOLLUB, Die Salzburger Protestanten (Reihe Südost, hg. Von Walter Polak, 1. Folge, Werdendes Volk, Nr. 15), Wien/Leipzig 1939.

Christian GREINZ, Die fürsterzbischöfliche Kurie und das Stadtdekanat zu Salzburg. Ein Beitrag zur historisch-statistischen Beschreibung der Erzdiözese Salzburg, Salzburg 1929.

Jacob und Wilhelm GRIMM, Deutsches Wörterbuch, Bd. 30: Wilb – Ysop, München 1984 (Nachdruck der Erstausgabe 1960).

Dieter GROH/Michael KEMPE/Franz MAUELSHAGEN (Hg.), Naturkatastrophen. Beiträge zu ihrer Deutung, Wahrnehmung und Darstellung in Text und Bild von der Antike bis ins 20. Jahrhundert (Literatur und Anthropologie, Bd. 13), Tübingen 2002.

Dieter GROH/Michael KEMPE/Franz MAUELSHAGEN, Einleitung. Naturkatastrophen – wahrgenommen, gedeutet, dargestellt, in: Dieter Groh/Michael Kempe/Franz Mauelshagen (Hg.), Naturkatastrophen Beiträge zu ihrer Deutung, Wahrnehmung und Darstellung in Text und Bild von der Antike bis ins 20. Jahrhundert (Literatur und Anthropologie, Bd. 13), Tübingen 2002.

Hermann GROTEFEND, Taschenbuch der Zeitrechnung des deutschen Mittelalters und der Neuzeit, Hannover [12]1982.

Alexander GRUBER, Granulometrische und morphometrische Untersuchungen an interglazialen Konglomeraten der Salzburger Stadtberge (ungedr. naturwiss. Diplarb. Salzburg), Salzburg 1999.

Gottfried GRÜNTHAL (Hg.), European Macroseismic Scale 1998 (EMS-98) (Cahiers du Centre Européen de Géodynamique et de Séismologie 15), Helfent-Betrange 1998.

Rolf GUTDEUTSCH et al., Erdbeben als historisches Ereignis. Die Rekonstruktion des Bebens von 1590 in Niederösterreich, Berlin/Heidelberg/New York 1987.

Adolf HAHNL, Die benediktinischen Klöster, in: Peter Keller et al. (Hg.), Erzbischof Paris Lodron (1619-1653). Staatsmann zwischen Krieg und Frieden (Mitteilungen der Gesellschaft für Salzburger Landeskunde, Ergänzungsband 20), Salzburg 2003, 56-60.

Christa HAMMERL, Das Erdbeben vom 25. Jänner 1348 – Rekonstruktion des Naturereignisses, in: Neues aus Alt-Villach 31 (1994), 55-94.

Markus HANSITZ, Germaniae sacrae domus 2: Archiepiscopus Salisburgensis, Augsburg 1729.

Adolf HASLINGER/Peter MITTERMAYR (Hg.), Salzburger Kulturlexikon, Salzburg/Wien/Frankfurt am Main 2001.

Katrin HAUER, *...plötzlich viel Häuser zerschmettert, zerknirschet und tieff in die Erde geschlagen.* Zur Wahrnehmung, Deutung und Bewältigung von Bergstürzen in der Stadt Salzburg vom Spätmittelalter bis zum großen Mönchsbergsturz vom 16. Juli 1669 (ungedr. phil. Diplarb. Salzburg), Salzburg 2007.

Albert HEIM, Geologie der Schweiz, Band 2: Die Schweizer Alpen, Leipzig 1921.

Albert HEIM, Bergsturz und Menschenleben, Zürich 1932.

Dirk VAN HUSEN, Geologisch-Sedimentologische Aspekte im Quartär von Österreich, in: Mitteilungen der österreichischen geologischen Gesellschaft 1974/75 (1981), 197-230.

Dirk VAN HUSEN, Die Ostalpen in den Eiszeiten, Wien 1987.

Lorenz HÜBNER, Beschreibung der hochfürstlich-erzbischöflichen Haupt- und Residenzstadt Salzburg und deren Gegenden verbunden mit ihrer ältesten Geschichte, Bd. 1: Topographie, Salzburg 1792.

Clemens-Michael VON HÜTSCHLER, Bergstürze am Dobratsch/Kärnten/Österreich. Eine tektonische und geomechanische Analyse (ungedr. naturwiss. Diss. Hamburg), Hamburg 1981.

Manfred JAKUBOWSKI-TIESSEN, Sturmflut 1717. Die Bewältigung einer Naturkatastrophe in der Frühen Neuzeit (Ancien Régime. Aufklärung und Revolution 24), München 1992.

Manfred JAKUBOWSKI-TIESSEN, Hunger, Armut und Ruin–Folgen der Sturmflut von 1717, in: Thomas Steensen (Hg.), Deichbau und Sturmfluten in den Frieslanden. Beiträge vom 2. Historiker-Treffen des Nordfriisk Instituut (Nordfriisk Instituut 108), Braist/Bredstedt 1992, 73-82.

Manfred JAKUBOWSKI-TIESSEN, Die großen „Mandränken“: Sturmfluten in Nordfriesland, in: Thomas Steensen (Hg.), Das große Nordfriesland-Buch, Hamburg 2000, 122-133.

Manfred JAKUBOWSKI-TIESSEN, „Harte Exempel göttlicher Strafgerichte“. Kirche und Religion in Katastrophenzeiten: Die Weihnachtsflut von 1717, in: Niedersächsisches Jahrbuch für Landesgeschichte 73 (2001), 119-132.

Manfred JAKUBOWSKI-TIESSEN, Gotteszorn und Meereswüten. Deutungen von Sturmfluten vom 16. bis 19. Jahrhundert, in: Dieter Groh/Michael Kempe/Franz Mauelshagen (Hg.), Naturkatastrophen. Beiträge zu ihrer Deutung, Wahrnehmung und Darstellung in Text und Bild von der Antike bis ins 20. Jahrhundert (Literatur und Anthropologie 13), Tübingen 2003, 101-118.

Manfred JAKUBOWSKI-TIESSEN, „Erschreckliche und unerhörte Wasserflut“. Wahrnehmung und Deutung der Flutkatastrophe von 1634, in: Manfred Jakubowski-Tiessen/Hartmut Lehmann (Hg.), Religion in Katastrophenzeiten, Göttingen 2003, 179-200.

Manfred JAKUBOWSKI-TIESSEN/Hartmut LEHMANN (Hg.), Religion in Katastrophenzeiten, Göttingen 2003.

Kay Peter JANKRIFT, Brände, Stürme, Hungersnöte. Katastrophen in der mittelalterlichen Lebenswelt, Ostfildern 2003.

Günther KAHL, Plurs. Zur Geschichte der Darstellungen des Fleckens vor und nach dem Bergsturz von 1618 (Zeitschrift für Schweizerische Archäologie und Kunstgeschichte 41), Zürich 1984.

Peter KELLER et al. (Hg.), Erzbischof Paris Lodron (1619-1653). Staatsmann zwischen Krieg und Frieden (Mitteilungen der Gesellschaft für Salzburger Landeskunde, Ergänzungsband 20), Salzburg 2003.

Michael KEMPE/Christian ROHR (Hg.), Coping with the Unexpected. Natural Disasters and Their Perception (Environment and History, Special Issue 9, 2), Strond/Isle of Harris 2003.

Alois KIESLINGER, Die nutzbaren Gesteine Salzburgs, Salzburg/Stuttgart 1964.

Johann Georg KOHL, Hundert Tage auf Reisen in den österreichischen Staaten. Fuenfter Theil (Reisen in Steiermark und im baierischen Hochlande). Dresden/Leipzig 1842.

Joachim KIRCHNER (Hg.), Lexikon des Buchwesens, Stuttgart 1952.

Fritz KLEMM, Die Entwicklung der meteorologischen Beobachtungen in Österreich einschließlich Böhmen und Mähren bis zum Jahr 1700 (Annalen der Meteorologie, N. F. 21), Offenbach am Main 1983.

Marianne KLEMUN, ...mit Madame Sonne konferieren. Die Großglockner Expedition 1799 und 1800 (Schriftenreihe des Kärtner Landesarchivs 25), Klagenfurt 2000.

Matthias KOCH, Reise in Oberösterreich und Salzburg, auf der Route von Linz nach Salzburg, Fusch, Gastein und Ischl. Mit einem historischen Anhang, Abbildungen und statistischen Tabellen, Wien 1846.

Anton KÖNIG, Jubiläum des Grauens... (Zum Gedenken an den großen Bergsturz vom Mönchsberg vor dreihundert Jahren) 16. Juli 1669-16. Juli 1969, in: Amtsblatt der Landeshauptstadt Salzburg; 16. 7. 1969, 2-5.

Peter F. KRAMML, Michaelbeuern, in: Adolf Haslinger/Peter Mittermayr (Hg.), Salzburger Kulturlexikon, Salzburg/Wien/ Frankfurt am Main 2001, 295-296.

Peter F. KRAMML, Die Stadt Salzburg, in: Peter Keller et al. (Hg.), Erzbischof Paris Lodron (1619-1653). Staatsmann zwischen Krieg und Frieden (Mitteilungen der Gesellschaft für Salzburger Landeskunde, Ergänzungsband 20), Salzburg 2003, 24-32.

LANDESHAUPTSTADT SALZBURG/LANDESINNUNG DER BAUGEWERBE SALZBURG (Hg.), Historischer Atlas der Stadt Salzburg (Schriftenreihe des Archivs der Stadt Salzburg 4), Salzburg 1999.

Achim LANDWEHR/Stefanie STOCKHORST, Einführung in die Europäische Kulturgeschichte, Paderborn/München/Wien/ Zürich 2004.

Norbert LICHTENECKER, Bergsturz und Bimssteingang von Köfels im Ötztal (Tirol), in: Geographischer Jahresbericht aus Österreich 14/15 (1929), 228-254.

P. Pirmin LINDNER, Professbuch der Benediktiner-Abtei St. Peter in Salzburg (1419-1856), Salzburg 1906.

Franz MARTIN, Eine Zeitung über den großen Bergsturz v. 1669, in: Mitteilungen der Gesellschaft für Salzburger Landeskunde 62 (1922), 27-32.

Franz MARTIN, Zum salzburgischen Schrifttum, in: Mitteilungen der Salzburger Landeskunde 80 (1940), 209-212.

Franz MARTIN, Salzburger Strassennamen. Verzeichnis der Strassen, Gassen, Plätze, Wege, Brücken, Tore und Parks mit Erklärungen ihrer Namen, Salzburg ^{5}2006.

Franz MATHIS, Zur Bevölkerungsstruktur österreichischer Städte im 17. Jahrhundert (Sozial- und Wirtschaftshistorische Studien 11), Wien 1977.

Michael MAURER, Alte Kulturgeschichte – Neue Kulturgeschichte?, in: Historische Zeitschrift 280, 2 (2005), 281-304.

Christoph MAYRHOFER (Red.), Hans Widmann (1847-1928). Der Geschichtsschreiber Salzburgs. Historische, landeskundliche und biographische Texte (Salzburg Archiv, Schriften des Vereines Freunde der Salzburger Geschichte 3), Salzburg 2000.

Carolyn MERCHANT, Der Tod der Natur. Ökologie, Frauen und neuzeitliche Naturwissenschaft, München [2]1994.

Matthaeus MERIAN, Die schoensten Städte Alt-Oesterreichs. Aus der Archontologia Cosmica und den Topographien mit einer Einleitung von Bruno Grimschitz, Hambug 1963.

Joseph MEZGER, Historia Salisburgensis. Hoc est: Vitae Episcorum Et Archiepiscorum Salisburgensium, [Salzburg] 1692.

Erich MILLER, Alpine Bergstürze im Vergleich unter Berücksichtigung der Fallstudie Bischofsmütze (Ostalpen) (ungedr. naturwiss. Diplarb. Salzburg), Salzburg 1998.

Robert MIMRA, Gstättengasse Nr. 43. Eine merkwürdige Geschichte eines merkwürdigen Hauses, in: Salzburger Volksblatt 58 (1929), Unterhaltungs=Beilage.

Frédéric MONTANDON, Chronologie des grands éboulements alpins, du début de l'ère chrétienne à nos jours, in: Matériaux pour l'étude des calamités 32 (1933), 271-340.

Ingo NEBEHAY/Robert WAGNER, Bibliographie altösterreichischer Ansichtenwerke aus fünf Jahrhunderten. Die Monarchie in der topographischen Druckgraphik von der Schedel'schen Weltchronik bis zum Aufkommen der Photographie. Beschreibendes Verzeichnis der Ansichtenwerke (Bd. 2: I-QU), Graz 1982.

Georg NEUHAUSER, Der Pletzachbergsturz bei Kramsach – Naturkatastrophe, unüberwindbares Hindernis oder Ausgangspunkt wirtschaftlichen Aufschwungs? Ein Versuch der Positionierung von physisch-geographischen Inhalten im Unterricht (ungedr. naturwiss. Diplarb. Innsbruck), Innsbruck 2006.

Dieter NEUMANN, Lage und Ausdehnung des Dobratschbergsturzes von 1348, in: Neues aus Alt-Villach 25 (1988), 69-78, wiederabgedruckt in: Bausteine zur Geschichte Kärntens. Spätlese. Festgabe für Wilhelm Neumann zum 90. Geburtstag (Das Kärntner Landesarchiv 33), Klagenfurt 2005, 333-343 (zitiert wird nach der Ausgabe von 2005).

Josef NUSSBAUMER, Die Gewalt der Natur. Eine Chronik der Naturkatastrophen von 1500 bis heute, Grünbach 1996.

Max ORTNER, Salzburger Kirchengeschichte, Salzburg 1988.

Rudolf OSBERGER, Der Flysch-Kalkalpenrand zwischen der Salzach und dem Fuschlsee, Wien 1952.

Josef PAUSER/Martin SCHEUTZ/Thomas WINKELBAUER (Hg.), Quellenkunde der Habsburgermonarchie. Ein exemplarisches Handbuch, Wien/München 2004.

Ludwig PEZOLT, Ueber Bergunglücke, Bergskarpierung und die Bergputzer in der Stadt Salzburg, in: Mitteilungen der Gesellschaft für Salzburger Landeskunde 34 (1894), 21-30.

Christian PFISTER/Hans-Rudolf EGLI (Hg.), Historisch-Statistischer Atlas des Kantons Bern 1750-1995, Umwelt, Bevölkerung, Wirtschaft, Politik, Bern 1998.

Christian PFISTER, Wetternachhersage. 500 Jahre Klimavariationen und Naturkatastrophen, Bern 1999.

Christian PFISTER, Naturkatastrophen als nationale Mobilisierungsereignisse der Schweiz des 19. Jahrhunderts, in: Dieter Groh/Michael Kempe/Franz Mauelshagen (Hg.), Naturkatastrophen und ihre Wahrnehmung in der Geschichte des Menschen, Tübingen 2002 (Literatur und Anthropologie, Bd. 13), 1-15.

Christian PFISTER (Hg.), Am Tag danach. Zur Bewältigung von Naturkatastrophen in der Schweiz 1500 - 2000, Bern/Stuttgart/Wien 2002.

Christian PFISTER/Stephanie SUMMERMATTER (Hg.), Katastrophen und ihre Bewältigung. Perspektiven und Positionen (Berliner Universitätsschriften, Bd. 49), Bern/Stuttgart /Wien 2004.

Christian PFISTER, Von Goldau nach Gondo – Naturkatastrophen als identitätsstiftende Ereignisse in der Schweiz des 19. Jahrhunderts, in: Christian Pfister/Stephanie Summermatter (Hg.), Katastrophen und ihre Bewältigung. Perspektiven und Positionen (Berliner Universitätsschriften, Bd. 49), Bern/Stuttgart/Wien 2004, 53-78.

Erich J. PLATE/Bruno MERZ (Hg.), Naturkatastrophen. Ursachen – Auswirkungen – Vorsorge, Stuttgart 2001.

Helmut PRESSER, Vom Berge verschlungen in Büchern bewahrt. Plurs, ein Pompeji des 17. Jahrhunderts im Bergell, Bern [2]1963.

Heinrich PRINZINGER, Das Salzburger Conglomerat, in: Mitteilungen der Gesellschaft für Salzburger Landeskunde 45 (1905), 105-111.

Peter PUTZER, Die Gründung der Universität. Paris Archiepiscopus Salisburgensis Fundator, in: Peter Keller et al. (Hg.), Erzbischof Paris Lodron (1619-1653). Staatsmann zwischen

Krieg und Frieden (Mitteilungen der Gesellschaft für Salzburger Landeskunde, Ergänzungsband 20), Salzburg 2003, 33-39.

Peter PUTZER, Die Alma Mater Benedictina als Barockphänomen. Zur Geschichte der Salzburger Benediktineruniversität, in: Christian Rohr (Hg.), Barocker Geist und Raum. Die Salzburger Benediktineruniversität. Beiträge des Internationalen Symposions in Salzburg, 3. bis 5. Oktober 2001, Salzburg 2003, 31-44.

Reinhold REITH (Hg.), Lexikon des alten Handwerks. Vom Spätmittelalter bis ins 20. Jahrhundert, München 1990.

Ignaz RIEDER, Das Fürsterzbischöfliche Priesterseminar zu Salzburg, Wien 1893.

Ignaz RIEDER, Kurze Geschichte des Landes Salzburg, Salzburg 1905.

Christian ROHR (Hg.), Barocker Geist und Raum. Die Salzburger Benediktineruniversität. Beiträge des Internationalen Symposions in Salzburg, 3. bis 5. Oktober 2001, Salzburg 2003.

Christian Rohr, Extreme Naturereignisse im Ostalpenraum. Naturerfahrung im Spätmittelalter und am Beginn der Neuzeit (Umwelthistorische Forschungen 4), Köln/Weimar/Wien 2007.

August ROTHPLETZ, Der Bergsturz von Elm, in: Zeitschrift der Deutschen Geologischen Gesellschaft 33 (1881), 540-564.

August ROTHPLETZ, Nachtrag zu dem Aufsatz „Der Bergsturz von Elm“, in: Zeitschrift der Deutschen Geologischen Gesellschaft 34 (1882), 430-432.

Johann SALLABERGER, Die Augustiner-Eremiten im Erzstift Salzburg im 17. Jahrhundert (Studia Augustiniana Historica 5), Rom 1977.

Johann SALLABERGER, Die nichtbenediktinischen Klöster, in: Peter Keller et al. (Hg.), Erzbischof Paris Lodron (1619-1653). Staatsmann zwischen Krieg und Frieden (Mitteilungen der Gesellschaft für Salzburger Landeskunde, Ergänzungsband 20), Salzburg 2003, 61-67.

SALZBURG MÜLLN (Christliche Kunststätten Österreichs 80), Salzburg ^{2}1978.

Guido SCARAMELLINI/Günther KAHL/Gian Primo FALAPPI, La frana de Piuro del 1618. Storia e immagini di una rovina, Piuro 1988.

Guido SCARAMELLINI, Piuro nella storia, in: Guido Scaramellini/Günther Kahl/Gian Primo Falappi, La frana de Piuro del 1618. Storia e immagini di una rovina, Piuro 1988, 9-44.

Adolph SCHAUBACH, Handbuch für Reisende durch die Länder Salzburg, Obersteyermark, das Oesterreichische Gebirgsland und Salzkammergut, Jena 1850.

Wilhelm SCHAUP, Salzburg auf alten Landkarten 1551-1866/67 (Schriftenreihe des Archivs der Stadt Salzburg 13), Salzburg 2000.

Johann Jacob SCHEUCHZER, Helvetiae Historia Naturalis oder Natur=Historie des Schweitzerlandes, Zürich 1716.

Martin SCHEUTZ/Herwig WEIGL, Ratsprotokolle österreichischer Städte, in: Josef Pauser/Martin Scheutz/Thomas Winkelbauer (Hg.), Quellenkunde der Habsburgermonarchie. Ein exemplarisches Handbuch, Wien/München 2004, 590-610.

Josef SCHORN, Die Erdbeben in Tirol und Vorarlberg, in: Zeitschrift des Ferdinandeums für Tirol und Vorarlberg, 3. Folge 46 (1902), 97-282.

Friedemann SCHULZ VON THUN, Miteinander reden, Band 1: Störungen und Klärungen. Allgemeine Psychologie der Kommunikation, Reinbeck bei Hamburg ^{43}2006.

Theodor SEHMER, Das Geheimnis der Gabriels-Kapelle zu Salzburg. Ein einmaliges harmonisches Nebeneinander von klassisch italienischer Renaissance und ebenso reiner islamischer Fliesenkunst, Innsbruck/München 1969.

Johann Gabriel SEIDL, Ein Tourist des siebenzehnten Jahrhunderts über Oesterreich, in: Austria. Oesterreichischer Universal Kalender für das Schaltjahr 1848. Mit einer lithographirten Tafel, sechs Musikbeilagen und Holzschnitten, Wien 1848, 107-131.

Holger SONNABEND, Naturkatastrophen in der Antike. Wahrnehmung, Deutung, Management, Stuttgart/Weimar 1999.

Georg STADLER, Mönchs- und Kapuzinerberg – ein kulturgeschichtlicher Rückblick, Salzburg 1983.

Georg STADLER, Salzburger Kirchen, die es nicht mehr gibt (Fortsetzung aus der „Bastei“ 33, 6-7 (1984)), in: Bastei, Blätter des Stadtvereines Salzburg für Erhaltung und Pflege von Bauten, Kultur und Gesellschaft 33, 8-9 (1984), 3-6.

Georg STADLER, Gstättengasse 1 – die „Schleifmill in der Gstöttn“, in: Bastei, Blätter des Stadtvereines Salzburg für Erhaltung und Pflege von Bauten, Kultur und Gesellschaft 37, 7-8 (1988), 7-8.

Thomas STEENSEN (Hg.), Deichbau und Sturmfluten in den Frieslanden. Beiträge vom 2. Historiker-Treffen des Nordfriisk Instituut (Nordfriisk Instituut 108), Braist/Bredstedt 1992.

Thomas STEENSEN (Hg.), Das große Nordfriesland-Buch, Hamburg 2000.

Lore TELSNIG/Peter F. KRAMML, Nonnberg, in: Adolf Haslinger/Peter Mittermayr (Hg.), Salzburger Kulturlexikon, Salzburg/Wien/Frankfurt am Main 2001, 325-326.

Alfred TILL, Das große Naturereignis von 1348 und die Bergstürze des Dobratsch, in: Mitteilungen der k. k. Geographischen Gesellschaft in Wien 50 (1907), 534-645.

Silvia Serena TSCHOPP, Das Unsichtbare begreifen. Die Rekonstruktion historischer Wahrnehmungsmodi als methodische Herausforderung der Kulturgeschichte, in: Historische Zeitschrift 280, 1 (2005), 38-81.

Franz Michael VIERTHALER, Reisen durch Salzburg, Salzburg 1799 (Nachdruck 1983).

Franz Michael VIERTHALER, Meine Wanderungen durch Salzburg, Berchtesgaden und Österreich, Bd. 1, Wien 1816 (Nachdruck Salzburg 1983).

Hans VOLLMER (Hg.) (begründet von Ulrich Thieme/ Felix Becker), Allgemeines Lexikon der bildenden Künstler von der Antike bis zur Gegenwart (Bd. 24: Mandere-Möhl), Leipzig 1999.

Hans VOLLMER (Hg.) (begründet von Ulrich Thieme/ Felix Becker), Allgemeines Lexikon der bildenden Künstler von der Antike bis zur Gegenwart (Bd. 30: Scheffel-Siemerding), Leipzig 1999.

Bruno WEBER, Das Elementarereignis im Denkbild, in: Dieter Groh/Michael Kempe/Franz Mauelshagen (Hg.), Naturkatastrophen. Beiträge zu ihrer Deutung, Wahrnehmung und Darstellung in Text und Bild von der Antike bis ins 20. Jahrhundert (Literatur und Anthropologie 13), Tübingen 2003, 241-248.

Johannes T. WEIDINGER (Hg.), Beiträge zur Geologie des Salzkammerguts. Begleitband zur Tagung Erde-Mensch-Kultur-Umwelt, 28.-31. August 2003 in Gmunden/Österreich, Gmunden ²2004.

Johannes T. WEIDINGER, Der Bergsturz vom Toten Gebirge ins Almtal – Ablagerungen einer Massenbewegung ohne Herkunftsgebiet?, in: Johannes T. Weidinger (Hg.), Beiträge zur Geologie des Salzkammerguts. Begleitband zur Tagung Erde-Mensch-Kultur-Umwelt, 28.-31. August 2003 in Gmunden/ Österreich, Gmunden ²2004, 395-404.

Mechthild WISWE, Gürtler und Gelbgiesser, in: Reinhold Reith (Hg.), Lexikon des alten Handwerks. Vom Spätmittelalter bis ins 20. Jahrhundert, München 1990, 110-113.

Friedericke ZAISBERGER, Das Landt vnd Ertzstifft Saltzburg. Die erste gedruckte Landkarte Salzburgs. Ein Gemeinschaftswerk von Marx Setznagel, Christoph Jordan und Hans Baumann (Mitteilungen der Gesellschaft für Salzburger Landeskunde, Ergänzungsband 12), Salzburg 1988.

Friedericke ZAISBERGER, Geschichte Salzburgs, Wien 1998.

Judas Thaddaeus ZAUNER, Chronik von Salzburg, Dritter Theil, Salzburg 1789.

Judas Thaddaeus ZAUNER fortgesetzt von Corbinian Gaertner), Chronik von Salzburg, Achter Theil (Zweyter Theil), Salzburg 1816.

Judas Thaddaeus ZAUNER (fortgesetzt von Corbinian Gaertner), Chronik von Salzburg, Eilften Bandes erster Theil von 1753-1782, Salzburg 1826.

Rosmarie ZELLER, Wahrnehmung und Deutung von Naturkatastrophen in den Medien des 16. und 17. Jahrhunderts, in: Christian Pfister (Hg.), Am Tag danach. Zur Bewältigung von Naturkatastrophen in der Schweiz 1500-2000, Bern/Stuttgart/Wien 2002, 27-38.

Franz Valentin ZILLNER, Geschichte der Stadt Salzburg, Bd. 1: Geschichtliche Stadtbeschreibung, Salzburg 1885.

Franz Valentin ZILLNER, Geschichte der Stadt Salzburg, Bd. 2: Zeitgeschichte bis zum Ausgange des 18. Jahrhunderts, Salzburg 1890.

Jochen ZSCHAU et al., Katastrophenvorsorge als wissenschaftliche und technische Aufgabe. Erdbeben, in: Erich J. Plate/Bruno Merz (Hg.), Naturkatastrophen. Ursachen – Auswirkungen – Vorsorge, Stuttgart 2001, 47-82.

10. Abbildungsverzeichnis

Es konnten nicht alle Besitzerinnen bzw. Besitzer der Bilder ermittelt werden. Bitte um Nachsicht. Es entsteht kein finanzieller Gewinn aus der Publikation dieser Arbeit.

Abb. 1: Der Mönchsberg, Foto Katrin Hauer.

Abb. 2: Modell zur Entstehung eines Kames aus einer Hohlform innerhalb eines abschmelzenden Gletschers, nach dem Original von Dirk van Husen (1987), farblich bearbeitet von und entnommen aus Gruber, Granulometrische und morphometrische Untersuchungen, 49.

Abb. 3: Der Kapuzinerberg, Foto Josef-Michael Schramm.

Abb. 4: Die vier Seiten einer Nachricht, nach Schulz von Thun, Miteinander Reden, Abb.1.

Abb. 5: Salzburg im Jahr 1587 sowie im Ausschnitt Steingasse im Jahr 1612 nach Georg W. Seunig (1981/1999), Detail, entnommen aus Historischer Atlas der Stadt Salzburg, Blatt I, 5.

Abb. 6/7: Kastral Plan Gemeine Stadt Salzburg in Oesterreich ob der Enns. Salzburg Kreis. Bezirk Magistrat Salzburg 1830 (Salzburg, Landesarchiv Salzburg), Detail, entnommen aus Historischer Atlas der Stadt Salzburg, Blatt I, 10.

Abb. 8: Deutlicher Abriß deß erbärmlichen Bergfalls über die hochlöbliche Ertzbischoffliche Statt Saltzburg geschehe(n) den 16. July Morgens früh 1669, Kupferstich (Salzburg, Bibliothek des Salzburg Museums Inv. Nr. 1143/49 sowie Nürnberg, Germanisches Nationalmuseum Nürnberg Inv. Nr. HB 3885, Kapsel 1370), Detail.

Abb. 9: Salzburg von Mülln aus gesehen um 1460, kolorierter Holzschnitt von Michael Wolgemut aus der Schedelschen Weltchronik, Nürnberg 1493, entnommen aus Historischer Atlas der Stadt Salzburg, Blatt I, 3.

Abb. 10: Salzburg vom Mönchsberg aus gesehen gegen Norden. Ölgemälde eines unbekannten Malers (vielleicht Daniel Miller), entstanden zwischen 1635 und 1657 (Salzburg, Erzabtei St. Peter), Detail, entnommen aus Historischer Atlas der Stadt Salzburg, Blatt I, 6.

Abb. 11: AStS, Kammeramtsrechnungen 1574, fol. 15r, Detail.

Abb. 12: AES, Salzburg Dompfarre, Sterbebuch 1, 469, Detail.

Abb. 13: Philipp Harpff, Ansicht der Stadt Salzburg von Norden, Kupferstich von 1643 (Salzburg, Salzburg Museum), Ausschnitt mit dem Bastionsbogen der Rechtsstadt, entnommen aus Historischer Atlas der Stadt Salzburg, Blatt IV, 4.

Abb. 14: Anonymes Flugblatt „Ware und Eigentliche Abbildung der Ertzbischoflichen Residenz-Statt Saltzburg“: (Salzburg, Bibliothek des Salzburg Museums Inv. Nr. 63/52), Detail.

Abb. 15: Karte zur makroseismischen Aktivität in Österreich auf der Basis historisch dokumentierter Erdbeben seit dem Mittelalter, Detail, entnommen aus Jochen Zschau Katastrophenvorsorge als wissenschaftliche und technische Aufgabe, Abb. 2.4.

Abb. 16: Rekonstruktion des großen Mönchsbergsturzes, angefertigt und zur Verfügung gestellt von Josef-Michael Schramm.

Abb. 17: Salzburg vom Kapuzinerberg gegen Süden. Ölgemälde eines unbekannten Malers (vielleicht Daniel Miller), entstanden zwischen 1635 und 1657 (Salzburg, Erzabtei St. Peter), Detail, entnommen aus Historischer Atlas der Stadt Salzburg, Blatt I, 6.

Abb. 18: Markus-Kirche und Gstättengasse heute, Foto Katrin Hauer.

Abb. 19: Das Kirchlein am Bergl, Foto Katrin Hauer.

Abb. 20: Einträge vom 16.bis 18. Juli im Sterbebuch 1 der Salzburger Dompfarre, 541.

Abb. 21: Salzburg, Sebastians-Friedhof, Grab 131, Foto Katrin Hauer.

Abb. 22: Saltzburg 1644, Kupferstich von Matthäus Merian „Saltzburg“ (1644), unsigniertes Blatt aus Merians „Topographia Bavariae“: (Salzburg, Sondersammlungen der Universität Salzburg G II1185 sowie Nürnberg, Germanisches Nationalmuseum Inv. Nr. 10370, Kapsel 1126), Detail.

Abb. 23: „Ware und Eigentliche Abbildung der Ertzbischoflichen Residenz Statt Saltzburg“ (Ältere Variante), Kupferstich (Salzburg, Kupferstichkabinett Krabofzgi), Foto Wolfgang Kirchner.

Abb. 24: Detail aus Abbildung 23.

Abb. 25: „Ware und Eigentliche Abbildung der Ertzbischoflichen Residenz Statt Saltzburg“ (Jüngere Variante), Kupferstich eines anonymen Flugblattes (Salzburg, Bibliothek des Salzburg Museums, Inv. Nr. 63/52 sowie Nürnberg, Germanisches Nationalmuseum, Inv. Nr. HB 19815, Kapsel 1370), Detail.

Abb. 26: „Die Ertzbischofliche Residenz Statt Saltzburg“, Kupferstich (Salzburg, Kupferstichkabinett Krabofzgi), Foto Wolfgang Kirchner.

Abb. 27: Detail aus Abbildung 26.

Abb. 28: „Deutlicher Abriß deß arbärmlichen Berg=falls über die hochlöbliche Ertz=bischoffliche Statt Saltzburg geschehe(n) den 16. July Morgens früh 1669“, Kupferstich (Salzburg, Bibliothek des Salzburg Museums, Inv. Nr. 1143/49).

Abb. 29: Detail aus Abbildung 28.

Abb. 30: Kupferstich eines anonymen Flugblattes (Salzburg, Bibliothek des Salzburg Museums, Inv. Nr. 809/49), Detail.

Abb. 31: Detail aus Abbildung 30.

Abb. 32: Setznagelkarte, Nachdruck 1640, entnommen aus: Zaisberger, Das Landt vnd Ertzstifft Saltzburg, Abb. 52a.

Abb. 33: Gedenktafel an der Markus-Kirche, Foto Katrin Hauer.

Abb. 34: Gedenktafel an der Mauer des Hauses Nr. 3 am Ursulinenplatz, Foto Katrin Hauer.

Abb. 35: Salzburg vom Kapuzinerberg gegen Süden. Ölgemälde eines unbekannten Malers (vielleicht Daniel Miller), entstanden zwischen 1635 und 1657 (Salzburg, Erzabtei St. Peter), Detail, entnommen aus Historischer Atlas der Stadt Salzburg, Blatt I, 6.

Abb. 36: Das Salzburger Guckkastenpanorama des Matthias Capeller 1685/87 (Salzburg, Salzburg Museum), Detail, entnommen aus Historischer Atlas der Stadt Salzburg, Blatt I, 7.

Abb. 37: Bergputzer beim Anbringen eines Pflocks (Salzburg, Bibliothek des Salzburg Museums, Inv. Nr. 13804).

Abb. 38: Bergputzer beim Abklopfen des Felsens (Salzburg, Bibliothek des Salzburg Museums, Inv. Nr. 13802).

Abb. 39: Karte von 1618, Detail, entnommen aus Scaramellini, Piuro nella storia, Abb. 27.

Abb. 40: Die zu einem See aufgestaute Mera, Deckblatt des Einblattdrucks von Johann Hardmeyer, Zürich 1618, Detail, entnommen aus Kahl, Plurs, Abb. 13.

Abb. 41: J. J. Scheuchzer, entnommen aus Dürst, Johann Jakob Scheuchzer, Abb. 3.

Abb. 42: Einblattdruck (kolorierter Holzschnitt mit Drucktext) von Jeremias Gath, Augsburg 1618 (Chur, Kantonsbibliothek Chur), Detail, entnommen aus Kahl, Plurs, Abb. 3.

Abb. 43: Einblattdruck (Kupferstich) von Lucas Schultes, Augsburg 1618 (Zürich, Privatbesitz), Detail, entnommen aus Kahl, Plurs, Abb. 4.

Abb. 44: Einblattdruck (Holzschnitt) von Marx von der Heyden, Straßburg 1618 (London, British Library), Detail, entnommen aus Kahl, Plurs, Abb. 5.

Abb. 45: Einblattdruck von Johann Hardmeyer, Zürich 1618 (Zürich, Privatbesitz), Detail, entnommen aus Kahl, Plurs, Abb. 10.

Abb. 46: Kupferstich von Johann Hardmeyer (Deckblatt des Einblattdrucks): Das vom Bergsturz bedeckte Gebiet, entnommen aus Kahl, Plurs, Abb. 13.

11. Tabellenverzeichnis